新编21世纪高等职业教育精品教材
电子与信息类

嵌入式应用技术

主　审◎高佳琴
主　编◎申晓平
副主编◎盛　凯　袁凯烽

中国人民大学出版社
·北京·

前言

党的二十大报告指出，教育、科技、人才是全面建设社会主义现代化国家的基础性、战略性支撑。必须坚持科技是第一生产力、人才是第一资源、创新是第一动力，深入实施科教兴国战略、人才强国战略、创新驱动发展战略，开辟发展新领域新赛道，不断塑造发展新动能新优势。

在新时代，掌握先进的科学技术知识和技能变得尤为重要。嵌入式技术作为现代科技的重要组成部分，已经渗透到人们日常生活的方方面面，从智能家居到工业控制，从智能医疗到智能交通，嵌入式技术无处不在。

"嵌入式应用技术"是一门实践性、工程性很强的课程，掌握该技术有助于未来就业以及专业发展。鉴于当前高职学生对32位微控制器入门较难，本书基于高职学生的认知规律，以项目导向、任务驱动的教学思路组织内容，将理论知识与实操案例相结合，实现"边做边学"，训练学生对所学知识的运用能力和工程实践能力。

考虑到初学者有可能因为没有开发板而不知从何学起，本书不针对某个特定的开发板，而是侧重对嵌入式应用技术的讲解，大部分实践案例都在Proteus仿真软件中完成，包括硬件设计和软件验证。本书所有程序均已调试通过，同学们可以扫描二维码观看任务编码和执行结果。学完本书后，建议同学们自行设计一块STM32开发板，以便进行后续学习。

本书由申晓平担任主编，盛凯、袁凯烽担任副主编，高佳琴担任主审。编写人员分工如下：项目1～项目3由申晓平编写，项目4由申晓平、盛凯编写，项目5由申晓平、袁凯烽编写，项目6由申晓平、何涛编写，全书由申晓平统稿。感谢参与本书编写的企业专家和学校老师，他们的支持和帮助使得本书更加贴近实际需求和教学实践。由于时间仓促，加之编者水平有限，书中难免存在不足之处，恳请广大读者批评指正，我们将在后续修订中逐步完善。

编者

目录

项目 1

充装指示灯的设计

项目导读

本项目首先介绍计算机与嵌入式系统的区别、精简指令集与复杂指令集、普林斯顿结构和哈佛结构，并阐述了 ARM 公司发展史及产品体系，突出讲解了基于 Cortex-M3 内核的 STM32 微控制器。然后介绍了嵌入式硬件最小系统的组成，并以充装指示灯的控制为例，详细说明了嵌入式系统开发的基本步骤，帮助学生熟悉嵌入式开发工具和编程语言。成功地让 LED 灯亮起，能够激发学生的学习兴趣和自信心，为探索更多嵌入式项目奠定基础。

学习目标

知识目标：

- 理解嵌入式系统的基本概念，掌握精简指令集与复杂指令集的区别。
- 了解 ARM 公司及其商业模式，了解 ARM 的产品体系，重点理解 Cortex-M3 内核的微控制器系列及其特点。
- 掌握以 STM32 为核心的嵌入式微控制器硬件最小系统组成。
- 掌握 STM32F1 系列微控制器的芯片架构及其存储映射、寄存器映射。

技能目标：

- 能熟练使用 Proteus 软件，搭建仿真电路图；能上网下载 Keil-MDK-ARM 软件，安装集成开发环境。
- 能借助《STM32 中文参考手册 _ V10》的存储映射、寄存器映射，成功完成基于寄存器的充装指示灯设计。

素养目标：

- 培养安全用电意识，实训设备使用完毕后要断电并放于指定位置；养成良好的工作习惯。
- 培养获取信息的能力。

任务 1　嵌入式系统概述

知识链接

一、嵌入式系统

1946 年，世界上第一台电子数字计算机（ENIAC）由美国宾夕法尼亚大学莫尔电工学院制造出来，重达 30t，总体积约 $90m^3$，占地面积 $170m^2$，耗电 140kW，运算速度为每秒5 000次加法，该计算机的诞生标志着计算机时代的开始。其中，最重要的部件是中央核心处理器（Central Processing Unit，CPU），它是计算机运算和控制的核心。CPU 的主要功能是解释指令和处理数据，其内部含有的运算逻辑部件包括算术逻辑单元、控制部件和寄存器组等。随着计算机技术的不断发展，计算机的处理速度越来越快，存储容量越来越大，外围设备的性能越来越好，满足了高速数值计算和海量数据处理的需要，形成了高性能的通用计算机。

按照计算机的系统、运算速度、结构规模、适用领域，将其分为大型机、中型机、小型机和微型机。各种机型适用不同的应用领域，这种分类沿袭了将近 40 年。但在近 20 年，随着计算机技术和电子技术的不断发展，物联网和人工智能专业的兴起，使得以应用为中心的分类变得更符合实际。具体来说，就是按计算机系统的非嵌入式应用和嵌入式应用将其分为通用计算机系统和嵌入式计算机系统。

1. 嵌入式系统的发展历程

嵌入式系统从出现至今已有 50 多年的历史，硬件和软件交替发展。20 世纪 60 年代初，以晶体管、磁心存储为基础的计算机开始应用于航天、航空、工业控制等领域，形成了嵌入式系统的雏形。20 世纪 60 年代末出现的阿波罗导航系统被认为是首个现代嵌入式系统，但价格非常昂贵。20 世纪 70 年代，随着微控制器的出现，嵌入式系统才出现了历史性的变化。1971 年，出现了第一款微控制器 Intel 4004，1976 年 Intel 公司推出了 8048 单片机。Motorola 公司同时推出了 68HC05 单片机，Zilog 公司推出了 Z80 系列单片机，此时的单片机被广泛应用于仪器仪表、医疗设备、机器人、家用电器等领域。

20 世纪 80 年代初，随着微电子工艺水平的提高，集成电路制造商开始把嵌入式应用中所需的单片机、I/O 接口、A/D 转换器、D/A 转换器、串行接口，以及 RAM、ROM 等部件全部集成到一个 VLSI（超大规模集成电路）中，从而制造出面向 I/O 设计的单片机，俗称单片机。20 世纪 90 年代，在分布式控制、柔性制造、数字化通信和信息家电等巨大需求的牵引下，嵌入式系统进一步快速发展。面向实时信号处理器算法的 DSP（数字信号处理）产品向着高速、高精度、低功耗的方向发展。21 世纪是一个网络盛行的时代，将嵌入式系统应用到各类网络中是其发展的重要方向。

嵌入式系统的发展大致经历了以下 3 个阶段。

第一阶段：嵌入式技术的早期阶段。嵌入式系统以功能简单的专用计算机或单片机为核心的可编程控制器形式存在，具有监测、伺服、设备指示等功能。这种系统大部分应用于各类工业控制和飞机、导弹等武器装备中。

第二阶段：以高端嵌入式 CPU 和嵌入式操作系统为标志。这一阶段系统的主要特点是计算机硬件出现了高可靠性、低功耗的嵌入式 CPU，如 ARM、PowerPC 等，且支持操作系统，支持复杂应用程序的开发和运行。

第三阶段：以芯片技术和 Internet 技术为标志。微电子技术发展迅速，SoC（片上系统）使嵌入式系统越来越小，功能却越来越强。目前大多数嵌入式系统还孤立于 Internet 之外，但随着 Internet 的发展及 Internet 技术与信息家电、工业控制技术等结合得日益密切，嵌入式技术正在进入快速发展和广泛应用的时期。

2. 嵌入式系统的定义

嵌入式系统是一个相对模糊的定义，人们很少会意识到自己随身携带了好几个嵌入式系统产品——手机、平板、智能卡等，而且人们在与汽车、电梯、厨房设备、电视机顶盒及娱乐设备的嵌入式系统交互时，也往往对此毫无察觉。正是“看不见”这一特性将嵌入式计算机系统和通用计算机系统区分开来。嵌入式系统通常用在一些特定的专用设备上，一般情况下，这些设备的硬件资源（如处理器速度、存储器容量）非常有限，但对性价比要求很高。嵌入式系统早期主要应用于军事、航空、航天等领域，后来逐步应用于工业控制、仪表仪器、汽车、电子、通信和家用消费等领域。

嵌入式系统通常作为一个大型系统的组成部分被嵌入其中，嵌套关系可能相当复杂，也可以非常简单，其表现形式多种多样。目前存在多种嵌入式系统的定义，有的是从嵌入应用定义的，有的是从嵌入式系统的组成定义的，也有的是从其他方面进行定义的。下面给出两种比较常见的定义。

定义 1：嵌入式系统，是以应用为中心，以计算机技术为基础，软件、硬件可裁剪，适用于对功能、可靠性、成本、体积、功耗有严格要求的专用计算机系统。它与通用计算机的最大差别是支持硬件裁剪和软件裁剪，以适应应用系统对体积、功能、功耗、可靠性、成本等的特殊要求。

定义 2：美国 IEEE（电气电子工程师协会）对嵌入式系统的定义是“用于控制、监视或者辅助操作机器和设备的装置”。可以看出，此定义是从应用上考虑的，嵌入式系统是软件和硬件的综合体，还可以涵盖机电等附属装置。

根据嵌入式系统的定义，可以从以下几个方面来理解嵌入式系统。

（1）嵌入式系统是面向用户、产品应用的，它必须与具体应用相结合才具有生命力，具有优势。嵌入式系统与应用紧密结合，具有很强的专用性，必须结合实际系统需求进行合理裁剪、利用。

（2）嵌入式系统是先进的计算机技术、半导体技术、网络技术及各个行业的具体应用相结合的产物，因此它必然是一个技术密集、资金密集、高度分散、不断创新的知识集成系统。

（3）嵌入式系统必须根据应用需求对软硬件进行裁剪，以满足应用系统的功能、可靠性、成本、体积等要求。如果能建立相对通用的软硬件基础，然后在其上开发出适应各种需求的系统，将会是一种比较好的发展模式。目前，嵌入式系统的操作系统内核往往是一个只有几千到几万字节内存的微内核，需要根据实际应用进行功能扩展或者裁剪。也正是由于微内核的存在，使得这种扩展或裁剪能够非常顺利地进行。

3. 嵌入式系统的特点

嵌入式系统是应用于特定环境下，针对特定用途来设计的系统。与通用计算机系统相比，嵌入式系统的存储资源少、速度低，但对实时性、可靠性、知识综合性要求较高。嵌入式系统的开发方法、开发难度、开发手段都与通用计算机程序有所不同。嵌入式系统是在通用计算机系统发展的基础上面向测量、监控系统逐步发展起来的，因此从与通用计算机对比的角度来认识嵌入式系统的特点，对学习嵌入式系统具有实际意义。

(1) 嵌入式系统属于计算机系统，是形式多样，面向特定应用的软硬件综合体。

嵌入式系统全称为嵌入式计算机系统（Embedded Computer System），它不仅具有通用计算机的主要特点，还具有自身的特点。嵌入式单片机大多专用于某个或几个特定的应用，工作在为特定用户群设计的系统中。而且通常都具有功耗低、体积小、集成度高等特点，能够把通用单片机中许多由板卡完成的任务集成在芯片内部。嵌入式系统的软件是嵌入式操作系统和应用程序的集合。在具体的产品中，很难分清哪些是操作系统，哪些是应用程序。

(2) 嵌入式系统开发需要用专用工具和特殊方法。

嵌入式系统不像通用计算机那样，有计算机系统就可以进行应用软件的开发。一般情况下，单片机或应用处理器芯片本身不具备开发功能，必须要有一套与相应芯片配套的开发工具和开发环境。这些工具和环境一般基于通用计算机上的软硬件设备，以及逻辑分析仪、示波器等。开发过程中往往有上位机（一般为台式计算机或便携式计算机）和目标机（实际产品所使用的芯片）之分，上位机用于程序的开发，目标机作为程序的执行机，开发时需要交替、结合进行。编辑、编译、链接生成机器码在上位机中完成，通过写入调试器将机器码下载到目标机中，进行运行与调试。

(3) 使用单片机设计嵌入式系统，数据与程序空间采用不同的存储介质。

在通用计算机系统中，程序存储在硬盘上。实际运行时，通过操作系统将要运行的程序从硬盘调入内存（RAM），运行中的程序、常数、变量均在 RAM 中。而在以 MCU 为核心的嵌入式系统中，一般情况下，其程序被固化到非易失性存储器中。变量及堆栈使用 RAM 存储器。

(4) 开发嵌入式系统涉及软件、硬件及应用领域的知识。

嵌入式系统与硬件紧密相关，它的开发需要硬件、软件协同设计和测试。同时，由于嵌入式系统专用性很强，通常用在特定应用领域，如嵌入在手机、冰箱、空调、各种机械设备、智能仪器仪表中起核心控制作用。因此，进行嵌入式系统的开发，还需要对相关领域知识有一定的理解。

4. 嵌入式系统的软件

嵌入式系统的软件一般都是固化在存储器中，是嵌入式系统的控制核心，操纵着嵌入式系统的运行，实现嵌入式系统的所有功能。因此嵌入式系统的软件在很大程度上决定了整个嵌入式系统的价值。从软件结构上划分，嵌入式软件又分为无操作系统和带操作系统两种。

(1) 无操作系统的嵌入式软件。

对于通用计算机来说，操作系统是整个软件的核心，不可或缺；然而对于嵌入式系统来说，由于其具有专用性，在某些情况下不需要操作系统。特别是对于较低的硬件配置，单一的功能需求（主要集中在工业控制和智能仪表），嵌入式软件的规模往往比较小，没有专门的操作系统。

从程序架构上来说，无操作系统的嵌入式软件由引导程序和应用程序两部分组成，如图1－1所示。引导程序一般是由汇编语言编写，在嵌入式系统上电运行以后，完成自检、存储映射、时钟系统和外设接口配置等一系列硬件初始化操作。应用程序一般由C语言编写，直接架构在硬件之上，在引导程序之后运行，实现复杂嵌入式系统的功能。

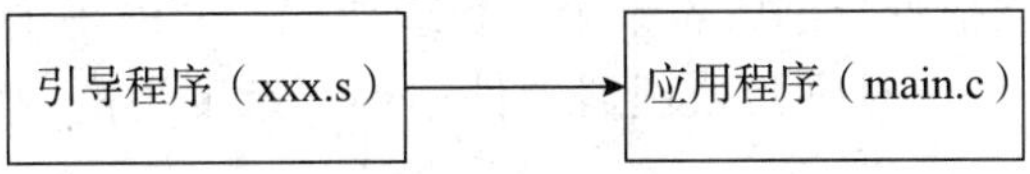

图1－1　无操作系统的嵌入式软件结构

（2）带操作系统的嵌入式软件。

随着嵌入式应用在各个领域的普及和深入，嵌入式系统向多样化、智能化和网络化方向发展，人们对其功能性、实时性、可靠性和可移植性等方面的要求越来越高，此时嵌入式操作系统的出现，将会大大提高嵌入式系统的开发效率，改变以往嵌入式软件设计的相关功能只能针对具体的应用从头做起的弊端。相比无操作系统的嵌入式软件，带操作系统的嵌入式软件规模较大，在嵌入式操作系统之上开发嵌入式系统将会在很大程度上减少系统开发的工作量，从而更好地增强嵌入式应用软件的可移植性。

带操作系统的嵌入式软件的体系结构，自下而上包括设备驱动层、操作系统层和应用软件层，如图1－2所示。

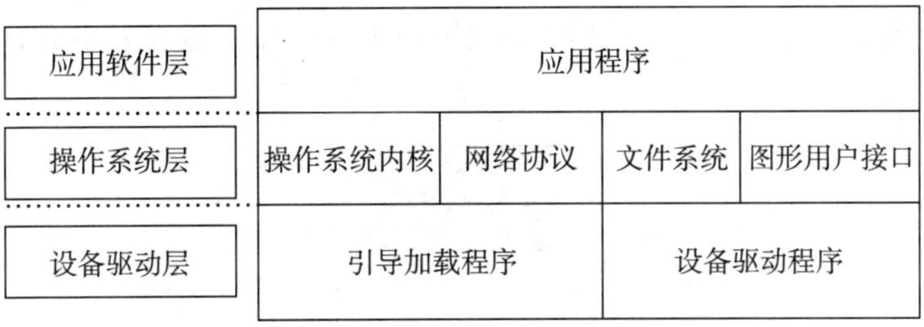

图1－2　带操作系统的嵌入式软件的体系结构

二、指令集与计算机体系结构

1. 精简指令集与复杂指令集

学习嵌入式系统，必须要了解与计算机中央核心处理器设计架构相关的两种指令集：一个是复杂指令集（CISC，Complex Instruction Set Computer）；另一个是精简指令集（RISC，Reduced Instruction Set Computer）。

对于CISC，早期的处理器都是CISC架构（包括英特尔的处理器），但随着时间推移，有越来越多的指令集加入。由于当时编译器的技术并不成熟，程序都会直接以机器码或组合语言写成，为了减少程序的设计时间，人们开发出单一指令，对于复杂操作的程序代码，设计师只需写下简单的指令，再交给CPU去执行。但是后来有人发现，整个指令集中，只有约20％的指令是常用的，这些指令约占整个程序的80％，剩余80％的指令只占了整个程序的20%（典型的二八原则）。

而RISC的指令系统相对简单，它只要求硬件执行很有限且最常用的指令，大部分复杂的操作则使用成熟的编译技术，由简单指令合成。目前，高档服务器全都采用RISC指令系统的CPU。

从硬件角度看，CISC处理的是不等长指令，它必须对不等长指令进行分割，在执行单一指令的时候，需要进行较多的处理工作；而RISC执行的是等长指令集，CPU在执行指令的时候速度较快且性能稳定，在并行处理方面，RISC明显优于CISC，RISC可同时执行多条指令，或将一条指令分割成若干个进程或线程，交由多个处理器同时执行。由于RISC执行的是精简指令集，对应的处理器硬件结构复杂度不高，所以它的制造工艺简单且成本相对低廉。

简单来说，CISC任务处理能力强，适合台式计算机和服务器。RISC通过精简CISC指令种类、格式，简化寻址方式，达到省电、高效的效果，适合手机、便携式计算机、数码相机等便携式电子产品。

2. 普林斯顿结构与哈佛结构

普林斯顿结构和哈佛结构是两种计算机体系结构。它们的主要区别在于计算机的运算内核与程序存储器和数据存储器的连接方式不同。

普林斯顿结构又称冯·诺依曼结构，是一种将程序指令存储器和数据存储器合并在一起的存储器结构。取指令和取操作数都在同一总线上，通过分时复用的方式进行，如图1-3所示。这种存储方式的缺点是在高速运行时，不能同时取指令和取操作数，从而形成了传送瓶颈。由于程序指令存储地址和数据存储地址指向同一个存储器的不同物理位置，因此程序指令和数据的宽度相同，如英特尔公司的8086中央处理器的程序指令和数据都是16位宽。

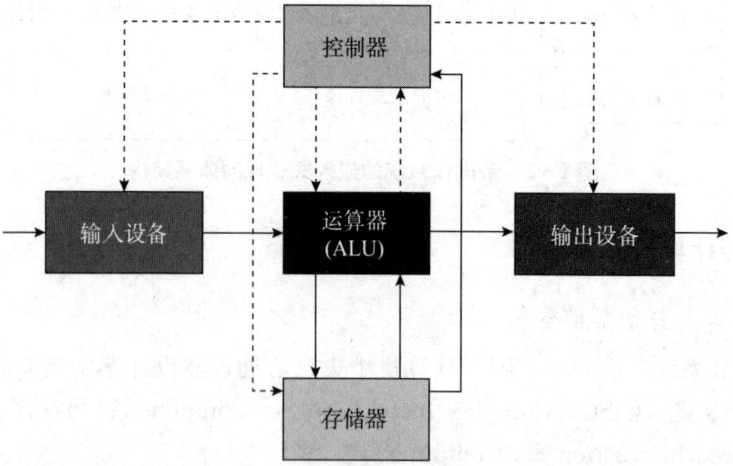

图1-3　带操作系统的嵌入式软件的体系结构——普林斯顿结构

哈佛结构是一种将程序指令存储和数据存储分开的存储器结构，它的主要特点是将程序和数据存储在不同的存储空间中，即程序存储器和数据存储器是两个独立的存储器，每个存储器独立编址、独立访问，目的是减轻程序运行时的访存瓶颈。哈佛结构的计算机由CPU、程序存储器和数据存储器组成，如图1-4所示。程序存储器和数据存储器采用不同的总线，从而提供了较大的存储器带宽，使数据的移动和交换更加方便，具有较高的数字信号处理性能。

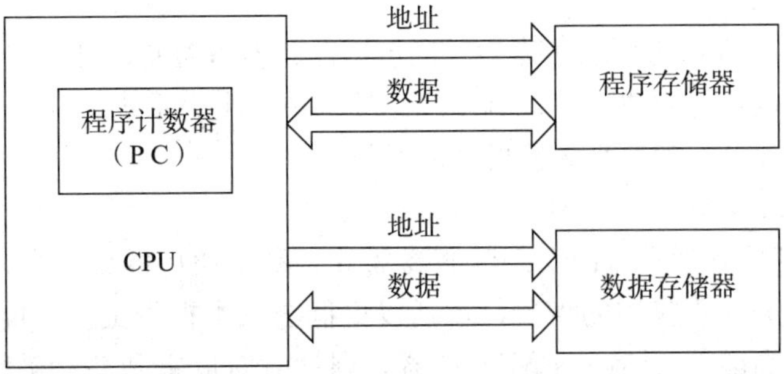

图 1－4　带操作系统的嵌入式软件的体系结构——哈佛结构

目前，高性能处理器的发展趋势是在芯片内部使用结构复杂、效率较高的哈佛结构，在芯片外部使用结构简单的普林斯顿结构。

本书使用的 STM32F103 芯片使用了 ARM 公司的 Cortex-M3 内核，是一款采用哈佛结构的 RISC 处理器，其体系结构为 ARM v7。

三、ARM Cortex-M3 处理器

在众多嵌入式应用系统中，基于 ARM 处理器的嵌入式系统应用广泛。

ARM 公司不断地开发新的处理器内核和系统功能模块，处理器水平持续提高，其架构从 ARM v1 发展到 ARM v8。需要说明的是，架构版本号和 ARM 处理器家族中的数字不是一回事。比如，ARM7TDMI 是基于 ARM v4T 架构的（T 表示支持“Thumb 指令”）；ARM v5TE 架构则是伴随着 ARM9E 处理器家族亮相的，ARM9E 家族成员包括 ARM926E-S 和 ARM946E-S。ARMv5TE 架构添加了“服务于多媒体应用增强的 DSP 指令”。

后来又推出了 ARM11，是基于 ARM v6 架构。ARM v6 架构的处理器还包括 ARM1136J(F)-S、ARM1156T2(F)-S 及 ARM1176JZ(F)-S。ARM v6 是 ARM 进化史上的里程碑，从 ARM v6 开始，许多突破性的新技术被引进，存储器系统加入了很多新特性，单指令流、多数据流（SIMD）指令也是从 ARM v6 开始首次引入的。而最新技术就是经过优化的 Thumb-2 指令集，它专用于低成本的芯片及汽车组件市场。

ARM v6 的设计理念：定位准确，使处理器的架构能胜任每个应用领域。即使 ARM v6 能够灵活地配置和剪裁。

ARM11 芯片之后，也就是 ARM v7 架构开始，ARM 的命名方式有所改变，不再沿用过去的数字命名方式，而是以 Cortex 命名，并分为 Cortex-A、Cortex-R 和 Cortex-M 三个系列。

（1）ARM Cortex-A。

该设计适用于高性能的“开放应用平台”——越来越接近计算机了。ARM Cortex-A 系列应用型处理器可向托管丰富 OS 平台和用户应用程序的设备提供全方位的解决方案，即从超低成本手机、智能手机、移动计算平台、数字电视和机顶盒到企业网络、打印机和服务器的解决方案。高性能的 Cortex-A15、可伸缩的 Cortex-A9、经过市场验证的 Cortex-A8 处理器及高效的 Cortex-A7 和 Cortex-A5 处理器均共享同一架构，因此具有完

全的应用兼容性，支持传统的 ARM、Thumb 指令集和新增的高性能紧凑型 Thumb-2 指令集。

（2）ARM Cortex-R。

Cortex-R 实时处理器为要求可靠性、高可用性、容错功能、可维护性和实时响应的嵌入式系统提供高性能计算解决方案。利用广泛的 ARM 生态系统、全球和本地语言以及全天候的支持服务，保证快速、低风险的产品开发。

（3）ARM Cortex-M。

Cortex-M 处理器系列是可向上兼容的高能效、易于使用的处理器。这些处理器旨在帮助开发人员满足嵌入式应用的需要，包括以更低的成本提供更多功能、不断增加连接、改善代码重用和提高能效。Cortex-M 处理器系列针对对成本和功耗敏感的单片机和终端应用（如智能测量仪器、人机接口设备、汽车和工业控制系统、大型家用电器、消费性产品和医疗器械）的混合信号设备进行优化。

几十年来，每一次 ARM 体系结构的更新都带来一批新的支持该架构的 ARM 内核。ARM 体系结构与 ARM 内核的对应关系见表 1－1。

表 1－1　ARM 体系结构与 ARM 内核的对应关系

体系结构	ARM 内核
ARM v1	ARM1
ARM v2	ARM2、ARM3
ARM v3	ARM6、ARM600、ARM610、ARM7、ARM700、ARM710
ARM v4	StrongARM、ARM8、ARM810、ARM7-TDMI、ARM9-TDMI
ARM v5	ARM7EJ、ARM9E、ARM10E、XScale
ARM v6	ARM11、Cortex-M0、Cortex-M1
ARM v7	Cortex-A：Cortex-A5、Cortex-A9、Cortex-A15 Cortex-M：Cortex-M3、Cortex-M4、Cortex-M7 Cortex-R：Cortex-R4、Cortex-R8
ARM v8	Cortex-A：Cortex-A35、Cortex-A53、Cortex-A76 Cortex-M：Cortex-M23、Cortex-M33、Cortex-M35 Cortex-R：Cortex-R52

四、STM32 微控制器

Cortex-M3 处理器内核是微控制器的中央处理器（CPU）。完整的基于 Cortex-M3 的微控制器还需要很多其他组件，如图 1－5 所示。芯片制造商得到 Cortex-M3 处理器内核的使用授权后，就可以把 Cortex-M3 内核用在自己的硅片设计中，添加存储器、外设、I/O 以及其他功能块。不同厂家设计的芯片会有不同的配置，包括存储器容量、类型、外设等可能各具特色。如果想要了解某个具体型号的处理器，还需要查阅相关厂家提供的文档。

1. STM32F1 微控制器

STM32F1 系列芯片是由 ST 公司于 2007 年 6 月推出的基于 Cortex-M3 内核的 32 位微控制器，专为高性能、低成本、低功耗的嵌入式应用设计。STM32F1 系列微控制器具体资源分布情况如图 1－6 所示。根据资源分布的差异，分为 5 个系列。

（1）STM32F100 为“超值型”，主频最高达到 24MHz，具有电机控制和消费电子控

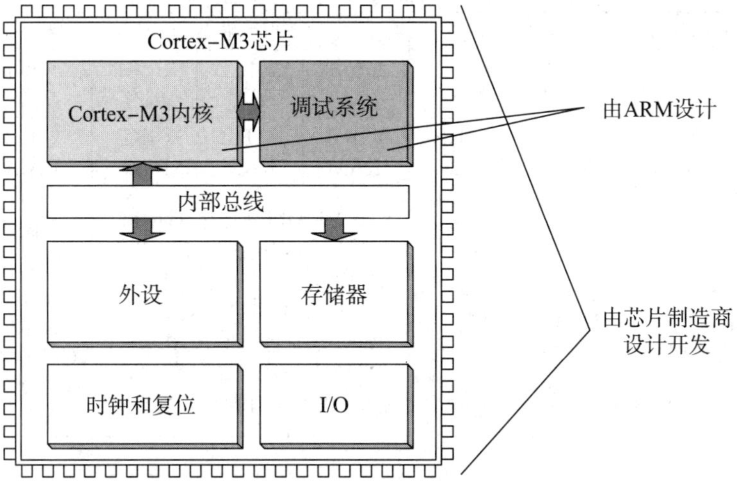

图 1－5　Cortex-M3 内核与微控制器的关系

Cortex®-M3 (DSP + FPU) - Up to 72 MHz

- -40 to +105 °C range
- USART, SPI, I²C
- 16- and 32-bit timers
- Temperature sensor
- Up to 3 x 12-bit ADC
- Dual 12-bit DAC
- Low voltage 2.0 to 3.6 V (5 V tolerant I/Os)

STM32 F1 Product line	FCPU (MHz)	FLASH (bytes)	RAM (KB)	USB 2.0 FS	USB 2.0 FS OTG	FSMC	CAN 2.0B	3-phase MC timer	FS	SDIO	Ethernet IEEE1588	HDMI CEC
STM32F100 Value line	24	16 K to 512 K	4 to 32			•		•				•
STM32F101	36	16 K to 1 M	4 to 80			•						
STM32F102	48	16 K to 128 K	4 to 16	•								
STM32F103	72	16 K to 1 M	6 to 96	•		•	•	•	•	•		
STM32F105 STM32F107	72	64 K to 256 K	64		•	•	•	•	•		•	

图 1－6　STM32F1 系列微控制器具体资源分布情况

制（Consumer Electronics Control，CEC）功能。

（2）STM32F101 为“基本型”，主频最高达到 36MHz，具有高达 1MB 的闪存。

（3）STM32F102 为“USB 基本型”，主频最高达到 48MHz，具有全速（Full Speed，FS）USB 接口。

（4）STM32F103 为“增强型”，主频最高达到 72MHz，是同类产品中接口最完备、性能最强的。STM32F103 微控制器最多拥有 1MB 闪存（FLASH）和 96KB 内存，具有 GPIO、通用定时器、RTC、ADC、USART、SPI 等传统外设，以及高级定时器、USB、SDIO、FSMC、DMA、DAC 等增强型外设。

（5）STM32F105/107 为“互联型”，主频最高达到 72MHz，具有以太网 MAC 层协议接口、CAN 总线接口和 USB2.0 OTG 接口。

2. 增强型 STM32F1 微控制器

增强型 STM32F103 微控制器根据芯片闪存容量的不同，可以分为低密度型芯片（16～32KB）、中密度型芯片（64～128KB）、高密度型芯片（256～512KB）、超高密度型芯片（768KB～1MB）。微控制器资源分布见表 1－2。

表 1-2　STM32F103 子系列微控制器资源分布

<table>
<tr><th rowspan="3">引脚数量</th><th colspan="2">低密度芯片</th><th colspan="2">中密度芯片</th><th colspan="3">高密度芯片</th><th colspan="2">超高密度芯片</th></tr>
<tr><th>16KB 闪存</th><th>32KB 闪存</th><th>64KB 闪存</th><th>128KB 闪存</th><th>256KB 闪存</th><th>384KB 闪存</th><th>512KB 闪存</th><th>768KB 闪存</th><th>1MB 闪存</th></tr>
<tr><th>6KB RAM</th><th>10KB RAM</th><th>20KB RAM</th><th>20KB RAM</th><th>64KB RAM</th><th>64KB RAM</th><th>64KB RAM</th><th>96KB RAM</th><th>96KB RAM</th></tr>
<tr><td>144</td><td></td><td></td><td></td><td></td><td colspan="3" rowspan="3">3 个 USART＋2 个 UART、4 个 16 位定时器、2 个基本定时器、3 个 SPI、2 个 I²S、2 个 I²C、USB、CAN、2 个 PWM 定时器、3 个 ADC、1 个 DAC、1 个 SDIO、FSMC（100 和 144 引脚封装）</td><td colspan="2" rowspan="3">3 个 USART＋2 个 UART、10 个 16 位定时器、2 个基本定时器、3 个 SPI、2 个 I²S、2 个 I²C、USB、CAN、2 个 PWM 定时器、3 个 ADC、1 个 DAC、SDIO、FSMC</td></tr>
<tr><td>100</td><td></td><td></td><td colspan="2" rowspan="4">3 个 USART、3 个 16 位定时器、2 个 SPI、2 个 I²C、USB、CAN、1 个 PWM 定时器、1 个 ADC</td></tr>
<tr><td>64</td><td colspan="2" rowspan="3">2 个 USART、2 个 16 位定时器、1 个 SPI、1 个 I²C、USB、CAN、1 个 PWM 定时器、2 个 ADC</td></tr>
<tr><td>48</td><td colspan="3"></td><td colspan="2"></td></tr>
<tr><td>36</td><td colspan="3"></td><td colspan="2"></td></tr>
</table>

3. STM32F1 微控制器命名规则

意法半导体推出一系列基于 Cortex-M3 内核的 STM32F1 系列微控制器产品，同时也制定了它们的命名规则，如图 1-7 所示。通过名称，用户能直观、迅速地了解某款具体型号的微控制器产品。

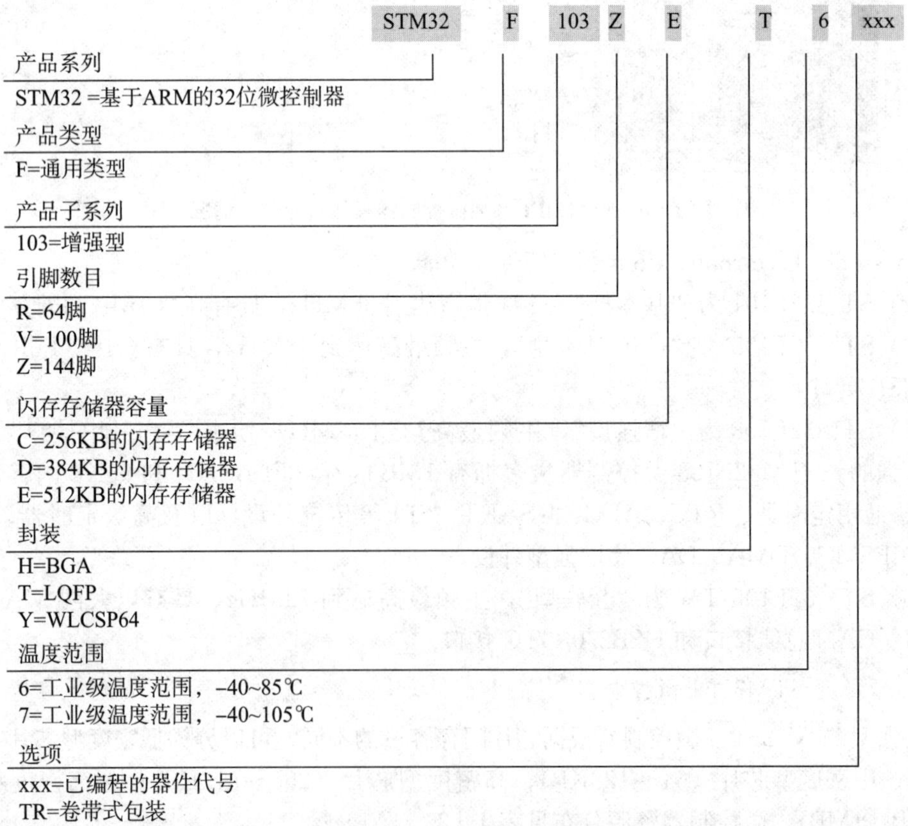

图 1-7　STM32F1 微控制器命名规则

（1）产品系列名：STM32F1 微控制器通常以 STM32 开头，表示产品系列，代表意法半导体基于 ARM Cortex-M 系列内核的 32 位微控制器。

（2）产品类型名：通常有 F（Flash Memory，通用快速闪存）、W（无线系统芯片）、L（低功耗电压，1.65～3.6V）等类型。

（3）产品子系列名：常见的 STM32F1 产品子系列有 050（ARM Cortex-M0 内核）、051（ARM Cortex-M0 内核）、100（ARM Cortex-M3 内核，超值型）、101（ARM Cortex-M3 内核，基本型）、102（ARM Cortex-M3 内核，USB 基本型）、103（ARM Corlex-M3 内核，增强型）、105（ARM Cortex-M3 内核，USB 互联网型）、107（ARM Cortex-M3 内核，USB 互联网型和以太网型）等。

（4）引脚数目：F(20 pin)、G(28 pin)、K(32 pin)、T(36 pin)、H(40 pin)、C(48 pin)、U(63 pin)、R(64 pin)、O(90 pin)、V(100 pin)、Q(132 pin)、Z(144 pin) 和 I(176 pin) 等。

（5）闪存存储器容量：4（16KB Flash，小容量）、6（32KB Flash，小容量）、8（64KB Flash，中容量）、B（128KB Flash，中容量）、C（256KB Flash，大容量）、D（384KB Flash，大容量）、E(512KB Flash，大容量)、F(768KB Flash，大容量)、G(1MB Flash，大容量)。

（6）封装方式：通常有 T（LQFP，Low-profile Quad Flat Package，薄型四侧引脚扁平封装）、H（BGA，Ball Grid Array，球栅阵列封装）、U（VFQFPN，Very thin Fine pitch Quad Flat Pack No-lead package，超薄细间距四方扁平无铅封装）、Y（WLCSP，Wafer Level Chip Scale Packaging，晶圆片级芯片规模封装）等。

（7）温度范围：通常有 6(－40～85℃，工业级)、7(－40～105℃，工业级) 两种。

STM32 微控制器的选型可以通过官网（https://www. stmcu. com. cn）的在线选型工具进行。

任务 2　制作 STM32 硬件最小系统

知识链接

一、STM32 硬件最小系统

本任务以 48 引脚 LQFP 封装的 STM32F103C8T6 芯片为例（图 1－8），介绍微控制器的引脚。

所谓嵌入式最小系统，是指在尽可能少的外部电路条件下，形成一个可以独立工作的微控制器系统，即保证微控制器能够工作，所必需的最小系统配置。

STM32 微控制器最小系统由电源电路、时钟电路、复位电路、主芯片下载电路和启动模式配置电路组成。此外，一个基本完整的微控制器控制系统还应包括外部控制电路，比如一个发光二极管控制电路。

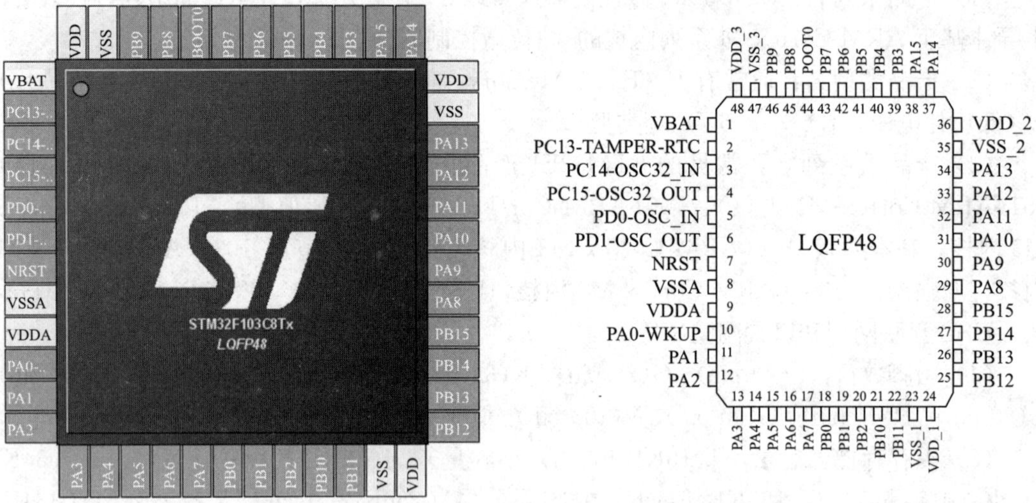

图 1-8　48 引脚 LQFP 封装的 STM32F103C8T6 引脚图

二、电源电路

STM32F103C8T6 采用 LQFP 封装，芯片使用多组电源引脚共（9 个），分别为内部电压调节器、I/O 引脚驱动、A/D 转换电路、复位模块、RC 振荡器和 PLL 的模拟部分供电。

VDD(24、36、48 脚)：电源输入引脚，电压范围为 2.0～3.6V，为 I/O 引脚和内部调压器供电。

VSS(23、35、47 脚)：电源接地引脚。

VDDA(9 脚)：电源输入引脚，电压范围为 2.0～3.6V，为 ADC、复位模块、RC 振荡器和 PLL 的模拟部分供电。使用 ADC 时，VDDA 不得小于 2.4V，同时 VDDA 和 VSSA 必须分别连接到 VDD 和 VSS 上。

VSSA（8 脚）：电源接地引脚。

VBAT（1 脚）：电压范围为 2.0～3.6V，当关闭 VDD 时，(通过内部电源切换器）为 RTC、外部 32kHz 振荡器和后备寄存器供电。

最小系统板的电源可采用多种不同的芯片组合方案。如果最小系统板采用 12V 直流电压供电，则电源可采用 LM2576＋AP1117 芯片组合方案，其中 LM2576 芯片将 12V 直流电压转换为 5V，AP1117 芯片将 5V 直流电压转换成 3.3V 后为芯片供电。电源电路原理图如图 1-9 所示。

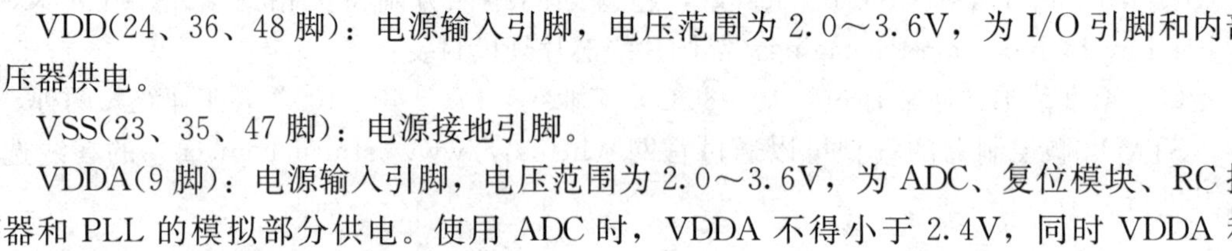

图 1-9　LM2576＋AP1117 供电电路

三、时钟电路及复位电路

1. 时钟电路

STM32 微控制器是一个集成芯片，由非常复杂的数字电路和其他电路组成，需要稳定的时钟脉冲信号才能保证其正常工作。时钟如同人体内部的心脏，心脏跳动一下，推动血液流动一下，时钟产生一次，就推动处理器执行一下指令。除了 CPU，芯片上所有的外设（GPIO、I^2C、SPI 等）都需要时钟。芯片运行的时钟频率越高，芯片处理的速度越快，但同时功耗也越高。为了兼顾功耗和性能，微控制器一般有多个时钟源，同时还将时钟分频为多个大小，适配不同需求的外设。

STM32 内部具有两个 RC 振荡器及 PLL 锁相环，所以依靠内部 RC 也可以正常工作，但内部 RC 不够准确也不够稳定，通常在 STM32 电路板配置外部时钟电路。选择 8MHz 的外部高速晶振，内部 8MHz 的高速 RC 振荡器，内部 40kHz 低速 RC 振荡器，看门狗时钟，内部锁相环（PLL，倍频），一般系统时钟都是外部或者内部高速时钟经过 PLL 倍频后得到的。外部低速 32.768kHz 的晶振主要作 RTC 时钟源。外接高频和低频时钟电路如图 1－10 所示。

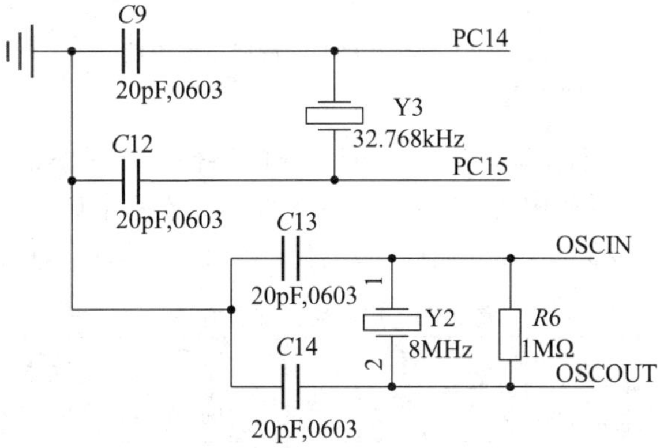

图 1－10 外接高频和低频时钟电路

2. 复位电路

嵌入式系统会受到外界环境的干扰，难免出现程序跑飞或者死机的现象，这时就需要复位，让系统重新运行。

STM32 微控制器复位由外部电路实现。NRST（7 脚）引脚被拉低，产生外部复位，并产生复位脉冲，从而使系统复位。根据复位电路可以看出，当 SW1 闭合时电路导通，NRST 为芯片的复位引脚信号，此时芯片复位引脚接通 GND，芯片复位重启。其中，电容的功能是储能，开发板上电瞬间，电容开始充电，复位引脚为低电平，所以上电瞬间开发板也会复位重启，但随着电容充电完成，复位引脚变为高电平，则不会再进行复位重启，如图 1－11 所示。

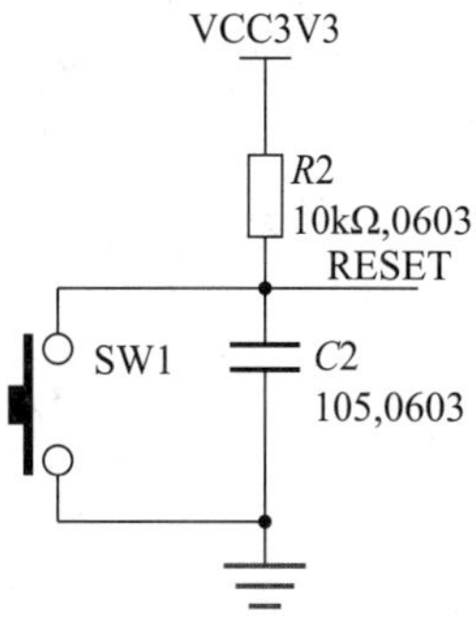

图 1－11 复位电路

四、SWD接口电路及启动设置电路

1. SWD接口电路

STM32微控制器程序下载采用Serial Wire Debug（SWD串行线调试）模式，SWD是基于CoreSight架构的，该架构在限制输出引脚和其他可用资源有限的情况下，提供了最大的灵活性。CoreSight是ARM定义的一个开放体系结构，以便SOC设计人员能够将其他IP内核的调试和跟踪添加到CoreSight基础结构中。可以通过SWD接口进行程序的下载和调试功能，SWD接口只需要包括VDD、SWDIO、SWDCLK、GND四线，SWD接口的程序下载电路如图1-12所示。

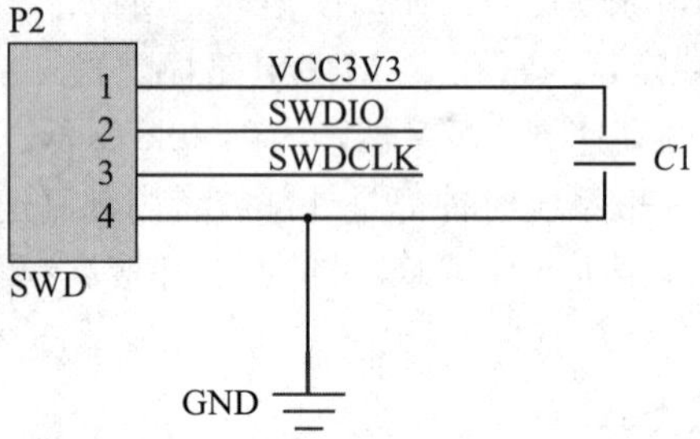

图1-12　SWD接口的程序下载电路

2. 启动设置电路

STM32微控制器有3种启动模式，它们对应的存储介质都是芯片内置的，分别是主Flash存储器、系统存储器和内置SRAM。用户通过配置两个启动模式的引脚（BOOT0和BOOT1）可以选择从哪个存储介质启动。启动模式配置方法见表1-3。

表1-3　启动模式配置方法

启动模式选择引脚		启动模式	说明
BOOT1	BOOT0		
X	0	主Flash存储器	这是正常启动模式
0	1	系统存储器	这种启动模式一般用于从串口下载程序
1	1	内置SRAM	这种启动模式一般用于调试

在启动电路设计中，将BOOT1和BOOT0设置为00，从主Flash存储器启动。启动设置电路如图1-13所示。

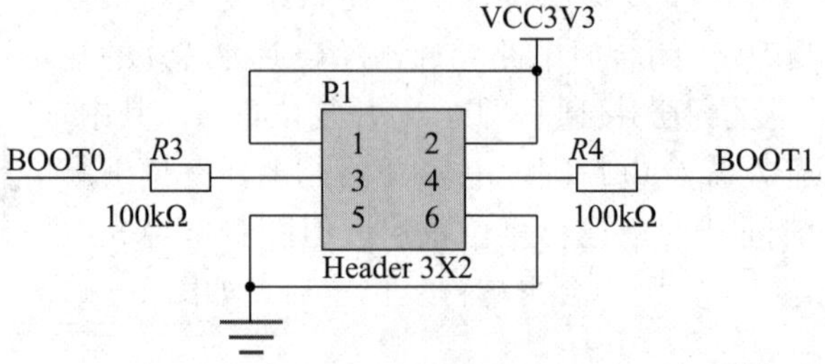

图1-13　启动设置电路

五、I/O 模块电路

如图 1 - 14 所示，为了方便用户在外接电路中使用引脚，可以用排针将 I/O 引脚及系统电源引出，再使用杜邦线将它们引入并连接到外接电路中，编写控制程序，实现对外接电路的控制。

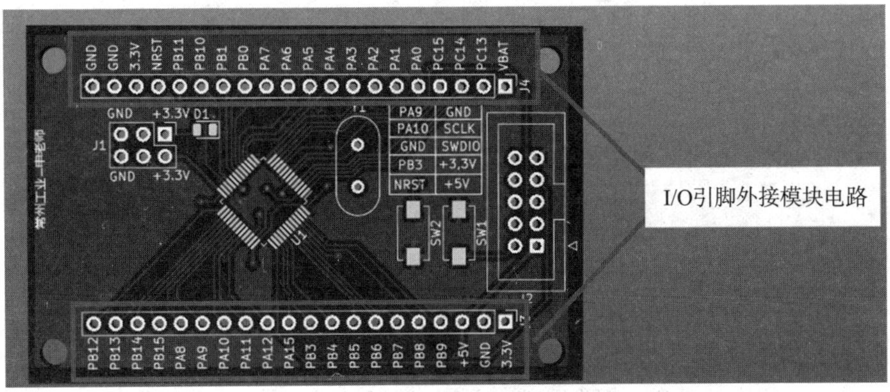

图 1 - 14　I/O 引脚外接模块电路

实施案例

一、安装 Proteus 8.9

1. Proteus 8.9 仿真软件简介

Proteus 是 Lab Center Electronics 公司研发的 EDA 工具软件，该软件除具有原理图绘制、PCB 板自动或者手工布线及电路仿真的功能外，针对微控制器（支持 STM32F103 Cortex-M3 系列），还可以直接在基于原理图的虚拟模型上编程，并实现软件代码的实时调试。通过 LED 灯、按键、RS-232 终端、LED/LCD 等动态外设模型，可对设计进行交互式仿真；借助系统配置的虚拟仪器，如信号源、示波器、电压表等，可使调试变得更加便捷。

2. Proteus 8.9 安装

步骤 1：获得 Proteus 8.9 安装文件。首先双击文件“P8.9.sp0.exe”打开安装软件，接受协议后，选择“Use a locally installed license key”单选按钮，如图 1 - 15 所示。

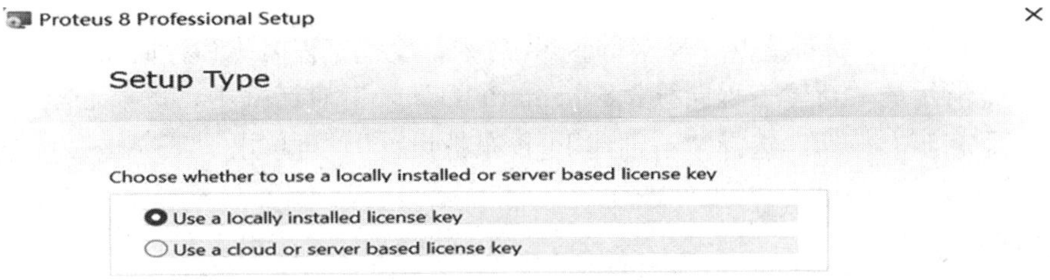

图 1 - 15　选择“Use a locally installed license key”单选按钮

步骤 2：在许可证安装界面，浏览指定的 patch 文件夹中的 Licence. lxk 许可证文件，单击“Install”按钮安装许可证，如图 1－16 所示。

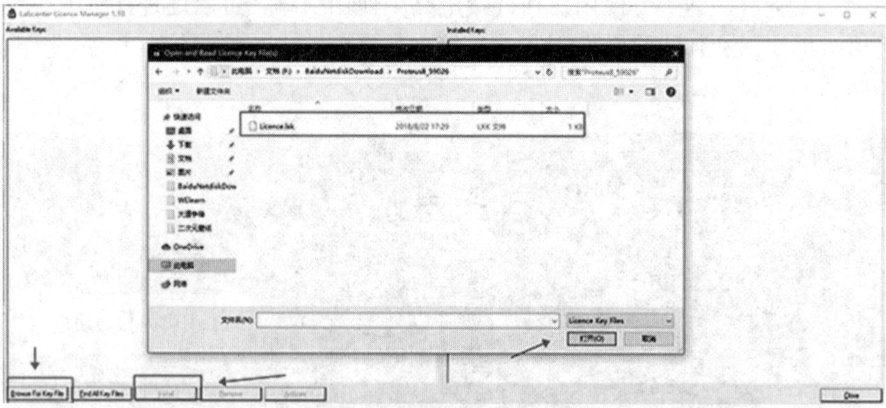

图 1－16　Licence. lxk 许可证文件

步骤 3：选择软件的安装目录，如图 1－17 所示。安装路径选择默认路径，数据路径必须与安装路径一致，否则在使用 Proteus 软件的过程中容易闪退。

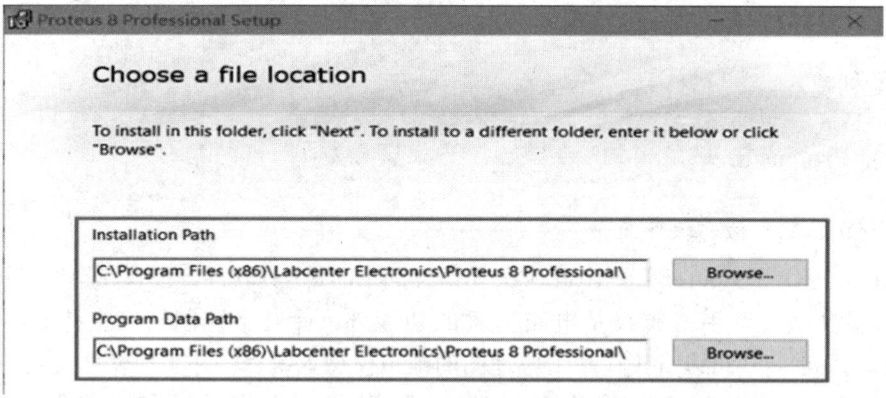

图 1－17　选择安装目录

步骤 4：Proteus 软件安装成功后，双击桌面上的图标打开软件。

二、使用 Proteus 8.9

1. 新建设计工程文件

启动 Proteus 后，选择 File→New Design 命令，设置工程名称和存储路径，然后在弹出的图 1－18 所示的“新建工程向导：Schematic Design”对话框中，选择 DEFAULT 模板，单击“下一步”按钮，选择“不创建 PCB 布板设计”，再单击“下一步”按钮，选择“没有固件项目”，最后单击“OK”按钮。

2. 提取元件

选择 Library→Pick Device/Symbol 命令或单击按钮，在弹出的对话框中选择要摆放的元件，如图 1－19 所示。如果要选择 STM32F103 微控制器，可以在对话框的 Keywords 文本框中输入“STM32F103”，元件列表区、元件预览区便显示该元件的信息。单击

“OK”按钮，元件出现在右侧的 Device 列表框中。

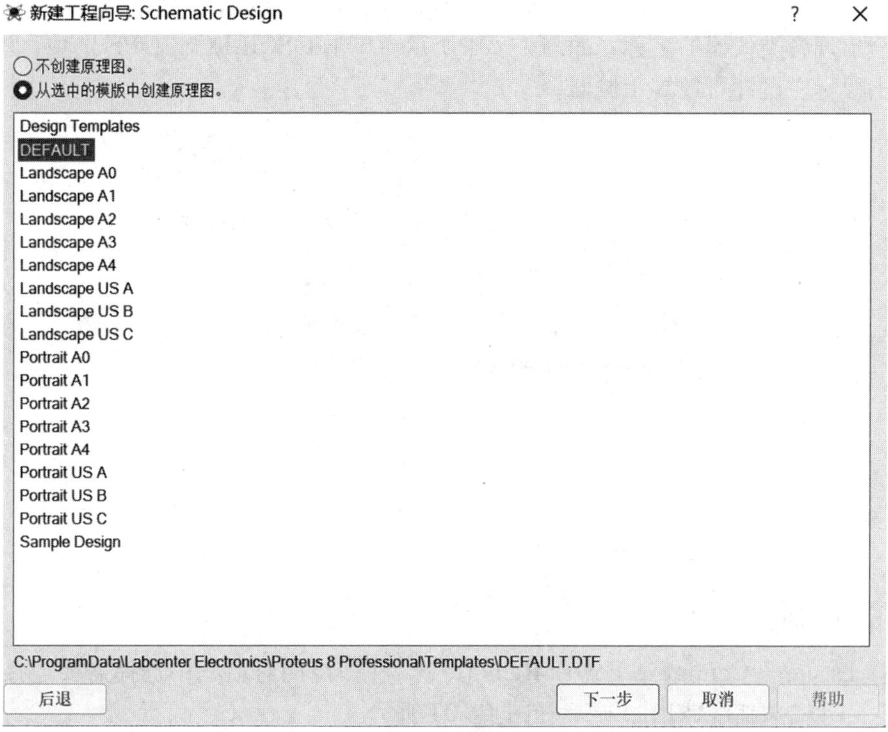

图 1-18　新建工程向导

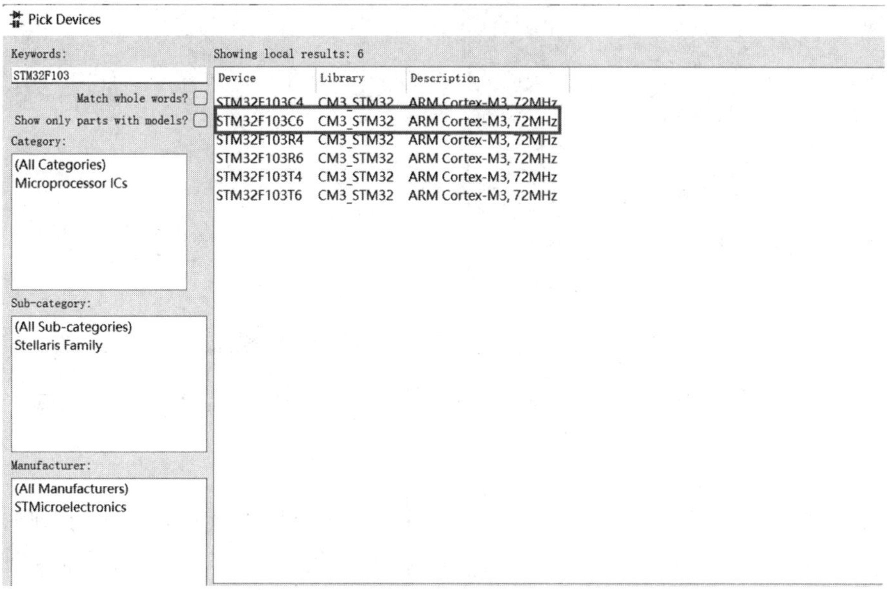

图 1-19　选择元件

3. 放置元器件

在 Device 元件列表框中用鼠标单击选中某元件后，在编辑区单击鼠标左键即可放置该元件。如图 1-20 所示，在左侧的工具栏中单击图标，列表框中可显示终端，单击

POWER 选项摆放电源终端，单击 GROUND 选项摆放接地终端。

如果在调试中需要使用仪器，比如示波器，只要在左侧的工具栏中单击图标，列表框中就会出现各类仪器的名称，如图 1-21 所示。单击 OSCILLOSCOPE 选项，然后在编辑区单击鼠标左键即可放置示波器。

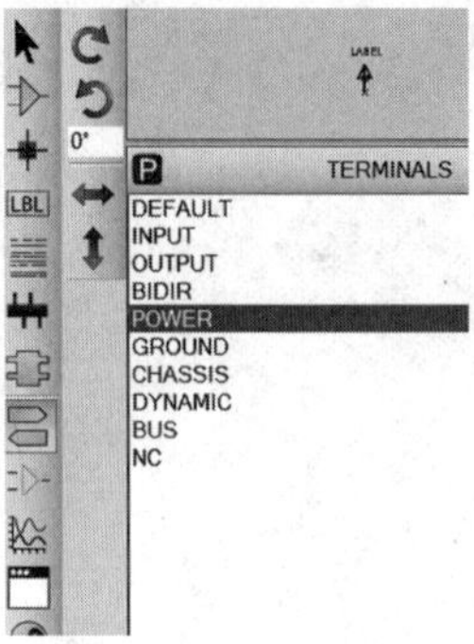

图 1-20　终端列表

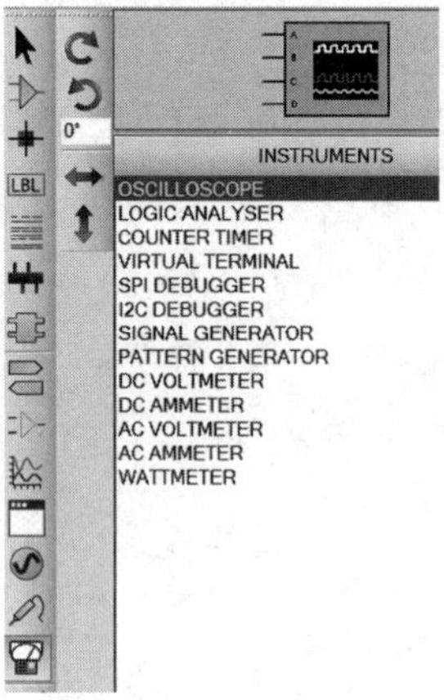

图 1-21　仪器列表

4. 配置供电网

选择 Design→Configure Power Rails 命令，在弹出的对话框中选择需要连接到 GND 和 VCC/VDD 的端口，如图 1-22 和图 1-23 所示。

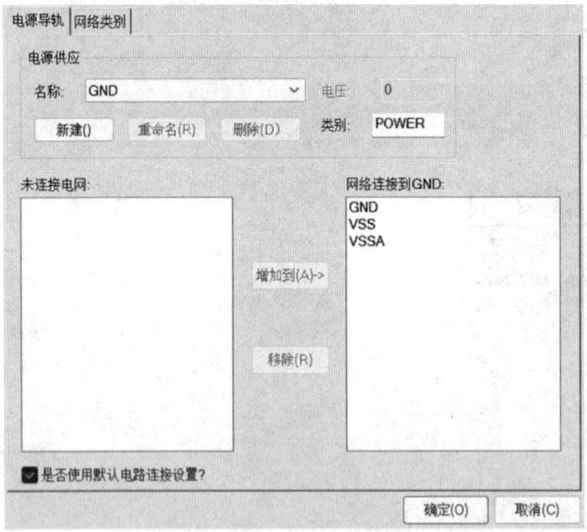

图 1-22　GND 端口

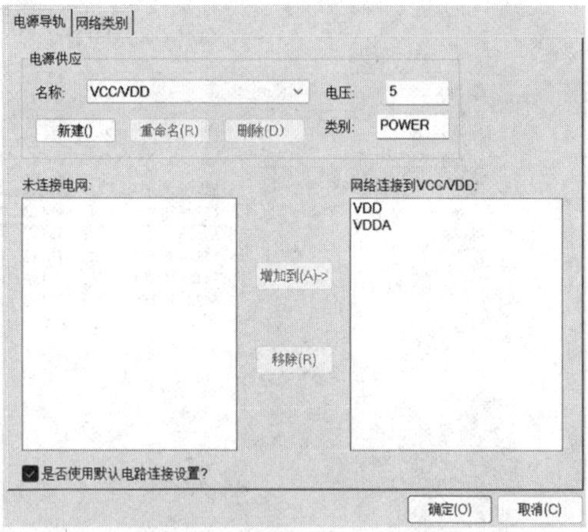

图 1-23　VCC/VDD 端口

5. 连接绘制原理图

将元件在图样上布局完成后，就可以开始连线。用鼠标指针指向元件的引脚，指针上就会出现一个"×"符号，单击左键可实现引脚和导线之间的连线，单击右键则放弃连线。Proteus 还支持自动布线，分别单击元件的两个引脚，无论这两个引脚在何处，系统会在它们之间自动连线。

删除连线的方法和删除元件一样，单击鼠标右键两次即可。

操作过程中，如果发现电路在图样上的摆放位置不合理，可以批量移动部分电路。最终绘制出图 1-24 所示的电路。

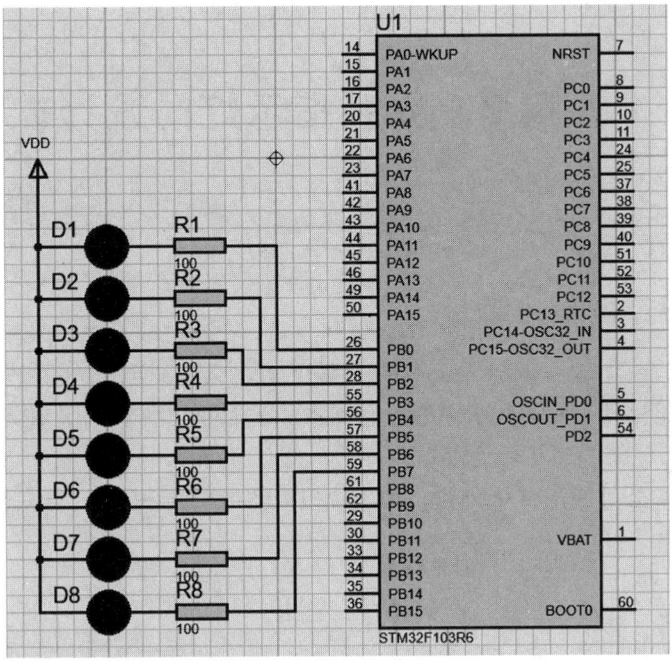

图 1 - 24　Proteus 电路图

6. 电路仿真

双击芯片 STM32F103R6，导入 Keil 项目中生成的.hex 文件，设置主频为 72MHz，选择 PCB 封装包，然后单击“确定”按钮，如图 1 - 25 所示。

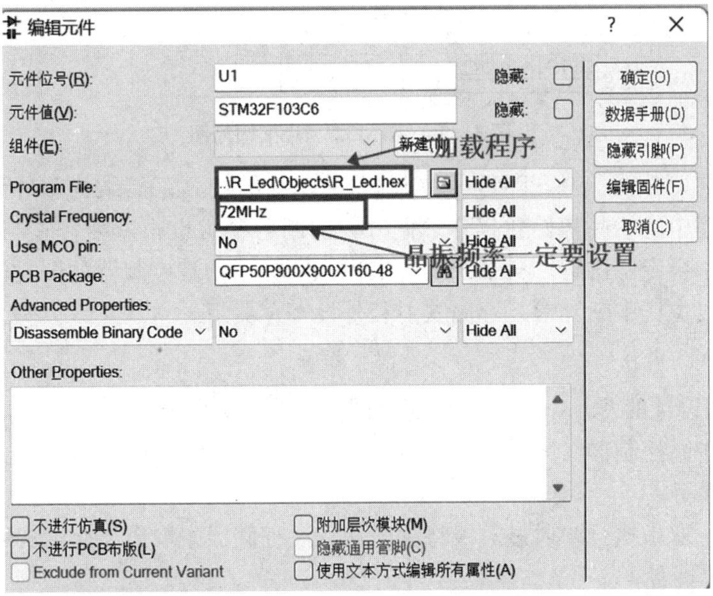

图 1 - 25　加载.hex 文件和频率设置

任务 3　充装指示灯的设计

知识链接

一、STM32 系统架构及存储映射

如图 1-26 所示，从 ARM 与 ST 的关系可知，STM32F103 采用的是 Cortex-M3 内核，由 ARM 公司设计。ARM 公司并不生产芯片，而是出售其芯片技术授权。芯片生产厂商（如 ST、TI、Freescale）负责在内核之外设计部件，并生产整个芯片，这些内核之外的部件被称为核外外设或片上外设，如 GPIO、USART（串口）、I^2C、SPI 等。

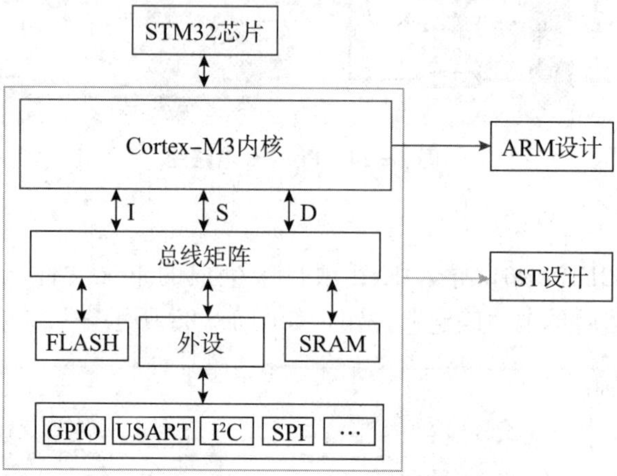

图 1-26　STM32 芯片架构简图

在编程之前，必须了解 STM32 微控制器的总线结构、存储结构和外设寄存器，这样有助于理解程序中的一些初始化操作。此外，中断与异常也很重要，它与编程紧密相关，在后面的项目中再专门讲解。对于开发者来说，掌握一款微控制器的开发需要重点关注四大模块：时钟复位、中断异常、存储映射和外设寄存器组。

1. Cortex-M3 内核

ARM 公司设计的 Cortex-M3 内核简化图如图 1-27 所示。

嵌套向量中断控制器（Nested Vectored Interrupt Controller，NVIC）：负责中断控制以及中断处理事务。

取指单元：取指执行，通过总线将程序从程序存储器中取出，交给解码器。

解码器：指令解码。

算术逻辑运算单元（Arithmetic Logic Unit，ALU）：是中央处理器（CPU）的执行单元，由 And Gate（与门）和 Or Gate（或门）构成的算术逻辑单元，主要功能是进行二位元的算术运算，自带追踪接口和调试系统。逻辑运算的结果放在寄存器组中。

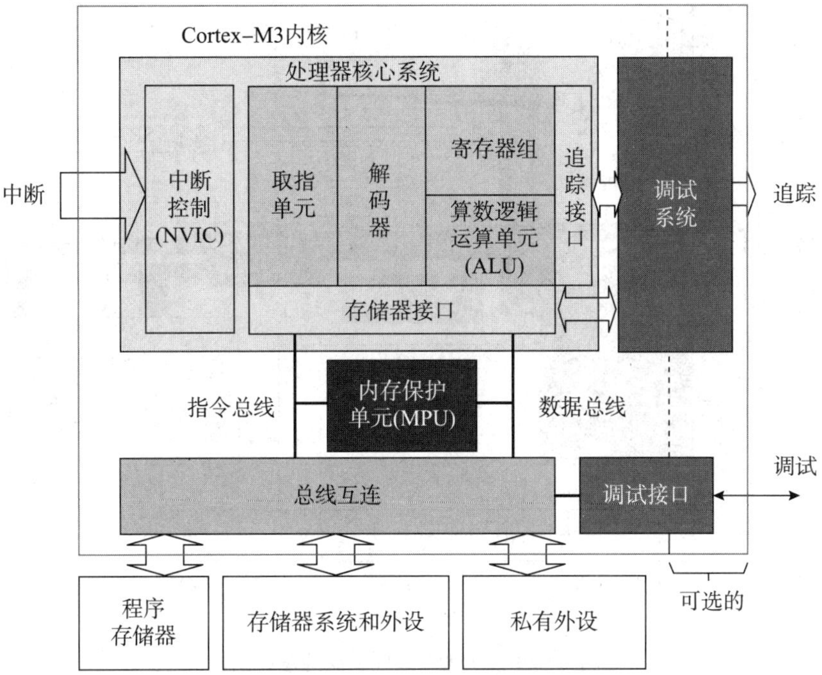

图 1-27　Cortex-M3 内核简化图

2. STM32F103 总线结构

总线（Bus）是各种信号线的集合，是嵌入式系统中各元件之间传送数据信息、地址信息和控制信息的公共通道。

与总线相关的主要参数有总线宽度、总线频率和总线带宽。总线宽度是指总线能同时传送的数据位数，如 8 位、16 位、32 位、64 位；总线频率是指总线的工作速度，频率越高，速度越快；总线带宽用来描述总线传送数据的快慢，总线带宽 $=\frac{\text{总线宽度}\times\text{总线频率}}{8}$，单位为 MB/s。

STM32 微控制器的总线结构可以分为 6 部分，如图 1-28 所示。

(1) 指令总线（ICode）：该总线将 Cortex-M3 内核的指令总线与闪存指令接口相连接，指令预取在此总线上完成。

(2) 数据总线（DCode）：该总线将 Cortex-M3 内核的 DCode 总线与闪存存储器的数据接口相连接（常量加载和调试访问）。

(3) 系统总线：该总线连接 Cortex-M3 内核的系统总线（外设总线）到总线矩阵，总线矩阵协调着内核和 DMA 间的访问。

(4) DMA 总线：此总线将 DMA 的 AHB 主控接口与总线矩阵相连，总线矩阵协调着 CPU 的 DCode 和 DMA 到 SRAM、闪存和外设的访问。

(5) 总线矩阵（Bus matrix）：协调内核系统总线和 DMA 主控总线之间的访问仲裁，仲裁利用轮换算法。矩阵包含 4 个驱动部件（CPU 的 DCode、系统总线、DMA1 总线和 DMA2 总线）和 4 个被动部件［闪存存储器接口（FLITF）、SRAM、FSMC 和 AHB2APB 桥］。AHB 外设通过总线矩阵与系统总线相连，允许 DMA 访问。

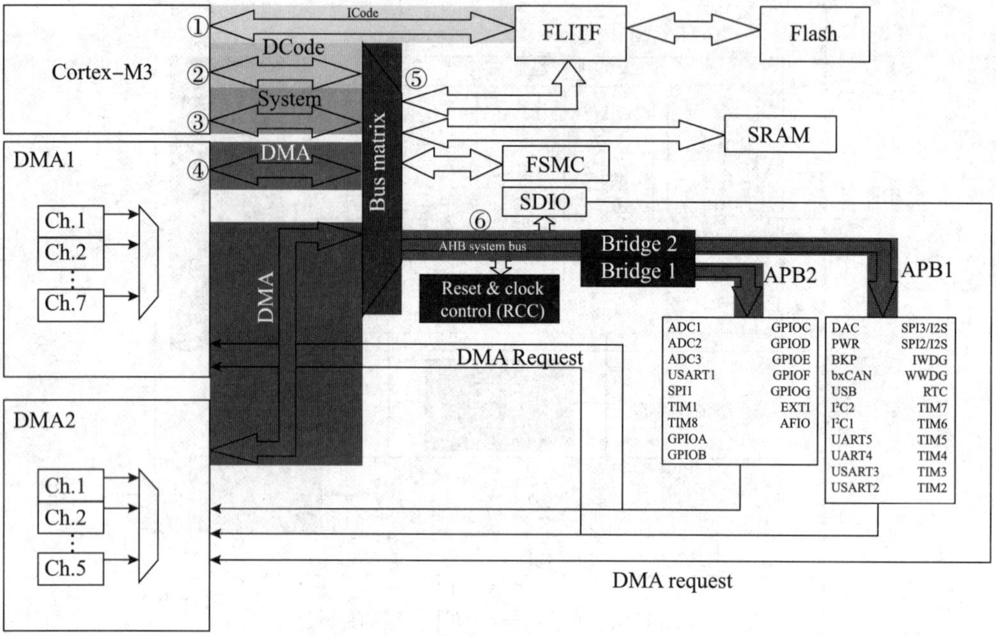

图 1-28　STM32 微控制器的总线结构

(6) AHB/APB 桥（APB）：用于外设接口的数据传送。ARM 公司推出 AMBA 片上总线结构，该总线主要包含先进高速总线（Advanced High-speed Bus，AHB）和先进外设总线（Advanced Peripheral Bus，APB），分别连接高速设备和低速设备。基于这个总线结构，ICode、Dcode、System bus 都是 AHB 总线。这里 AHB 系统总线经过两个 AHB-APB 桥转换成了两个 APB 总线。APB1 上挂接有 DAC、UART 等外设，其最高频率可达 36MHz；APB2 上挂接有 ADC、GPIO 等外设，其最高频率可达 72MHz。

在 MCU 每次复位后，所有的外设时钟都会默认处于关闭状态。因此，在使用外设前需要操作复位和时钟寄存器（Reset and Clock Control，RCC）开启所需外设的时钟。

3. STM32 存储结构

CPU 通过总线访问各个外设，现在通往外设的“路”已经铺好，还需要规定各个外设的“门牌号”，以便精准控制每个外设。ARM Cortex-M3 系列处理器采用存储器与 I/O 设备（外设）统一编址的方式，将部分存储器地址范围用于外设，这种通过存储器地址访问外设的方式，称为存储器地址映射。

对于 32 位的处理器，可寻址的范围为 2^{32} 字节，即 $2^{32}=4\times1\ 024\times1\ 024\times1\ 024=$ 4GB，也就是 0x00000000～0xFFFFFFFF。ARM 将这 4GB 空间从低地址到高地址依次划分为代码区（Code）、片上 SRAM 区（SRAM）、片上外设（Peripheral）、片外 RAM（External RAM）、片外外设（External Device）和系统级（System level），如图 1-29 所示。

ARM 公司只是大致规定了存储器空间的映射，允许各芯片厂商在指定范围内自行定义和使用这些存储空间，未分配的空间为保留的地址空间。

STM32 在 ARM 规定的基础上，将 4GB 空间分为 Block0、Block1、…、Block7，共 8 块，每块大小为 512MB，具体块功能分类见表 1-4。

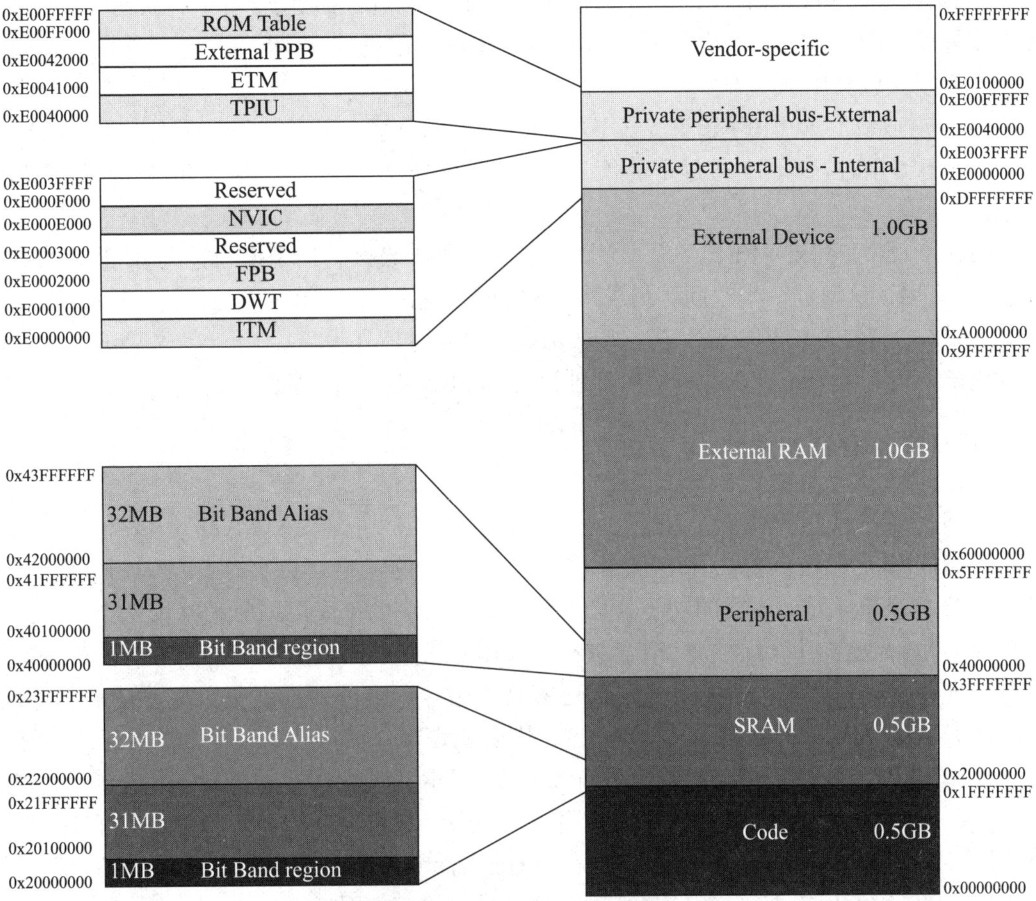

图 1-29　STM32 存储映射结构

表 1-4　存储器功能分类

块编号	块地址	块用途
Block0	00000000H～1FFFFFFFFH	Code（FLASH 512KB）
Block1	20000000H～3FFFFFFFFH	SRAM，只用了 64KB
Block2	40000000H～5FFFFFFFFH	Peripherals（片上外设）
Block3	60000000H～7FFFFFFFFH	FSMC bank1&bank2（可变静态存储器）
Block4	80000000H～9FFFFFFFFH	FSMC bank3&bank4（可变静态存储器）
Block5	A0000000H～BFFFFFFFFH	FSMC 寄存器
Block6	C0000000H～DFFFFFFFFH	未使用
Block7	E0000000H～FFFFFFFFFH	Cortex-M3 内核内部外设

0x00000000～0x1FFFFFFF（512MB）：作为代码区，用于存放下载的代码。系统上电后，将从该部分读取代码。

0x20000000～0x3FFFFFFF（512MB）：作为 SRAM 区，用于存放运行代码。系统上电后，将从 Flash 读取代码，放到 SRAM 里，CPU 再从 SRAM 读取代码运行。

0x40000000～0x5FFFFFFF（512MB）：作为片上外设区，用于存放厂商外设寄存器。要操作外设，即修改这里对应的外设寄存器。注意：这里的 RCC 和 PortC 外设的地址范围，后面很快就会用到。

0x60000000～0x9FFFFFFF（1GB）：作为片外 RAM，用于扩展 RAM。当 SRAM 或者 Flash 不够用时，MCU 通过 FSMC 外接其他 IC 芯片，在这个地址范围读写 IC 芯片数据。

0xA0000000～0xDFFFFFFF（1GB）：作为片外外设区，用于读写扩展 IC 芯片的寄存器。ST 只用了这里的一半空间，另外一半空间未使用。

0xE0000000 ～ 0xFFFFFFFF（512MB）：作为内核外设区，用于存放 Cortex-M3 内核的内部外设。Cortex-M3 内核的内部外设有 NVIC、Systick 等。

二、STM32 寄存器映射

1. 寄存器及寄存器映射

存储器 Block2 区域是用来存储外设寄存器地址的，它们以 4 字节为 1 个单元，共 32bit，每一个单元对应不同的功能，设置这些单元对应的位就可以驱动外设工作。找到每个单元的起始地址，即可通过 C 语言指针的操作方式来访问这些单元。如果每次都是通过这种地址的方式来访问，不仅不好记忆还容易出错，这时可以根据每个单元功能的不同，以功能名给这个内存单元取一个别名，这个别名就是寄存器，这个过程就是寄存器映射。

比如，找到 GPIOC 端口的输出数据寄存器 ODR 的地址是 0x4001100C（具体查找方法参考《STM32 中文参考手册 _ V10》P28），ODR 寄存器是 32bit，低 16bit 有效，对应着 16 个外部 I/O 口，写入 0 或 1 则对应 I/O 输出低或高电平。现在通过 C 语言指针的操作方式，让 GPIOC 的 16 个 I/O 口都输出高电平，语句如下：

```
*( unsignedint *)0x4001100C |= 0xFFFF ;
```

0x4001100C 看起来是 GPIOC 端口 ODR 的地址，但是对编译器来说，这是一个普通的常量，是一个立即数，要想让编译器也认为是指针，需要进行强制类型转换，把它转换成指针，即（ unsigned int *）0x4001100C，然后再对这个指针进行取内容（*）操作。

这种通过绝对地址访问内存单元的方式不好记忆且容易出错，可以通过寄存器别名的方式来操作，具体如下：

```
#defineGPIOC_BASE      0x40011000
#define GPIOC_ODR(unsigned int *)(GPIOC_BASE + 0x0C)
*GPIOC_ODR |= 0xFFFF;
```

为了方便操作，也可以把指针操作“*”定义到寄存器别名中，具体操作如下：

```
#define GPIOC_ODR *(unsigned int *)(GPIOC_BASE + 0x0C)
GPIOC_ODR |= 0xFFFF;
```

2. 总线基地址

片上外设分为三条总线，根据外设速度的不同，挂载在不同的总线上，APB1 挂载低速外设，APB2 和 AHB 挂载高速外设。相应总线的最低地址称为该总线的基地址，总线基地址也是挂载在该总线上的起始地址。其中，APB1 的地址最低，片上外设地址从这里开始，又称为外设基地址。STM32 微控制器的总线基地址见表 1－5。

表 1－5　STM32 微控制器的总线基地址

总线名称	总线基地址	相对外设基地址的偏移
APB1	0x40000000	0x00000000
APB2	0x40010000	0x00010000
AHB	0x40018000	0x00018000

3. 外设基地址

总线上挂载着不同的外设，这些外设都有自己的地址范围，特定外设的起始地址称为外设基地址，又称为外设的边界地址，STM32 外设的边界地址可参考《STM32 中文参考手册_V10》。这里以 GPIO 外设为例讲解外设基地址。GPIO 属于高速外设，挂载在 APB2 总线上，其外设基地址见表 1－6。

表 1－6　GPIO 的外设基地址

外设名称	外设基地址	相对 APB2 总线的地址偏移
GPIOA	0x40010800	0x00000800
GPIOB	0x40010C00	0x00000C00
GPIOC	0x40011000	0x00001000
GPIOD	0x40011400	0x00001400
GPIOE	0x40011800	0x00001800
GPIOF	0x40011C00	0x00001C00
GPIOG	0x40012000	0x00002000

4. 外设寄存器

在外设的地址范围内分布着该外设的寄存器。以 GPIO 外设为例，GPIO 外设有多个寄存器，每一个都有特定的功能。寄存器大小为 32bit，占 4 字节，在该外设的基地址上按照顺序排列，寄存器的位置都以相对外设基地址的偏移地址描述。下面以 GPIOC 端口为例来说明，见表 1－7。

表 1－7　GPIOC 的寄存器地址

寄存器名称	寄存器地址	相对 GPIOC 外设基地址的偏移
GPIOC_CRL	0x40011000	0x00
GPIOC_CRH	0x40011004	0x04
GPIOC_IDR	0x40011008	0x08
GPIOC_ODR	0x4001100C	0x0C
GPIOC_BSRR	0x40011010	0x10
GPIOC_BRR	0x40011014	0x14
GPIOC_LCKR	0x40011018	0x18

外设的寄存器说明可以参考《STM32 中文参考手册_V10》。

5. GPIO 简介

GPIO 是通用输入/输出端口的缩写，是 STM32 微处理器可控制的引脚，是最简单的也是最常用的片上外设。由于引脚资源有限，其他片上外设的引脚会与 GPIO 复用芯片引脚。外围设备与 STM32 芯片引脚连接，从而实现通信、控制以及采集数据的功能。

STM32 微控制器的 GPIO 资源丰富，根据芯片封装不同，最多拥有 GPIOx（x 范围为 A～G）7 组 GPIO 端口，每组 GPIO 端口最多拥有 Pin0～Pin15 共 16 个引脚。根据连接对象的不同，GPIO 端口的每一个引脚都可以独立设置成不同的工作模式。所有的 GPIO 引脚都有基本的输入输出功能。最基本的输出功能是由 STM32 控制引脚输出高、低电平，实现开关控制，比如把 GPIOC 的 13 引脚接入 LED，就可以控制 LED 的亮和灭，引脚接入继电器或晶体管，就可以通过继电器或晶体管控制外部大功率电路的通断。最基本的输入功能是检测外部输入电平，如果把 GPIO 引脚连接到按键，即可通过电平高低判断按键是否被按下。

三、STM32 汇编启动代码

1. 常用汇编指令

能够在微控制器内直接执行的指令序列称为机器语言，用助记符号来表示机器指令便形成汇编语言且便于记忆。STM32 微控制器的常用汇编指令见表 1-8。

表 1-8　STM32 微控制器的常用汇编指令

指令名称	作用
EQU	给数字常量取一个符号名，相当于 C 语言中的 # define
AREA	汇编一个新的代码段或者数据段
SPACE	分配内存空间
PRESERVE8	当前文件栈需要按照 8 字节对齐
EXPORT	声明一个具有全局属性的标号，可被外部文件访问
DCD	以字为单位分配内存，要求按照 4 字节对齐，并初始化这些内存
PROC	定义子程序，与 ENDP 成对使用，ENDP 表示子程序结束
WEAK	如果外部声明了该指令修饰的标号，则优先使用外部声明的标号；如果外部没有声明，也不会出错
IMPORT	声明标号来自外部文件，与 C 语言中的 extern 关键字类似
B	跳转指令，即跳转到一个标号
ALIGN	编译器对指令或者数据的存放地址进行对齐，一般需要跟一个立即数，默认按照 4 字节对齐
END	达到文件的末尾，表示文件结束
IF，ENSE，ENDIF	汇编条件分支语句，与 C 语言中的 if…else…类似
；	注释符，与 C 语言中的//类似

2. 启动代码

STM32 的启动代码由汇编语言编写，在系统上电后执行。启动代码是整个系统启动的引导程序，主要完成初始化堆栈指针、初始化 PC 指针、初始化中断向量表、配置系统时钟和调用 C 库函数 _ main、初始化用户栈，从而进入主函数 main ()。

(1) Stack 栈。

栈主要用于存储函数调用时的局部变量、函数形参以及返回地址等信息，栈大小设置不可以超过 SRAM 的大小。当局部变量等较大时，可以对栈的大小进行修改。

```
Stack_Size      EQU     0x00000400
                AREA    STACK, NOINIT, READWRITE, ALIGN = 3
Stack_Mem        SPACE   Stack_Size
__initial_sp
```

上面代码中给 0x00000400 这个立即数设一个别名 Stack_Size，从名字上可以看出这是给栈分配 1KB 空间，如果不够，可以修改这个立即数。栈名称为 STACK，NOINIT 表示不初始化，READWRITE 表示可读写，ALIGN=3 表示已 2^3 (8) 字节对齐。同时指定了内存大小等于 Stack_Size；标号__initial_sp 紧挨着 SPACE 放置，表示栈的结束地址及栈顶地址。

(2) Heap 堆。

堆主要负责动态内存的分配，如使用 malloc () 动态分配内存。

```
Heap_Size       EQU     0x00000200
                AREA    HEAP, NOINIT, READWRITE, ALIGN = 3
__heap_base
Heap_Mem          SPACE   Heap_Size
__heap_limit
```

上面代码中给 0x00000200 这个立即数设一个别名 Heap_Size，从名字上可以看出这是给栈分配 512B 空间，如果不够，可以修改这个立即数。堆名称为 HEAP，NOINIT 表示不初始化，READWRITE 表示可读写，ALIGN=3 表示已 2^3 (8) 字节对齐。__heap_base 表示堆的起始地址，指定堆的内存大小等于 Heap_Size；__heap_limit 表示堆的结束地址。

(3) 向量表。

```
EXPORT   __Vectors                   ;定义数据段,名称为 RESET,只读模式
EXPORT   __Vectors_End               ;声明可被外部访问的标号
EXPORT   __Vectors_Size
```

上面的代码类似于一个数组，__Vectors 是数组的起始地址，__Vectors_End 是数组的结束地址，__Vectors_Size 在最后做了计算，是起始地址与结束地址的差值。

向量表中记录了系统所有中断向量的地址，当内核响应了发生的异常（中断或事件）后，对应的异常服务例程就会执行，所以这里的向量表用于为异常服务机制提供入口地址。

```
__VectorsDCD      __initial_sp                    ; Top of Stack
                  DCD      Reset_Handler          ; Reset Handler
                  DCD      NMI_Handler            ; NMI Handler
                  DCD      HardFault_Handler      ; Hard Fault Handler
                  ; … 其他中断向量 …
                  DCD    SVC_Handler              ; SVCall Handler
                  ; … 其他中断向量 …
                  DCD    0                        ; Reserved
                  DCD    PendSV_Handler           ; PendSV Handler
                  DCD    SysTick_Handler          ; SysTick Handler
__Vectors_End
```

(4) 复位程序。

复位程序是 STM32 微控制器上电后执行的第一个程序。

```
Reset_Handler     PROC
          EXPORT   Reset_Handler             [WEAK]
     IMPORT   __main
IMPORT   SystemInit                    ;表示 SystemInit 函数来自外部
   IMPORT   __main                     ;表示__main 函数来自外部
        LDR      R0, = SystemInit      ;将 SystemInit 加载到 R0 寄存器中
        BLX      R0                    ;跳转到 R0 给出的地址
        LDR      R0, = __main          ;将__main 加载到 R0 寄存器中
        BX       R0                    ;跳转到 R0 给出的地址
        ENDP                           ;程序结束
```

导入 Reset_Handler 子程序，这里用 WEAK 修饰表示弱定义，优先定义外部定义的程序。如果没有，也不会报错。

SystemInit 是标准库函数，在 system_STM32F103f10x.c 中定义，主要用来配置系统时钟。__main 是一个标准的 C 库函数，主要作用是初始化用户堆栈，进入主函数 main() 中。

(5) 中断服务程序。

启动代码中定义了中断服务程序的名称。使用中断的时候，弱定义了中断服务子程序，系统会优先调用外部定义的服务程序。当外部没有编写配套的中断服务子程序或者编写的服务子程序与启动文件中的程序名不一致时，系统会自动跳转到启动文件中默认的中断服务子程序中。

```
; 其他中断处理程序可以在这里定义,例如:
NMI_Handler      PROC
                 EXPORT   NMI_Handler          [WEAK]
                 B        .
                 ENDP
```

```
；... 其他中断处理程序 ...
                END
```

（6）堆栈初始化。

堆栈初始化是由一个 IF 条件来实现的，MicroLIB 的定义决定了堆栈的初始化方式。这个定义在“Options for Target'Target 1'”对话框的“Target”选项卡中设置，如图 1－30所示。

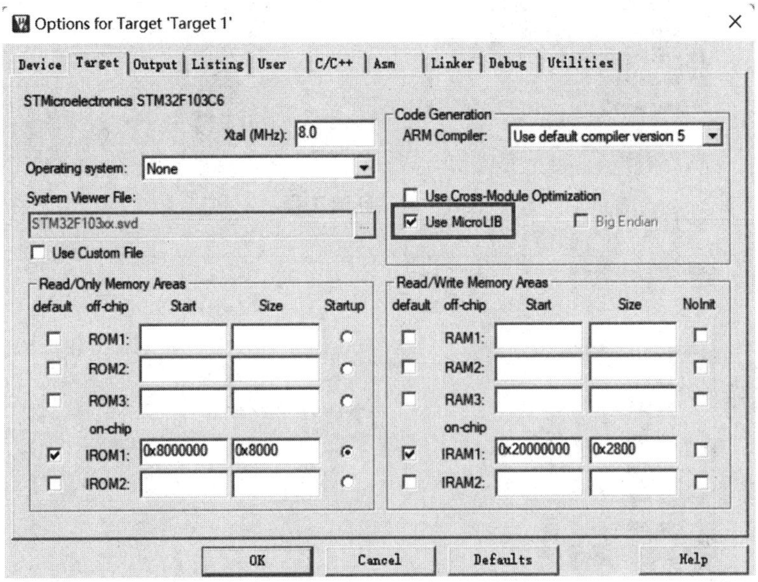

图 1－30　使用 MicroLIB 库

```
            ALIGN      ;指定符号的对齐方式,默认按照 4 字节对齐
             IF      :DEF:__MICROLIB
```

实施案例

一、基于 STM32 寄存器编程

1. 新建基于 STM32F103 Keil for MDK 的工程

步骤 1：启动 Keil μVision5，新建工程，选择 Project→New μVision Project 命令，如图 1－31 所示。弹出图 1－32 所示的对话框，表示新建一个工程文件夹，并选择保存路径。

步骤 2：单击“保存”按钮，弹出选择芯片的对话框，本书中选用的芯片是 STM32F103C8T6，故选择 CPU 为“STM32F103C8”，如图 1－33 所示。

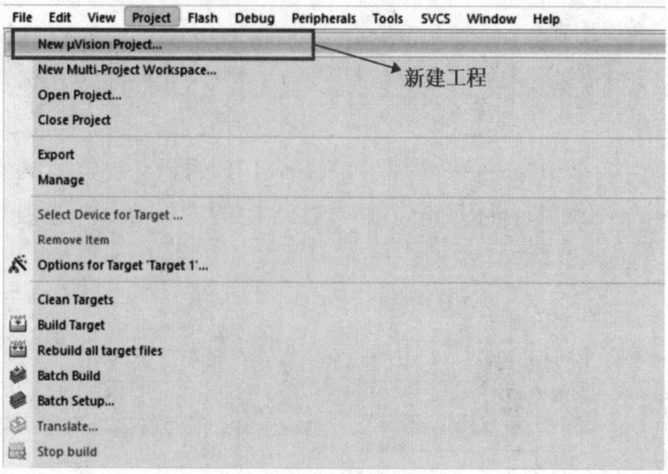

图 1－31　新建工程

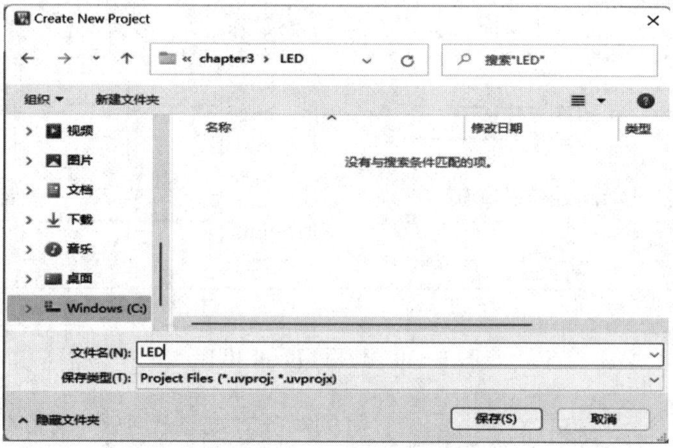

图 1－32　保存新建工程文件

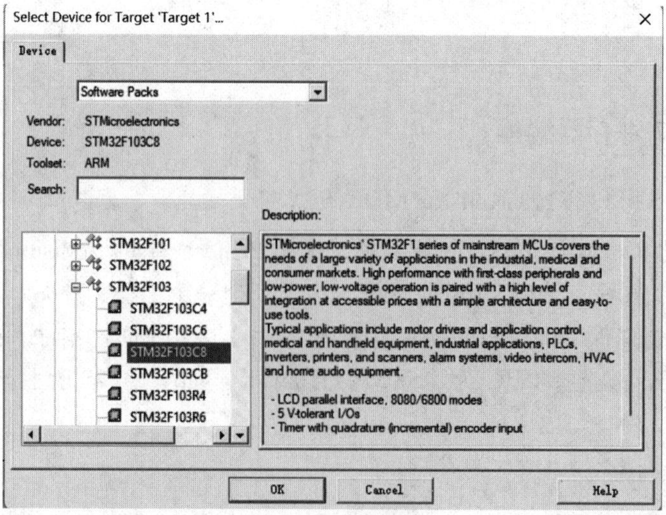

图 1－33　CPU 芯片选择

步骤3：单击“OK”按钮，弹出内核与启动代码文件加载对话框，选择CMSIS→CORE和Device→Startup选项，单击“OK”按钮，如图1-34所示。弹出图1-35所示的寄存器工程模板。

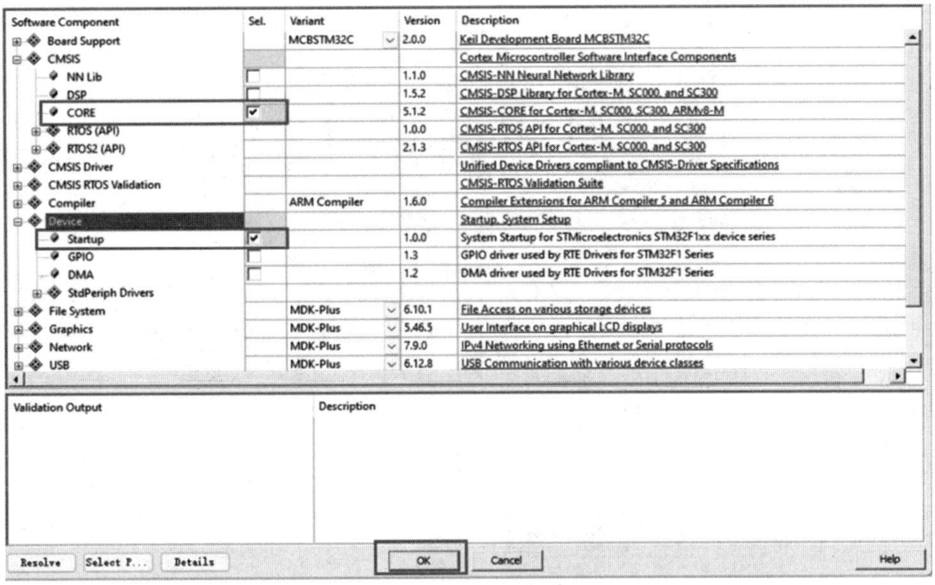

图1-34　内核与启动代码文件加载

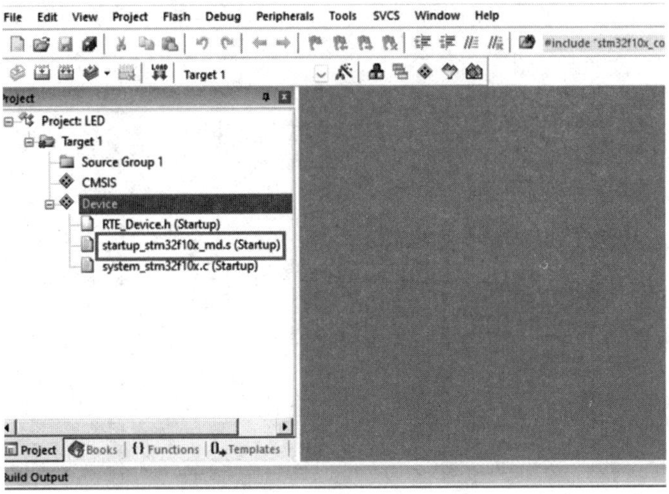

图1-35　寄存器工程模板

2. 新建源程序

步骤1：单击工具栏中的新建文件图标，或选择File→New命令，打开一个新的编辑窗口并弹出“Save As”对话框，如图1-36所示。在“文件名”输入框中输入要保存的源文件名。注意：C语言源程序的扩展名为.c，这里给源程序取名为main.c，然后单击“保存”按钮。

步骤2：右击左侧工程管理窗口的Target1→Source Group1，在弹出的快捷菜单中选

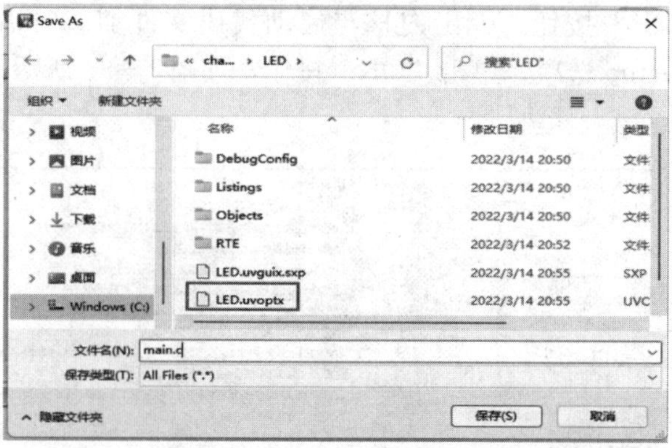

图 1-36　保存源程序文件

择"Add Existing Files to Group 'Source Group 1'"命令，打开"Add Files to Group 'Source Group 1'"对话框，在"文件名"输入框中输入要加载的 main. c 文件，然后单击"Add"按钮，如图 1-37 所示。

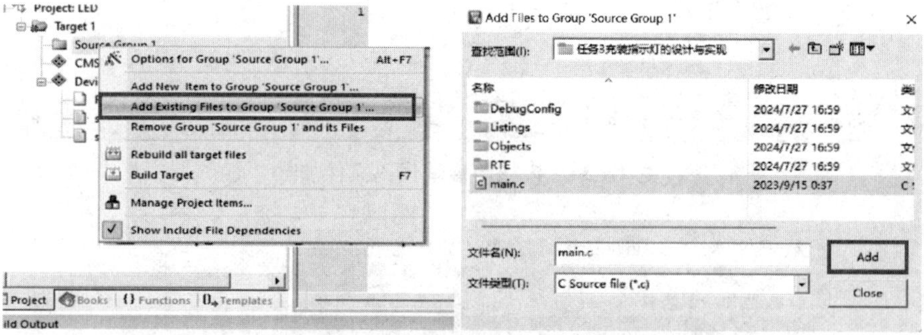

图 1-37　添加工程文件

3. 编辑源程序

在 main. c 文件中编写以下源程序后保存。

```
int main()
{
    unsigned int i;
    *(unsigned int *)0x40021018 |= (1<<4);//APB2 时钟使能
    *(unsigned int *)0x40011004  &=  ~(3<<22);//配置 I/O PC13
    *(unsigned int *)0x40011004 |= (3<<20);
    while(1)
    {
      *(unsigned int *)0x4001100C &= ~(1<<13);//点亮 PC13 的 LED 灯
       for(i=0;i<500000;i++)//延时 500ms
       {
           ;
       }
```

```
    *(unsigned int *)0x4001100C |= (1<<13);//熄灭 PC13 的 LED 灯
     for(i=0;i<500000;i++)//延时 500ms
     {
         ;
     }
  }
}
```

4. MDK 编译过程

(1) 将.c 文件编译和.s 文件汇编，生成.o 目标文件。

(2) 将.o 对象文件和内存映射规范文件通过连接器生成可执行映像文件。MDK 表示生成.axf 可执行文件。

(3) 通过闪存编程器将可执行映像文件下载到芯片的 Flash 中，如图 1-38 所示。

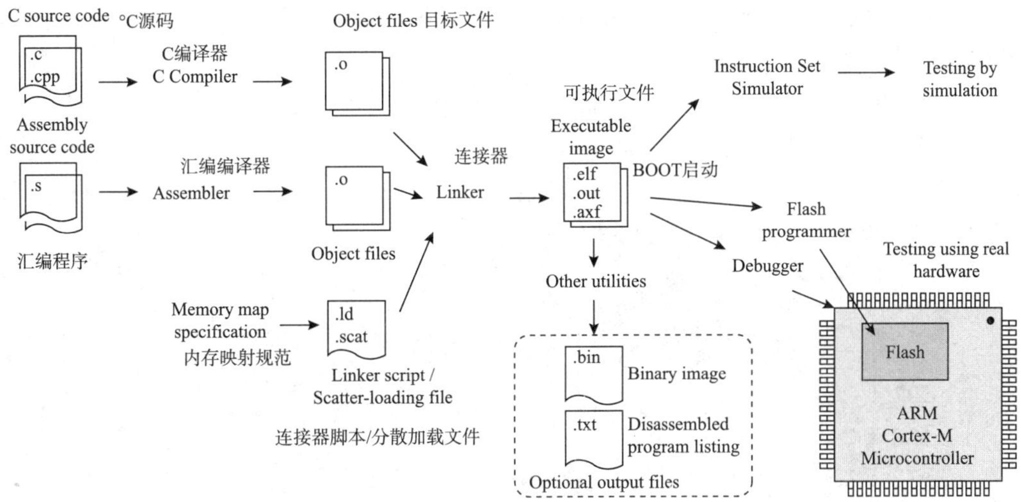

图 1-38　MDK 编译过程

二、将 HEX 文件下载到开发板运行

通过编程器，将程序下载到开发板中，实现 PC13 引脚连接的 LED 每隔 500ms 闪烁。

在编程时为了方便理解和记忆，把总线基地址和外设基地址定义成相应的宏，总线和外设都以它们的名字作为宏名。

同时引入 C 语言中的结构体语法对寄存器进行封装。在代码中用 typedef 关键字定义了名为 GPIO _ TypeDef 的结构体类型，结构体中有 7 个成员变量，变量名正好对应寄存器的名字。C 语言语法规定，结构体变量的存储空间是连续的，其中 32 位变量占用 4 字节，16 位变量占用 2 字节。重新编写上述代码。

```
/* 外设地址 */
#define PERIPH_BASE  ((unsigned int) 0x40000000)
/* 总线基地址 */
```

```
#define APB1PERIPH_BASE PERIPH_BASE
#define APB2PERIPH_BASE (PERIPH_BASE + 0x00010000)
#define AHBPERIPH_BASE  (PERIPH_BASE + 0x00020000)
/* 外设基地址 */
#define GPIOA_BASE(APB2PERIPH_BASE + 0x0800)
#define GPIOB_BASE(APB2PERIPH_BASE + 0x0C00)
#define GPIOC_BASE(APB2PERIPH_BASE + 0x1000)
#define RCC_BASE    (AHBPERIPH_BASE  + 0x1000)
/* 寄存器基地址,以 GPIOC 为例 */
#define GPIOC_CRL(GPIOC_BASE + 0x00)
#define GPIOC_CRH(GPIOC_BASE + 0x04)
#define GPIOC_IDR(GPIOC_BASE + 0x08)
#define GPIOC_ODR(GPIOC_BASE + 0x0C)
#define GPIOC_BSRR(GPIOC_BASE + 0x10)
#define GPIOC_BRR(GPIOC_BASE + 0x14)
#define GPIOC_LCKR(GPIOC_BASE + 0x18)
/*数据类型定义别名*/
typedefunsigned  intuint32_t;
typedefunsigned  short  uint16_t;
/*GPIO 寄存器列表*/
typedef struct
{
    uint32_t CRL;
    uint32_t CRH;
    uint32_t IDR;
    uint32_t ODR;
    uint32_t BSRR;
    uint32_t BRR;
    uint32_t LCKR;
} GPIO_TypeDef;
/* 使用 GPIO_TypeDef 把地址转换成指针 */
#define GPIOA ((GPIO_TypeDef *) GPIOA_BASE)
#define GPIOB ((GPIO_TypeDef *) GPIOB_BASE)
#define GPIOC ((GPIO_TypeDef *) GPIOC_BASE)
/* 主函数 */
int main()
{
    uint32_t i;
```

```
    *(uint32_t *)(RCC_BASE+0x18) |= (1<<4);//APB2 时钟使能
    GPIOC->CRH &=  ~(3<<22);//配置 I/O PC13
    GPIOC->CRH |=   (3<<20);
    while(1)
    {
        GPIOC->ODR &= ~(1<<13); //点亮 PC13 的 LED 灯
        for(i=0;i<500000;i++)//延时 500ms
        {
            ;
        }
        GPIOC->ODR |=  (1<<13); //熄灭 PC13 的 LED 灯
        for(i=0;i<500000;i++)//延时 500ms
        {
            ;
        }
    }
}
```

（1）编译源程序，查看编译结果信息，运行生成的 HEX 文件。如果出现编译错误信息，认真检查，找到原因进行修改，然后再编译、运行，直至没有错误。

（2）分析运行结果。

项目小结

该项目作为嵌入式 STM32 微控制器的入门项目，叙述了嵌入式系统的概念、计算机体系结构、ARM Cortex-M3 处理器和 STM32 微控制器的类型，学生学习后可以进行芯片选型，并构建嵌入式最小系统。

本项目还讲述了 STM32 微控制器的系统架构和存储映射，掌握了这些知识点，学生可以用 Keil MDK 创建基于 STM32 寄存器的工程，实现充装指示灯的设计。

思考与练习

1. 什么是嵌入式系统？嵌入式系统与通用计算机系统有哪些异同点？

2. 通过网络了解 ARM 是一家什么样的公司。

3. 到 ST 官网查找 STM32F103 系列微控制器的不同系列及命名规则。

4. 简述 STM32 系列微控制器硬件最小系统组成。

5. 简述 Cortex-M3 存储器与 STM32 存储器之间的关系，以及 Cortex-M3 存储器是如何对 4GB 地址空间进行划分的。

项目 2

六路计分抢答器的设计

项目导读

抢答器是各类知识竞赛中必不可少的电子设备。本项目将讲解如何设计基于 STM32 的六路抢答器。

项目 1 讲解了基于 STM32 的寄存器编程方式，这种编程方式需要编写大量的底层代码，开发效率低，可移植性差，对初学者来说学习成本较高，所以本项目将讲解基于 STM32 的标准库编程方式。任务 1 介绍了基于标准库模板进行工程创建的方法，以及基于 STM32 标准库的 LED 流水灯程序的设计方法。任务 2 介绍了动态数码管和独立式键盘的设计方法。任务 3 介绍了 STM32 中断系统，为六路抢答器的设计与调试做好准备。

学习目标

知识目标：

- 掌握 STM32 的 GPIO 参数配置以及初始化的方法。
- 掌握动态数码管和独立式键盘的设计方法。
- 了解 STM32 中断系统，掌握外部中断编程方法。

技能目标：

- 能在 Keil MDK 集成开发环境下创建工程模板。
- 能利用 GPIO、LED、KEY、EXTI 应用外设构件进行综合应用系统设计。
- 能借助《STM32 中文参考手册_V10》分析 GPIO、NVIC、EXTI 底层驱动构件源文件的代码。

素养目标：

- 培养代码书写的规范性、准确性和完整性。
- 培养自主学习的能力，以及通过查找相关资料自行解决实际问题的能力。

任务1　基于STM32标准库流水灯的设计

知识链接

一、GPIO认知

GPIO（General Purpose Input Output）是通用输入输出端口的简称，是微控制器数字输入输出的基本模块，实现了微控制器与外部设备的数字交换，借助GPIO可以对外围设备进行最简单、最直观的监控。除此之外，当微控制器没有足够的I/O引脚或片内存储器时，GPIO还可以实现串行和并行通信、存储器扩展等复用功能。

1. GPIO的基本结构

STM32微控制器的GPIO端口资源丰富，根据微控制器的封装方式不同，端口数量有所差别，但是每一个端口都拥有相同的结构。图2-1所示是一个引脚的内部结构，16个这样的结构在一起构成一组。STM32F103微控制器中最多有7组端口，分别是GPIOA、GPIOB、…、GPIOG。每个端口有16个I/O引脚，编号为0～15，比如GPIOA口对应的16个引脚分别为PA0、PA1、PA2、…、PA15。

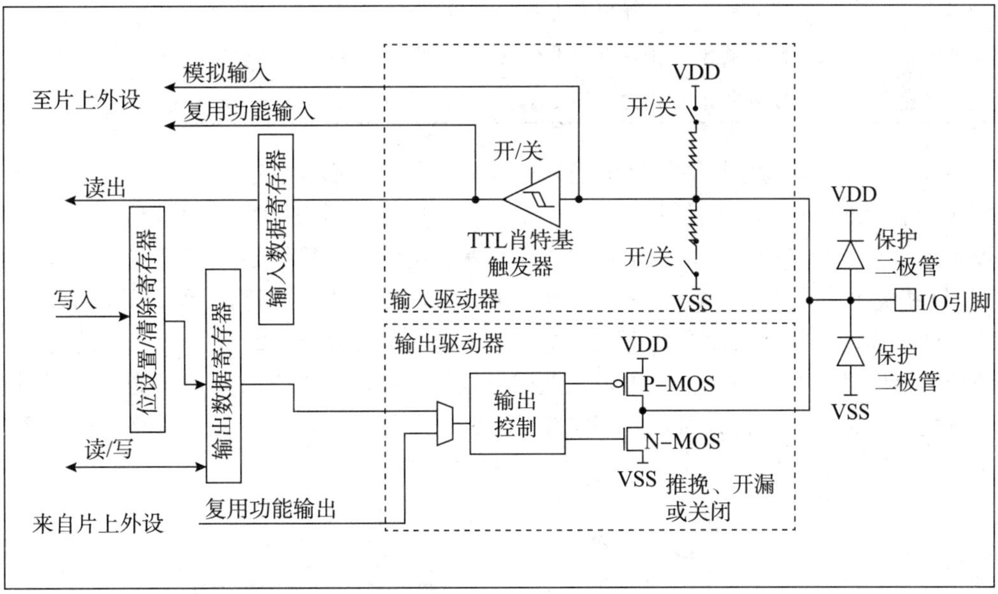

图2-1　I/O端口位结构框图

I/O端口位引脚处的两个保护二极管分别接电源电压和电源地。当外部电路由于某种原因产生浪涌电压并被导入GPIO引脚时，如果浪涌电压高于VDD电源电压，上方的保护二极管导通，浪涌电压通过电源电路被滤波电容吸收而泄掉；如果浪涌电压低于电压地VSS，下方的保护二极管导通，浪涌电压同样被滤波电容吸收而泄掉，从而避免浪涌电压对微控制器内部电路造成损害。

在图 2-1 中，上部的点划线框是 GPIO 端口的输入部分。通过编程配置 GPIO 端口工作在上拉输入、下拉输入或者浮空输入模式，输入信号根据工作模式的不同，经过肖特基施密特触发器整形后送到输入数据寄存器或者复用输入，也可以直接送到模拟输入。

在图 2-1 中，下部的点划线框是 GPIO 端口的输出部分。其数据来源可以是输出数据寄存器，或者复用功能输出。通过编程可以控制图中的两个 MOS 管同时工作，此时 GPIO 工作在推挽输出模式；或者 P-MOS 管截止，只控制 N-MOS 管，此时工作在开漏输出模式；或者两个 MOS 管都截止，输出功能关闭。

2. GPIO 的工作模式

STM32 微控制器 GPIO 的每一个引脚都可以根据实际应用对象，独立地配置成不同工作模式，表 2-1 列出了 GPIO 的工作模式及特征状态。

表 2-1　GPIO 的工作模式及特征状态

模式名称	性质	特征
浮空输入	数字输入	可读取引脚电平，若引脚悬空，则电平不确定
上拉输入	数字输入	可读取引脚电平，内部连接上拉电阻，悬空时默认高电平
下拉输入	数字输入	可读取引脚电平，内部连接下拉电阻，悬空时默认低电平
模拟输入	模拟输入	GPIO 无效，引脚直接接入内部 ADC
开漏输出	数字输出	可输出引脚电平，高电平为高阻态，低电平接 VSS
推挽输出	数字输出	可输出引脚电平，高电平接 VDD，低电平接 VSS
复用开漏输出	数字输出	由片上外设控制，高电平为高阻态，低电平接 VSS
复用推挽输出	数字输出	由片上外设控制，高电平接 VDD，低电平接 VSS

图 2-2（a）所示为典型的按键输入电路，为了检测到稳定的按键操作的电平变化，在按键下端接地的情况下，在上端接入一个连接到电源电压 VDD 的上拉电阻。在 STM32 微控制器 GPIO 端口的内部结构中，输入端有两个电阻，分别通过电子开关连接到电源电压 VDD 和电源地 VSS。在按键下端接地的情况下，可以通过程序配置 GPIO 端口为上拉模式，即上面的电子开关闭合，下面的电子开关断开，如图 2-2（b）所示。此时相当于在微控制器内部连接了一个上拉电阻，这样可以保证在按键操作时处理器能检测到明确的电平变化。所以在上拉模式时，外部电路可以没有上拉电阻，减少外部电路元件，降低产

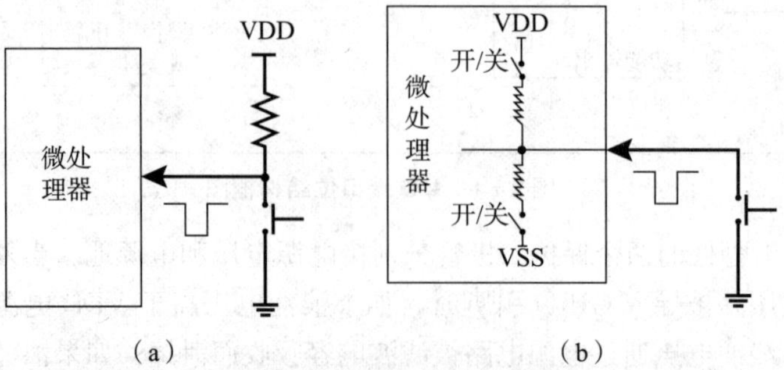

图 2-2　上拉输入模式典型应用

品生产成本。GPIO 的下拉输入模式和上拉模式类似，不再重复。

图 2－3 所示为推挽输出模式电路，此时外部连接的 LED 通过限流电路连接到内部电源电压 VDD。在图 2－3（a）中，通过输出控制上方的 P-MOS 管导通，而下方的 N-MOS 管截止，LED 点亮；在图 2－3（b）中，通过输出控制上方的 P-MOS 管截止，而下方的 N-MOS 管导通，LED 熄灭。

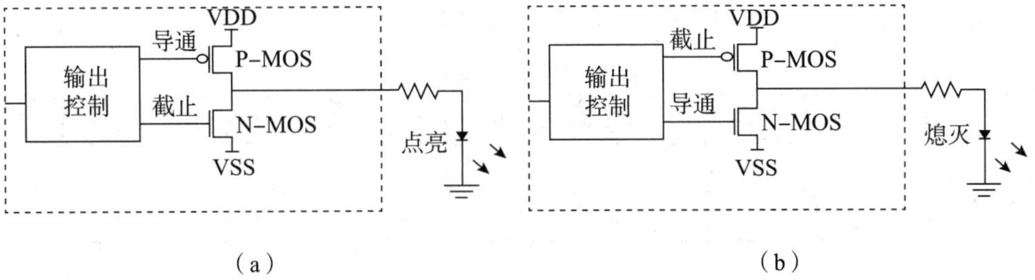

图 2－3　推挽输出模式典型应用

图 2－4 所示为开漏输出模式电路，其应用是进行电平转换。在这种工作模式下，通过输出控制使上方的 P-MOS 管截止，只控制下方的 N-MOS 管，就好像下方的场效应管的漏极处于悬空状态，故称为开漏输出。该模式能够很方便地用 STM32 驱动不同电压等级的器件，只需要在输出端接入一个上拉电阻到后级相应的电压 VCC。

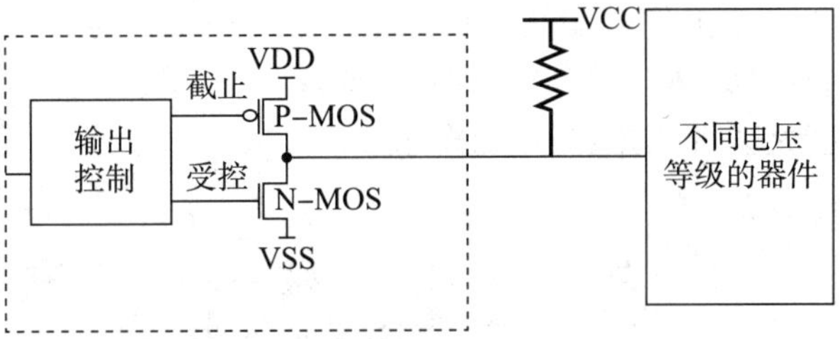

图 2－4　开漏输出模式典型应用

3. GPIO 的输出速度

如果 STM32 微控制器的 GPIO 引脚工作于输出模式下，则通常还需要设置其输出速度。这个输出速度指的是 I/O 口驱动电路的响应速度，而不是输出信号的速度，输出信号的速度取决于软件程序。

STM32 微控制器 I/O 引脚内部有多个响应速度不同的驱动电路，用户可以根据自己的需要选择适合的驱动电路。众所周知，高频驱动电路的输出频率高、噪声大、功耗高、电磁干扰强；低频驱动电路的输出频率低、噪声小、功耗低、电磁干扰弱。通过选择速度来选择不同的输出驱动电路，可达到最佳的噪声控制和降低功耗的目的。当不需要高输出频率时，尽量选用低频率响应速度的驱动电路，这样非常有利于提高系统的抗电磁干扰性能；如果需要输出较高频率信号，却选择了低频驱动模块，很有可能会得到失真的输出信号。所以 GPIO 引脚的速度应与应用匹配，一般推荐 I/O 引脚的输出速度是其输出信号速度的 5～10 倍。STM32 微控制器 I/O 口输出模式下有三种输出速度可选（2MHz、10MHz、50MHz）。

4. GPIO 的复用功能重映射

用户可以根据实际需要把某些外设的“复用功能”从“默认引脚”转移到“备用引脚”，这就是外设复用功能的 I/O 重映射。从片上外设的角度看，对于 STM32 微控制器的片上外设 USART1，它的发送端 Tx 和接收端 Rx 默认映射到引脚 PA9 和 PA10，但如果此时引脚 PA9 已被另一复用功能 TIM1 的通道 2（TIM1_CH2）占用，就需要对 USART1 进行重映射，将 Tx 和 Rx 重新映射到引脚 PB6 和 PB7，其重映射关系见表 2-2。

表 2-2　USART1 重映射关系

复用功能	USART1_REMAP=0	USART1_REMAP=1
USART1_Tx	PA9	PB6
USART1_Rx	PA10	PB7

从 I/O 引脚的角度来看，对于 GPIO 引脚 PB1，根据中容量 STM32F10x 数据手册中的引脚定义表，它的主要功能是 PB1，默认复用功能是 ADC12_IN9、TIM3_CH4，重定义功能是 TIM1_CH3N。读者可以参考《STM32x8B_DS_CH_V10》手册的 P17～P20 了解其他引脚的功能。

二、STM32 时钟配置

微控制器是典型的集成电路，其内部由大量的时序逻辑电路和组合逻辑电路构成，系统时钟信号是微控制器的脉搏。STM32 为了实现低功耗，设计了一个功能强大且结构复杂的系统时钟。掌握系统时钟的结构和设置方法，对深入学习 STM32 编程有很大的帮助。

1. 系统时钟的基本结构

STM32 的系统时钟非常复杂，一般称为时钟树，如图 2-5 所示。为了更方便地理解，将这个复杂的时钟树分成三部分：第一部分是时钟的输入，也就是时钟源；第二部分是时钟的输出，也就是各种外设等应用模块；第三部分是连接输入与输出的枢纽，也就是锁相回路、分频器和倍频器等。

（1）时钟源包括内部高速 RC 时钟（HSI）、外部高速时钟（HSE）、内部低速 RC 时钟（LSI）和外部低速时钟（LSE）。

（2）时钟的输出包括系统时钟（SYSCLK）、AHB 总线时钟（HCLK）、USB 模块时钟、I^2S 模块时钟、RTC 模块时钟、独立“看门狗”时钟等。AHB 总线还会分支为 APB2 总线时钟（HCLK2）和 APB1 总线时钟（HCLK1），通过 APB1 和 APB2 总线向挂载在该总线的外设提供时钟。

（3）PLL 锁相环、时钟选择电路、分频电路、倍频电路等在时钟源与最终的系统时钟和外设时钟之间架起了桥梁。

2. 时钟的配置路径

下面从不同的时钟源开始详细介绍时钟的配置路径，这一部分请结合图 2-5 学习。

（1）HSI：内部高速时钟，RC 振荡器，频率为 8MHz，精度不高。可以直接用作系统时钟，此时系统时钟为 8MHz。也可以将 HSI 二分频后送入 PLL 锁相环电路，经过锁相环倍频电路倍频后作为系统时钟。例如，选择 PLL 倍频系数为 16，则系统时钟就为

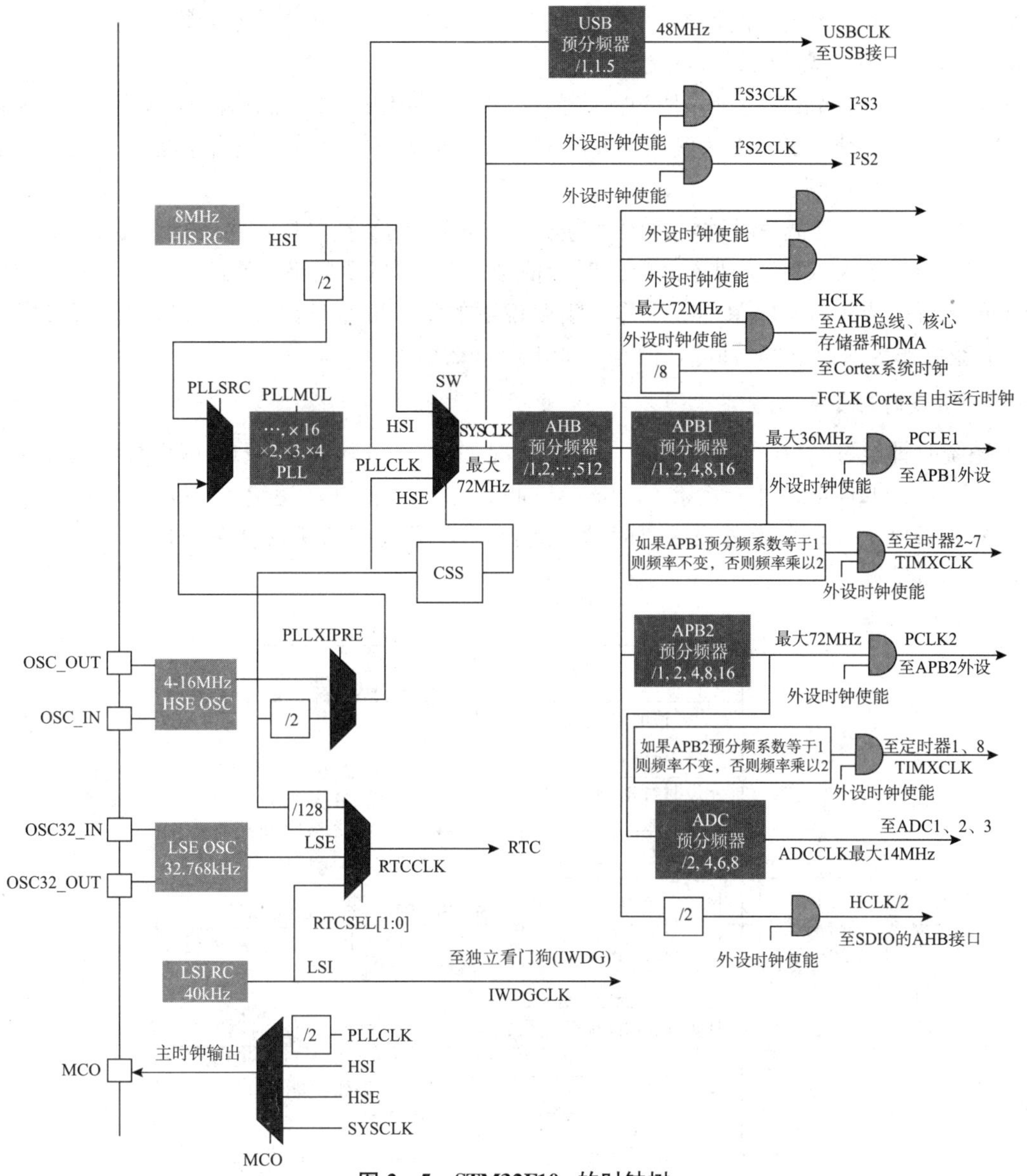

图2-5　STM32F10x的时钟树

64MHz。由于HSI精度不高，微控制器参数的一致性也不是太好，因此HSI一般只用于时钟精度要求不高的场合。而对于精度要求较高的场合，一般会选择外部高速时钟源。

（2）HSE：外部高速时钟，选择一个外部晶振电路提供时钟，晶振频率为4～16MHz，HSE可以直接用作系统时钟。例如，晶振频率为8MHz，则系统时钟为8MHz。为了提高系统时钟的稳定性，也可以将HSE二分频或不分频送入PLL锁相环电路，经过PLL倍频后作为系统时钟。例如，8MHz的HSE不分频送入PLL，选择PLL倍频系数为9，则系统时钟为72MHz。72MHz是STM32微控制器稳定运行的最高频率。这一配置路径是日常应用中选择最多的一种系统配置路径，充分发挥微控制器性能，让系统时钟工作在稳定运行的最高频率72MHz。如果选择USB预分频器系数为1.5，那么将得到48MHz的USBCLK，提供给USB模块。系统时钟经过AHB预分频器作为AHB时钟HCLK。一般为了充分发挥微控制器的性能，AHB分频器系数选择1，也就是不分频，此时AHB总线时钟HCLK为最高的72MHz。

（3）LSI：内部低速时钟，RC振荡器，频率为40kHz，提供低功耗时钟，一般作为独立“看门狗”时钟。也可以为实时时钟外设RTC电路提供时钟，但由于精度不高，一般不用作RTC的时钟源。

（4）LSE：外部低速时钟，接频率为32.768kHz的石英晶体，主要用作RTC的时钟源。可以稳定地为RTC提供不间断的时钟信号，保证RTC电路在处理器主电源断开的情况下仍然可以依靠后备电源继续工作。需要说明的是，虽然时钟树中可以选择HSE经过128分频后作为RTC的时钟源，但是一般不会这么用。

3. 总线时钟

系统时钟经过AHB预分频器后的分支情况如图2-6所示。AHB总线时钟最高频率为72MHz。AHB总线时钟除给Cortex-M3提供系统时钟外，还给SDIO、FSMC、核心存储器和DMA、SDIO等外设提供时钟。此外，AHB总线时钟还作为APB1和APB2预分频器的时钟源。

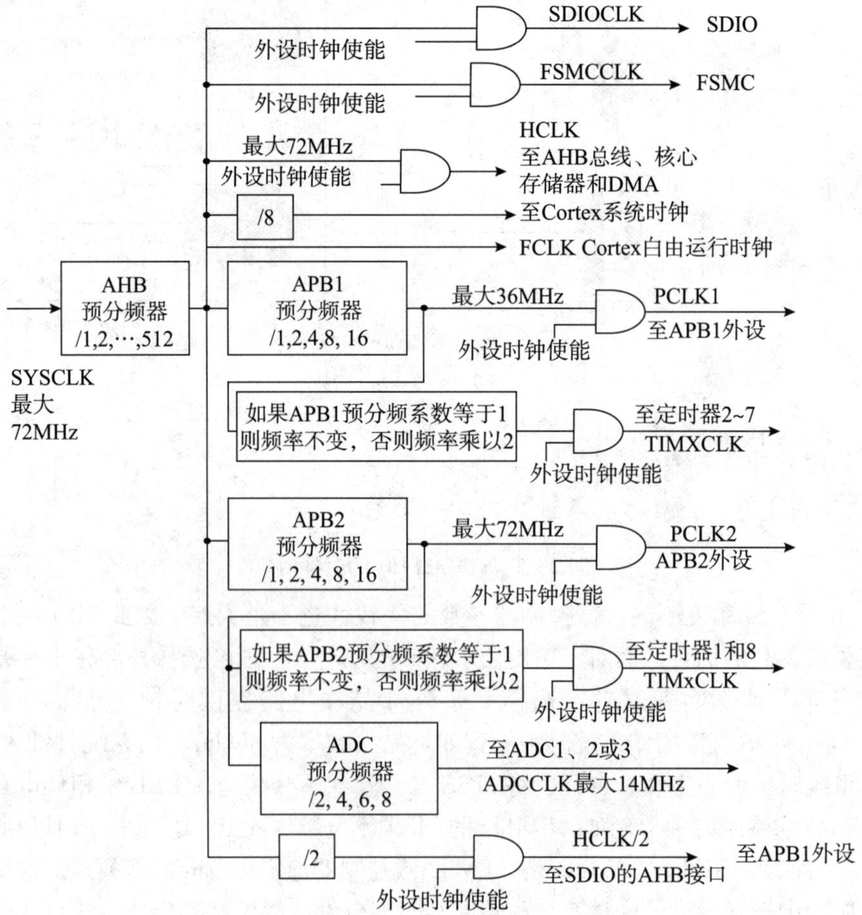

图2-6 系统时钟经过AHB预分频器后的分支情况

三、STM32 标准库认知

1. CMSIS 标准

意法半导体公司生产的 STM32F10x 微控制器采用的是 Cortex-M3 内核，该内核是由 ARM 公司设计的一个处理器系统架构，ARM 公司并不生产芯片，而是出售其芯片技术。ST 公司或其他芯片生产商（如 TI）负责设计内核之外的片上外设，如微控制器芯片内部的模数转换外设 ADC，串口 UART、定时器 TIM、存储器、GPIO 等。所以基于 Cortex-M3 系列的微控制器采用的内核都是相同的，区别就是片上外设的差异，这些差异导致程序软件在相同内核、不同外设的微控制器芯片间移植困难。为了解决不同芯片厂商生产的基于 Cortex 内核的软件的兼容性问题，ARM 公司与芯片厂商共同制定了内核与外设、实时操作系统和中间设备之间的接口标准——CMSIS（Cortex Microcontroller Software Interface Standard），即 ARM “Cortex 微控制器软件接口标准”。CMSIS 标准架构可以分为多个层次，分别由 ARM 公司和芯片生产商提供，具体架构如图 2－7 所示。向下负责与内核和各个外设直接打交道，向上提供实时操作系统用户程序调用的函数接口。

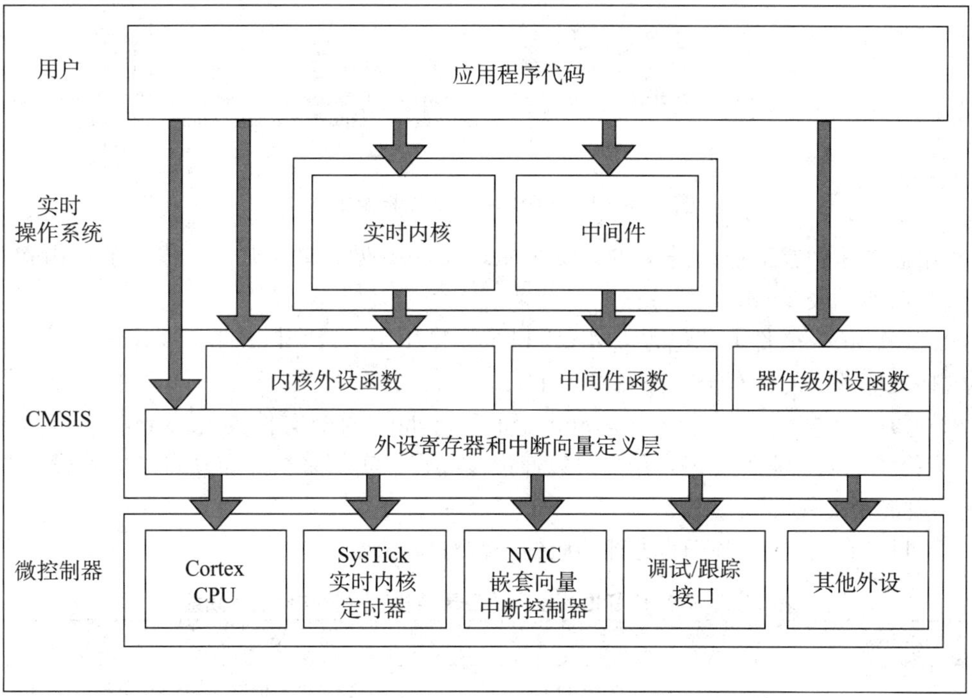

图 2－7　CMSIS 标准架构

CMSIS 标准主要分为 3 个基本功能层。

（1）核内外设访问层：该层用来定义 Cortex-M3 处理器内部的一些寄存器地址及功能函数。比如对内核寄存器、NVIC、调试子系统的访问，对特殊功能寄存器的访问也被定义成内联函数或者内嵌汇编的形式。该层的实现由 ARM 公司提供。

（2）中间件访问层：该层定义访问中间件的通用接口，也是由 ARM 公司提供。但各个芯片生产商需要根据自己的设备特性进行更新。

（3）设备访问层：该层定义硬件寄存器的地址以及外设的访问函数。另外，芯片生产商需要对异常向量表进行扩展，以实现对自己设备的中断处理。该层会引用核内访问层中定义的地址和函数，该层的实现由具体的芯片厂商提供。

2. STM32 标准外设库

STM32 标准外设库又称为标准库，是由意法半导体公司针对 STM32 微控制器提供的函数接口，即 API（Application Program Interface）。它由程序、数据结构和宏组成，包括了微控制器所有外设的性能特征。该函数库还包括每一个外设的驱动描述和应用实例，为开发者访问底层硬件提供了一个中间 API，使用标准库，开发者无须深入掌握底层硬件细节，就可以轻松应用每一个外设。因此，使用标准库函数可以缩短开发周期，降低开发成本。

每个外设驱动都由一组函数组成，这组函数覆盖了该外设的所有功能。每个器件的开发都由一个通用的标准化的 API 驱动。这里介绍的是 V3.6 版本的标准库，文档组织结构如图 2-8 所示。

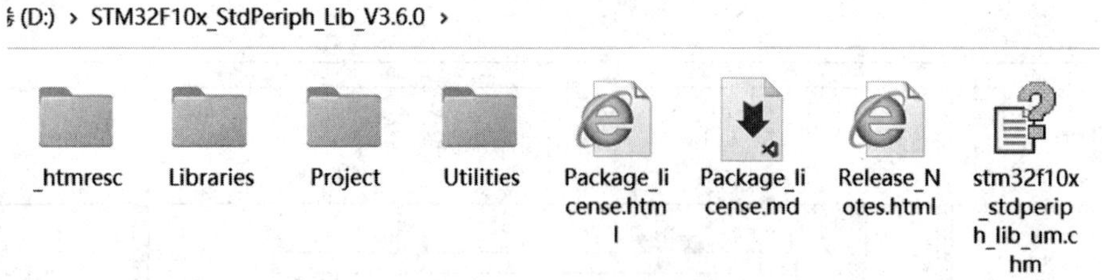

图 2-8　V3.6 版本标准库文档组织结构

利用标准库创建工程只需关注 Libraries、Project 两个文件夹，具体目录结构和主要文件及其功能见表 2-3。

（1）Libraries 文件夹：包含 CMSIS 和 STM32F10x _ StdPeriph _ Driver 文件夹，其中包含标准库核心的所有子文件夹和文件。

（2）Project 文件夹：包含 Examples 和 Template 两个文件夹，Examples 存放的是 ST 官方提供的固件实例源码，用户可以通过修改官方实例来快速驱动自己的外设，Template 存放的是工程模板。

（3）Utilities：包含基于官方评估版的一些对应源码。

表 2-3　STM32 标准外设库的目录结构和主要文件及其功能

文件夹		目录	主要文件	功能
Libraries	CMSIS\CM3	CoreSupport	core_cm3. c core_cm3. h	访问 CM3 内核及设备和函数(NVIC、SysTick)
		Device Support\ST\STM32F10x	STM32f10x. h	STM32F10x 片上外设访问层头文件，定义了外设寄存器、存储空间地址映射
			system_STM32f10x. c system_STM32f10x. h	系统时钟频率的设置

续表

文件夹		目录	主要文件	功能
Libraries	CMSIS\CM3	Device Support\ST\STM32F10x	startup_STM32f10x_cl. s	互联型芯片的启动文件
			startup_STM32f10x_ld. s	低密度芯片的启动文件
			startup_STM32f10x_md. s	中密度芯片的启动文件
			startup_STM32f10x_hd. s	高密度芯片的启动文件
			startup_STM32f10x_xl. s	超高密度芯片的启动文件
			startup_STM32f10x_ld_vl. s	低密度超值型芯片的启动文件
			startup_STM32f10x_md_vl. s	中密度超值型芯片的启动文件
			startup_STM32f10x_hd_vl. s	高密度超值型芯片的启动文件
	STM32F10x_StdPeriph_Driver	inc	misc. h	NVIC 中断向量控制器头文件
			STM32f10x_adc. h STM32f10x_bkp. h STM32f10x_can. h … STM32f10x_usart. h STM32f10x_wwdg. h	STM32F10x 外设驱动头文件
		src	misc. c	NVIC 中断管理相关函数
			STM32f10x_adc. c STM32f10x_bkp. c STM32f10x_can. c … STM32f10x_usart. c STM32f10x_wwdg. c	STM32F10x 外设驱动源文件
Project	STM32F10x_StdPeriph_Examples	ADC BKP … USART WWDG		各个外设应用实例源文件
	STM32F10x_StdPeriph_Template	MDK-ARM	集成开发环境的项目文件	推荐将项目放在这里
			main. c	应用源文件
			STM32f10x_conf. h	标准外设库选择配置文件
			STM32f10x_it.c STM32f10x_it. h	中断服务函数文件
			system_STM32f10x.c	系统时钟频率的设置

一般来说，标准外设库 Libraries 文件夹中的文件是不能修改的，对于其中资源的调配和参数设置，应该在 STM32F10x_StdPeriph_Template 文件夹所列的文件中完成，简要介绍如下：

（1）main. c 文件：推荐在此文件中定义 main（）函数，当然也可以添加其他应用代码。

(2) stm32f10x_conf. h 文件：该文件使用的＃include 宏命令包含了所有外设的头文件，用户按需注释或取消注释，即可完成所需要的外设头文件的配置。需要注意的是，项目使用的外设驱动头文件必须被包含，项目未使用的驱动头文件也可以被包含，这并不影响编译和运行结果，只会延长编译时间。

(3) stm32f10x_it. c 和 stm32f10x_it. h 文件：推荐在该文件中编写中断服务函数，文件中已经定义了系统异常中断服务函数的框架，内容为空，其他外设的中断服务函数需要用户自己添加。

需要注意的是，在 STM32F10x 标准库中，中断服务函数的名称（接口）已经规定好了，可以在对应的启动文件中找到。如果用户弄错了中断服务函数的名称，编译器不会报错，但会影响运行结果。在实际编程时，中断服务函数也可以放在其他的文件中，并不是强制要求放在 stm32f10x_it. c 文件中。

(4) system_stm32f10x. c 文件：该文件中定义了芯片初始化函数 systemInit ()，用来配置系统的时钟频率，如确定 PLL 电路的倍频系数等。注意该文件的原始位置是在 CMSIS 内核文件夹里面，编程时应该尽量避免修改 STM32 标准库文件，可将修改了默认主频后的文件存放在用户应用代码文件夹中。

3. 新建工程模板目录

工程模板是后续所有项目的基础，建立一个基于 V3. 6 版本标准库的 KeiluVersion 工程模板，可在每次新建工程时直接复制该模板。

步骤 1：在计算机的某个盘符下新建一个 STM32PRJ 文件夹，作为基于 STM32 标准库的工程模板目录，在该文件夹下新建 CMSIS、FWLib、HARD、SYS、USER 5 个子文件夹，如图 2-9 所示。其中 CMSIS 用来存放核心文件和启动文件、片上外设访问头文件及系统时钟初始化文件，FWLib 用来存放意法半导体公司官方提供的外设库函数源码文件，HARD 用来存放板载硬件驱动文件，SYS 用来存放微控制器片上资源的驱动文件，USER 用来存放 Keil 项目工程文件、主函数文件 main. c、中断服务文件以及标准外设库选择配置文件。

步骤 2：把官方标准库 Libraries\CMSIS\CM3\CoreSupport 路径下的 core_cm3. c 和 core_cm3. h 文件复制到 CMSIS 文件夹下，把 Libraries\CMSIS\CM3\DeviceSupport\ST\STM32F10x 路径下的 stm32f10x. h、system_stm32f10x. c 和 system_stm32f10x. h 文件复制到 CMSIS 文件夹下，再把 startup\arm 路径下的 startup_stm32f10x_ld. s 文件复制到 CMSIS 文件夹下，总计 6 个核内外设访问文件，如图 2-10 所示。

步骤 3：把官方标准库 Libraries\stm32f10x_StdPeriph_Driver 路径下的 inc 和 src 子文件夹复制到子目录 FWLib 文件夹下，如图 2-11 所示。

步骤 4：把官方标准库 Project\stm32f10x_StdPeriph_Template 路径下的 stm32f10x_conf. h、stm32f10x_it. c、stm32f10x_it. h 文件复制到 USER 文件夹下，如图 2-12 所示。

通过上述 4 个步骤，官方标准库中的相关文件均复制到了工程目录模板 STM32PRJ 文件中，在本书后面的任务中，直接复制工程目录模板，然后修改成所需要的工程文件夹名即可使用。

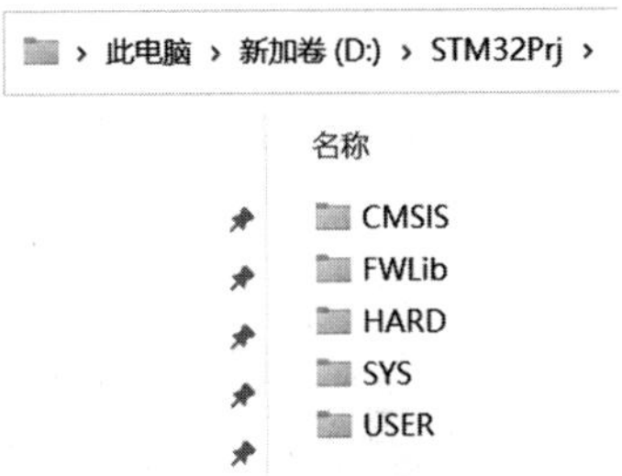

图 2 - 9　标准库工程模板文件夹

图 2 - 10　CMSIS 子文件夹目录

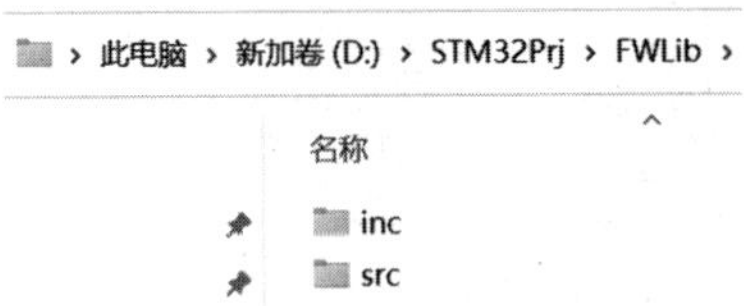

图 2 - 11　FWLib 子文件夹目录

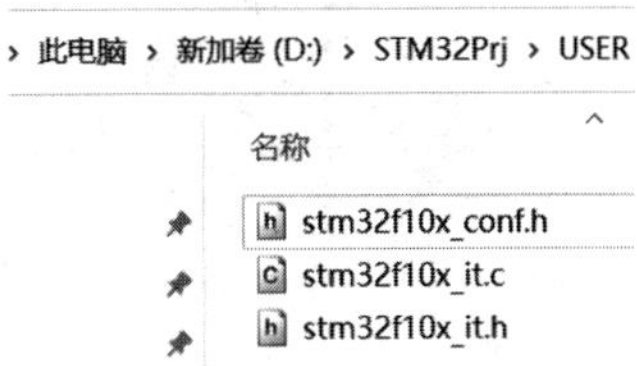

图 2 - 12　USER 子文件夹目录

4. 新建 Keil μVision5 工程模板

(1) 运行 Keil μVision5 软件，选择 Project→New μVersion Project 命令，在弹出的对话框中保存工程模板到 STM32PRJ\USER 路径下，Keil 工程文件名为 STM32Prj，如图 2 - 13 所示。

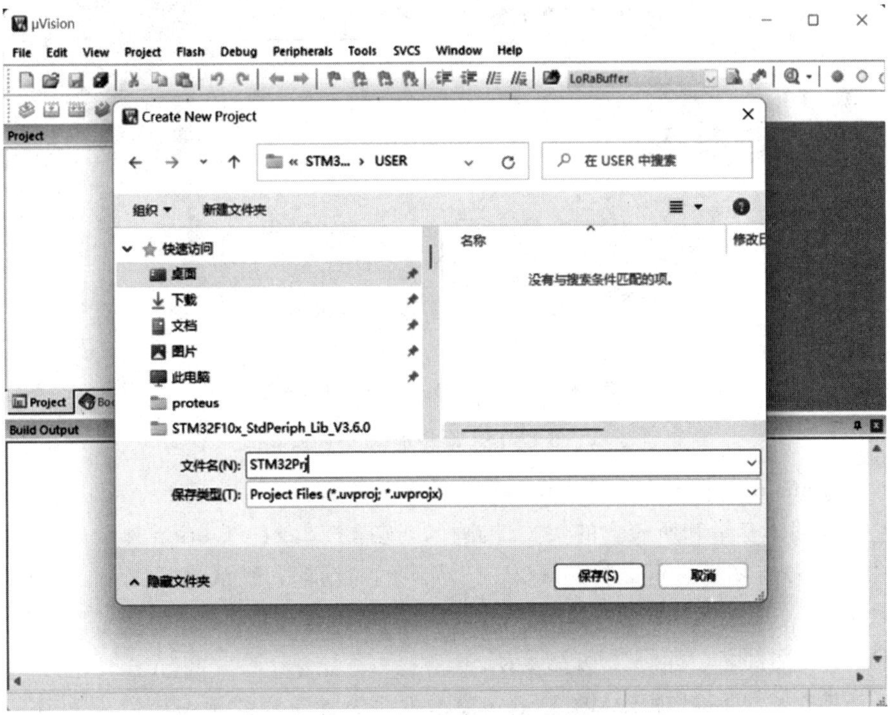

图 2 - 13　保存新建工程模板

(2) 芯片型号选择 STM32F103R8，如图 2 - 14 所示。

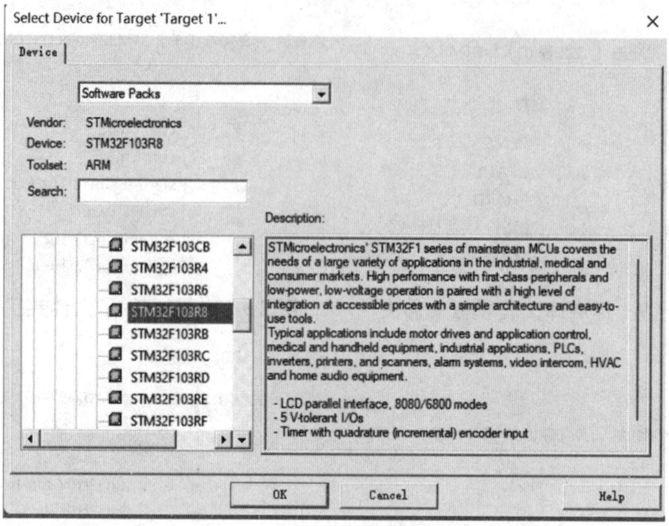

图 2-14　选择芯片型号

（3）工程文件管理分组，添加相应的.c 源文件以及.s 启动代码，如图 2-15 所示。

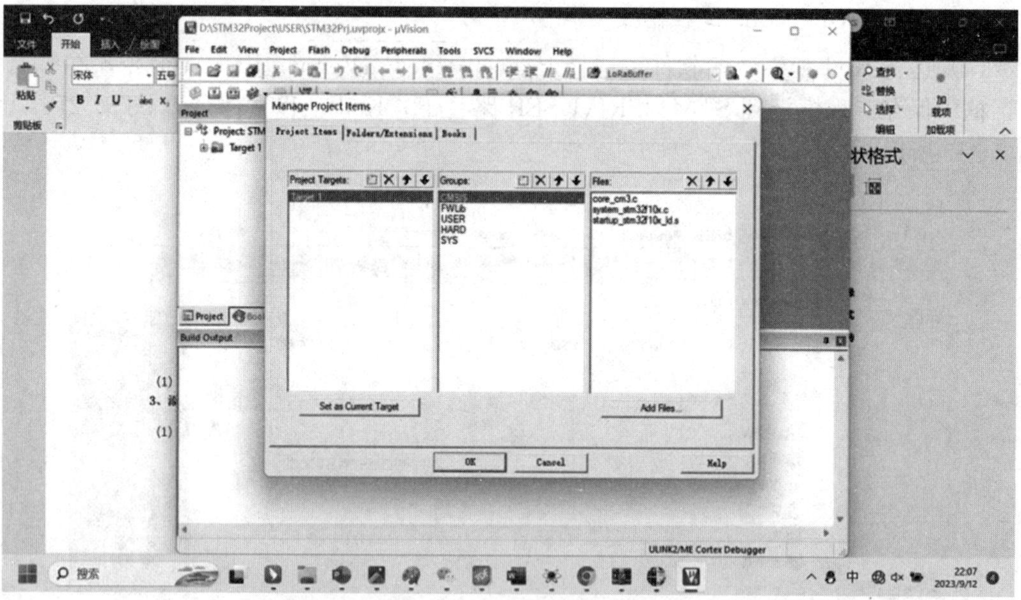

图 2-15　组中加载文件

（4）新建 main.c 并添加到 USER 目录下。

（5）添加编译变量和所包含的头文件路径，选择 Project→Option for target 命令或者单击［魔术棒图标］（魔术棒）图标，可以打开图 2-16 所示的对话框，默认打开 Target 选项卡。

（6）在 Output 选显卡中勾选 Create HEX File 复选框，选择系统默认文件夹和 STM32Prj. hex 文件名，如图 2-17 所示。

（7）切换至 C/C++选项卡，在 Define 文本框中添加重要的预编译命令 USE_STDPERIPH_DRIVER，添加了该预编译，就会添加＃include " stm32f10x_conf. h"，该命令在头文件"stm32f10x. h"的 8301 行处定义，如图 2-18 所示。

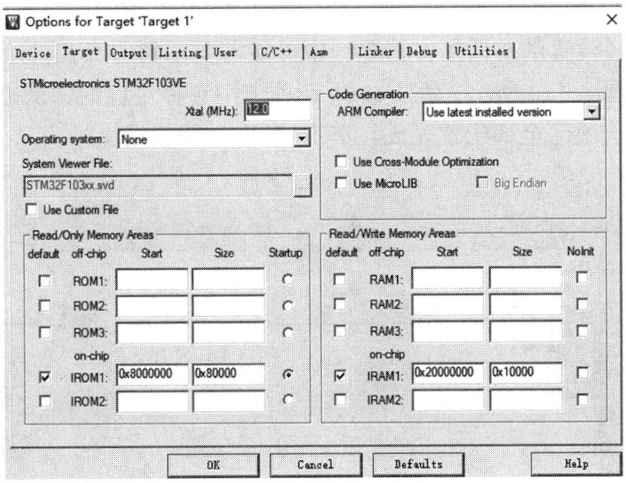

图 2 - 16　Target 选项卡

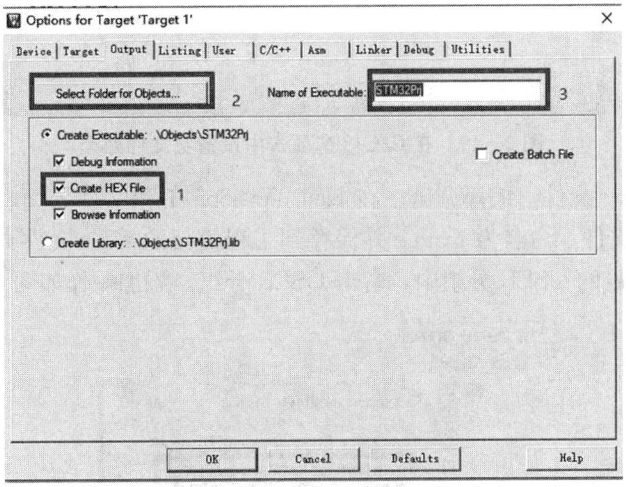

图 2 - 17　Output 选项卡

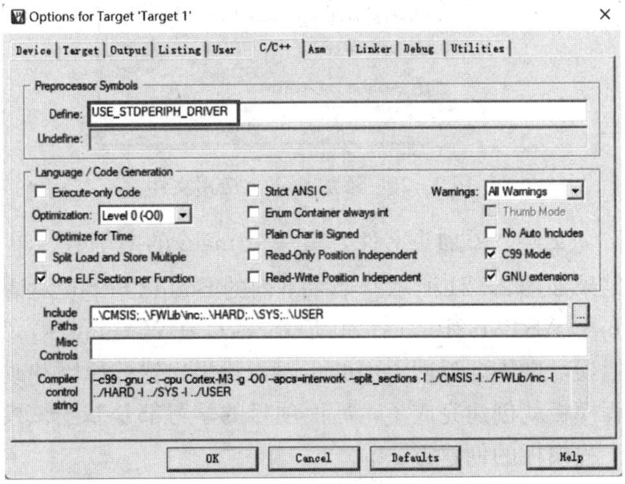

图 2 - 18　C/C++选项卡

（8）在图 2－18 所示的 C/C++选项卡中，单击 Include Paths 文本框后面的省略按钮，打开包含文件夹路径设置的对话框，将工程中可能需要用到的头文件所在的路径全部包含进来，操作结果如图 2－19 所示。在 Debug 选项卡中选择对应的调试工具。至此，工程的 Option for Target 选项已全部配置完成，单击“OK”按钮退出。

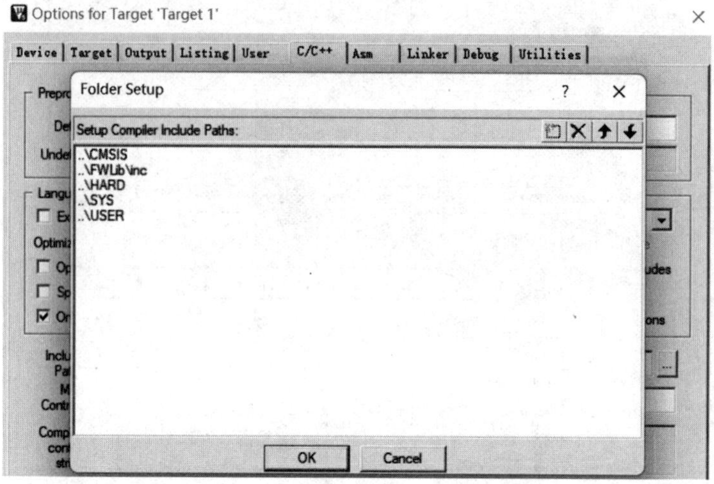

图 2－19　在 C/C++选项卡中设置头文件路径

（9）添加 main. c 文件，编译调试。在 Keil μVision5 工程文件界面，选择 File→New 命令，新建一个空白文件，命名为 main.c 并保存到工程模板的 User 文件夹中。同时将 main.c 添加到 Keil 工程项目的 USER 分组中，右击 USER 分组，添加操作如图 2－20 所示。

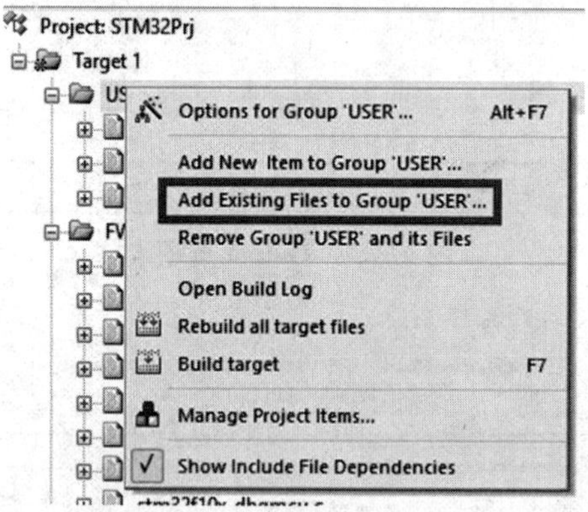

图 2－20　添加 main.c 应用文件

（10）编辑 main. c 文件，添加头文件，写一个 main 的空函数。单击按钮对整个工程进行编译，运行结果如图 2－21 所示。如果下面的 Build Output 对话框输出显示“Build target'Target 1'.\Objects\STM32Prj. axf"-0 Error(s)，0 Warning(s)”，则表示工程模板创建成功，如果有错误，则需要返回上面的步骤，找出出错的原因并改正。

至此，整个工程模板就创建完成了，后面项目的学习都是基于该模板进行扩展，所以同学们应熟练掌握工程模板的创建方法。

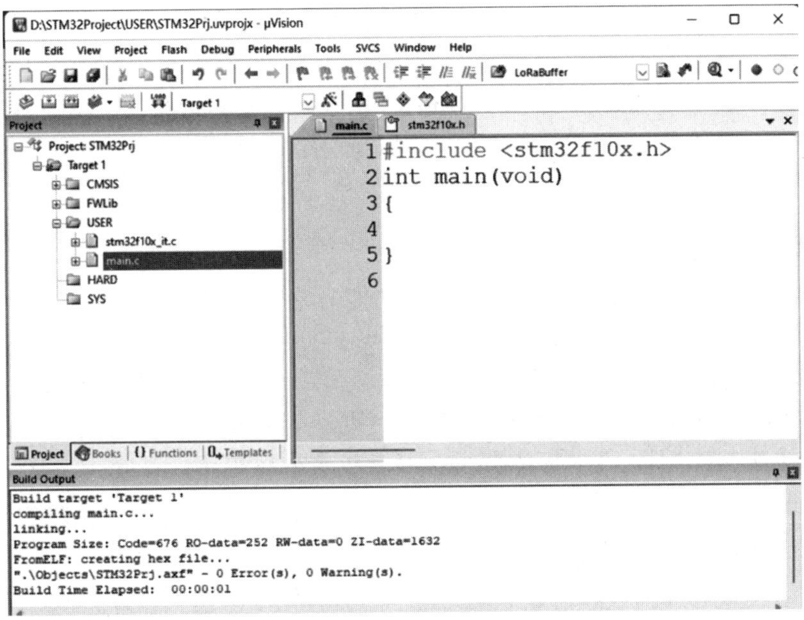

图 2-21　工程编译

实施案例

一、硬件电路设计

Proteus8.9 Professional 仿真软件支持 STM32 Cortex-M3 系列 6 种型号的芯片，本任务选择的是 STM32F103R6 芯片，该芯片有 64 个引脚，要实现 LED 流水灯控制，需要在元件库中选择 8 个 100Ω 限流电阻与 PB0～PB7 相连，8 个 LED 正极接电源，LED 流水灯硬件仿真图如图 2-22 所示。

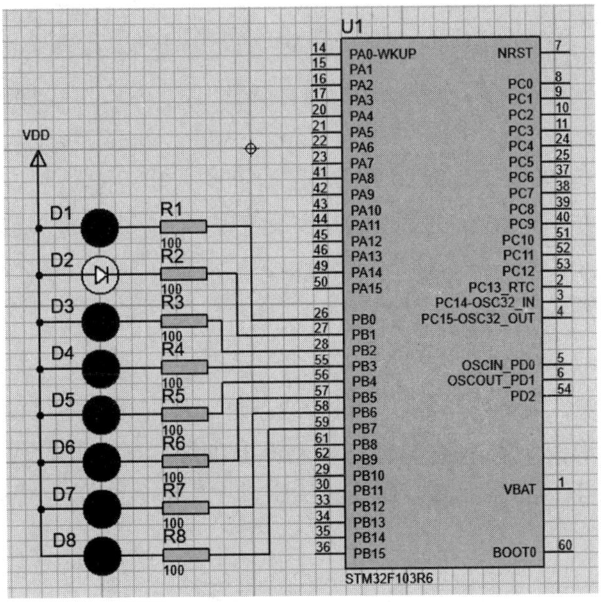

图 2-22　LED 流水灯硬件仿真图

二、软件设计

复制标准库工程模板文件夹 STM32Prj，改名为基于 STM32 标准库流水灯。新建 LED 流水灯的驱动文件 led. c 和 led. h，并添加到 HARD 组中。

1. 程序分析

LED 流水灯的初始化配置步骤如下：

（1）定义初始化结构体变量。

（2）使能 GPIO 时钟：RCC_APB2PeriphClockCmd()。

（3）利用结构体变量设置 GPIO 目标引脚，推挽输出模式和输出速度。

（4）调用库函数 GPIO_Init() 初始化外设 GPIO 寄存器。

要完成任务中对 LED 流水灯的要求，可以在主程序中定义变量 temp，写入 PB0～PB7 管脚，值从 0xFE→0xFD→0xFB→0xF7→0xEF→0xDF→0xBF→0x7F→0xFE 变化，可以通过移位取反操作来实现。

要延时 1 000ms，可通过编写函数 delay() 来实现，将无符号变量 j 从 1 000 减到 0，循环 1 000 次，如果每次循环需要 1μs，1 000 次就是 1ms，如果入口参数 ms=1 000，则延时时间为 1 000ms。由于这种延时时间是估算出来的，因此只适用于精度要求不高的场合。

2. 代码清单

led. c 源程序的第 1 行一般用#include 命令包含同名的头文件，后面的代码都是函数的定义。本任务中定义的 LED_Init() 函数是对使用的 GPIO 口进行初始化配置。源文件中的代码如下：

```
#include "led.h"
void LED_Init(void)
{
    GPIO_InitTypeDef GPIO_InitStruct;
    RCC_APB2PeriphClockCmd(RCC_APB2Periph_GPIOB, ENABLE);//开启 GPIOB 时钟
    GPIO_InitStruct.GPIO_Pin = 0xFF ;//配置 PB0～PB7 引脚
    GPIO_InitStruct.GPIO_Mode = GPIO_Mode_Out_PP;//设置推挽输出模式
    GPIO_InitStruct.GPIO_Speed = GPIO_Speed_50MHz;
    GPIO_Init(GPIOB, &GPIO_InitStruct);
}
```

在 led. h 头文件中，第 1 行和最后 1 行构成条件编译结构，如果没有定义宏_LED_H，则其他行代码将参加编译；否则，其他行代码不参加编译。第 2 行代码为宏_LED_H 的定义，这样可以防止其他行代码重复编译。头文件中一般包含宏定义和函数声明等，头文件代码如下：

```
#ifndef __LED_H
#define __LED_H
#include <stm32f10x.h>
void LED_Init(void);
#endif
```

main.c 应用文件中的代码如下：

```
#include <stm32f10x.h>
#include "led.h"
void delay(u16 ms);      //延时函数声明
int main(void)
{
    u16 led = 0x0001;
    LED_Init();
    while(1)
    {
        GPIO_Write(GPIOB, ~led);
        delay(1000);//延时 1s
        led = led << 1;
            if(led = = 0x0100)
            {
                Led = 0x0001;
}
    }
}
//延时程序,ms:入口参数
void delay(u16 ms)
{
  u16 i,j;
  for(i = 0;i<ms;i + +)
  for(j = 0;j<1000;j + +)
  {;}
}
```

3. 运行结果

在 Keil MDK 环境中生成.hex 文件，加载到 Proteus 中全速运行。LED 流水灯运行图如图 2 - 23 所示。

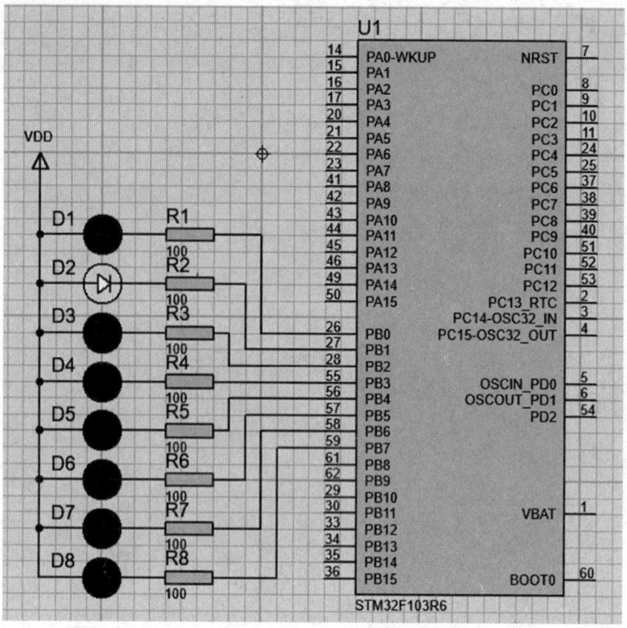

图 2-23 LED 流水灯运行图

任务 2 电子计数器的设计

二维码：LED 流水灯代码实现和运行结果

知识链接

一、LED 数码管

LED 数码管（LED Segment Displays）是一种常见的数字显示器件，它由许多小型的发光二极管（LED）组成。LED 数码管被广泛应用于各种计数、计时和显示设备中，如电子钟、计数器、温度计等。

1. 数码管显示原理

数码管由 8 个 LED 构成，引脚排列如图 2-24（a）所示。其中 7 个 LED 构成 7 笔字形，1 个 LED 构成小数点（固有时称为八段数码管）。LED 数码管根据内部连接方式有两种分类：一类是共阳极接法，如图 2-24（b）所示；另一类是共阴极接法，如图 2-24（c）所示。共阳极 LED 数码管的阳极连在一起接正电压，当某个 LED 的阴极为低电平时，该 LED 所表示的字段被点亮。共阴极 LED 数码管的阴极连在一起接地，当某个 LED 的阳极为高电平时，对应字段被点亮。只要控制其中各段 LED 的亮灭即可显示相应的数字、字母或符号。

LED 数码管按其外形尺寸可分为多种类型，使用最多的是 0.5in 和 0.8in；显示颜色主要有红色和绿色；按亮度强弱可分为超亮、高亮和普亮。LED 数码管每段需要

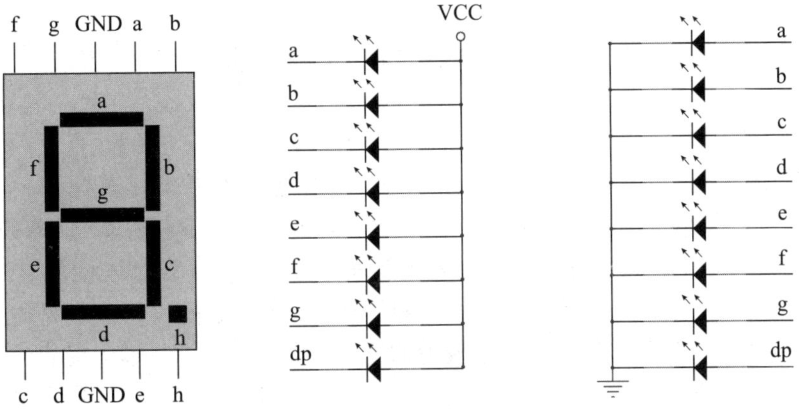

（a）引脚图　（b）共阳极结构　（c）共阴极结构

图2-24　LED数码管

8～40mA驱动电流，可用TTL或CMOS器件驱动，如果采用共阳极的数码管，则STM32的I/O也可以直接驱动。

当LED数码管与STM32相连时，一般将LED数码管的各个引脚a、b、c、…、g、dp按某一顺序接到STM32的GPIO端口，当I/O口输出某一特定数据后，LED数码管便显示某个字符。比如要使共阳极LED数码管显示数字“0”，则a、b、c、d、e、f各个引脚为低电平，g和dp为高电平，见表2-4。C0H称为共阳极LED数码管显示“0”的字段码。

表2-4　LED数码管共阳极“0”字段码

D7	D6	D5	D4	D3	D2	D1	D0	字段码	显示数字
dp 1	g 1	f 0	e 0	d 0	c 0	b 0	a 0	C0H	0

数码管不同的亮暗组合就能形成不同的字形，这种组合称为字段码，共阳极和共阴极的字段码是不同的，具体见表2-5。

表2-5　LED数码管字段码

显示字符	共阳极字段码	共阴极字段码	显示字符	共阳极字段码	共阴极字段码
0	C0H	3FH	9	90H	6FH
1	F9H	06H	A	88H	77H
2	A4H	5BH	B	83H	7CH
3	B0H	4FH	C	C6H	39H
4	99H	66H	D	A1H	5EH
5	92H	6DH	E	86H	79H
6	82H	7DH	F	8EH	71H
7	F8H	07H	P	8CH	73H
8	80H	7FH	“灭”	FFH	00H

2. 数码管的显示方式

LED数码管驱动方式可以分为静态显示和动态显示两种。

(1) 静态显示方式。

静态显示方式是将所有LED数码管的公共端一起接地(或电源VCC),每一个字段都需要一个8位的I/O口进行控制,而且该I/O口必须有锁存功能。若控制一个4位LED数码管静态显示则需要4×8=32个I/O口来驱动,但是一个64引脚STM32微控制器可用的I/O口只有48个,故实际应用时必须由驱动器进行驱动,增加了硬件电路的复杂性。静态显示方式的优点是编程简单,显示亮度高,占用CPU时间少;缺点是需要的I/O口多,硬件成本高,一般适用于显示位数较少的场合。

(2) 动态显示方式。

动态显示方式是应用最为广泛的一种显示方式,其接口电路将所有数码管的8个显示字段a、b、c、d、e、f、g、h同名端连在一起,另外为每个数码管的公共极增加位选通控制电路,位选通由各自独立的I/O口控制。当微控制器引脚输出字段码时,所有数码管都接收到相同的字段码,但究竟哪个数码管会显示字形,取决于微控制器对位选通端电路的控制,所以只需要将要显示的数码管的选通控制打开,该位就显示字形,没有选通的数码管就不会亮。

透过分时轮流控制各个LED数码管的公共端,可使各个数码管轮流显示,这就是动态扫描显示方式。在轮流显示过程中,每位数码管的点亮时间为1~2ms,由于视觉暂留现象及发光二极管的余晖效应,尽管实际上各位数码管并非同时点亮,但只要扫描的速度足够快,给人的印象就是多位数码管同时被点亮,不会有闪烁感。动态显示方式的优点是占用I/O口少,电路简单,硬件成本低;缺点是编程较复杂,CPU要定时扫描刷新显示,一般适用于显示位数较多的场合。

二、独立式按键

独立式按键是一种输入设备,通常在嵌入式系统中用于接收用户的输入指令。在STM32芯片的外围电路中,常用到的按键就是开关。当开关闭合时,线路导通;当开关断开时,线路断开。图2-25所示的几种按键就是在电路设计中常用的按键。

弹性小按键也叫复位按键,按下时闭合,松手后自动断开。自锁式按键,按下时闭合且会自动锁住,再次按下时弹起断开。一般情况下,把自锁式按键当作开关使用,控制整个电源的导通与截止。

(a) 直插式弹性小按键　　(b) 贴片式小按键　　(c) 自锁式小按键

图2-25　常见按键种类

1. 输入电路

若要将按键作为输入电路，通常会接一个电阻到 VCC 或者 GND，如图 2-26 所示。

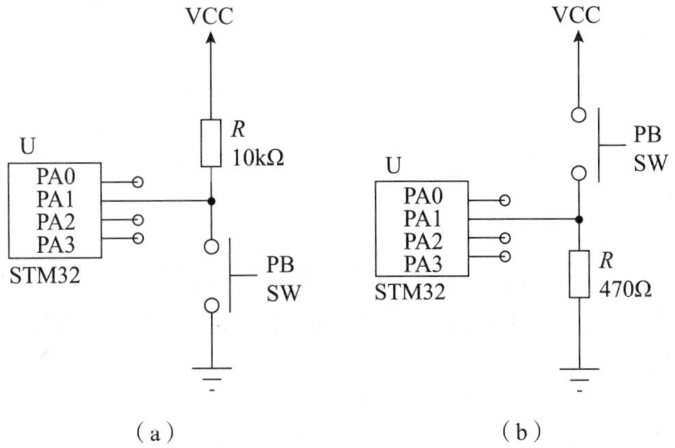

图 2-26　输入电路

如图 2-26（a）所示，平时按键开关 PB 为开路状态，其中 10kΩ 的电阻连接到 VCC，使得输入引脚保持为高电平；若按下按键，则经由开关接地，输入引脚将变为低电平；当放开按键开关时，输入引脚恢复高电平信号，如此可产生一个负脉冲。反之，在图 2-26（b）中，平时按键开关 PB 为开路状态，其中 470Ω 的电阻接地，使得输入引脚保持为低电平；若按下按键，则经由开关接 VCC，输入引脚将变为高电平；当放开按键开关时，输入引脚恢复低电平信号，如此可产生一个正脉冲。

2. 去抖电路

（1）抖动。

由于按键和接触点通过物理接触，在实际应用中不可能像数字系统所期望的那样产生干净的数字信号输出，而是在开关闭合或断开的过程中出现许多毫秒级的状态变化，这种现象通常称为按键的“抖动”（bounce），它是系统中客观存在的不可回避的问题。按键按下时的抖动情况如图 2-27 所示。

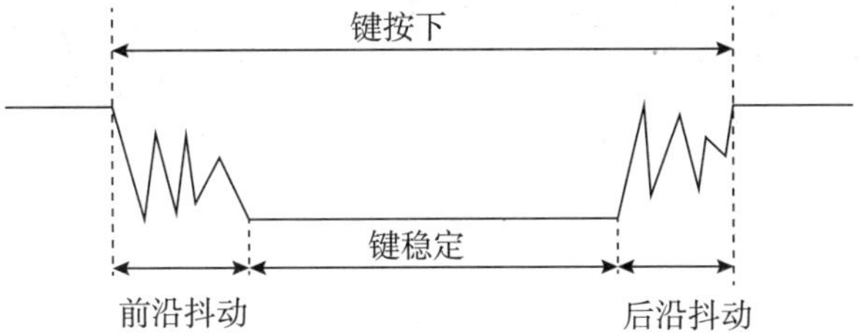

图 2-27　按键按下时的抖动情况

（2）抖动电路。

为了保证按键识别的正确、可靠，在电压信号抖动的情况下不能认为按键已闭合。为此需进行去抖动处理，去抖动有硬件与软件两种方法。硬件去抖动就是加去抖动电路，从根本上避免抖动的产生。软件去抖动是采用时间延迟以避开抖动阶段，等信号稳定后再进行检测。

为了简化设计、降低成本，嵌入式应用系统一般采用软件方法去抖。程序一旦检测到按键输入端口为低电平，随即延时 10～20ms，避开抖动阶段，再检测输入端口是否仍然为低电平，如果为高电平，则认为无键被按下，否则说明有键按下，进一步判断是哪一个键被按下，并做相应的处理。

实施案例

一、硬件电路设计

本任务采用了 4 位共阳极数码管，段选口通过 100Ω 限流电阻与 PB0～PB7 相连，位选口由 PB8～PB11 控制，此处在仿真软件中没有添加数码管驱动电路，但在实际的开发板设计中必须添加晶体管或者锁存器来驱动。两个独立式按键外接了 10kΩ 的上拉电阻与 PA0 和 PA1 管脚相连，电子计数器硬件仿真图如图 2－28 所示。

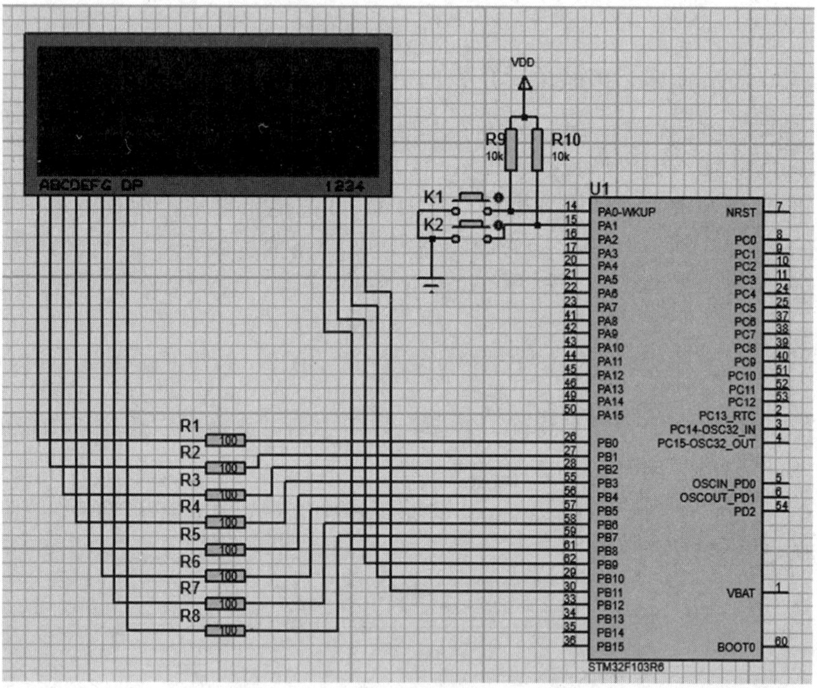

图 2－28　电子计数器硬件仿真图

二、软件设计

复制标准库工程模板文件夹 STM32Prj，改名为电子计数器。新建 LED 数码管的驱动文件 seg. c 和 seg. h，新建独立式按键的驱动文件 key. c 和 key. h 并添加到 HARD 组中，将任务 1 中的 main. c 中以软件方式编写的延时函数单独写成 delay. c 和 delay. h 并添加到 SYS 组中。

1. 程序分析

本任务使用了两个外设：一个是 LED 数码管；另一个是独立式按键，所以在应用程序循环之前，先对两个外设端口进行初始化操作。在应用程序主循环结构中要做两件事情：一是因计数器结果显示在4位共阳极LED数码管中，所以数码管采用的是动态显示方式，为了保证显示稳定，在主循环结构中必须调用数码管动态显示程序，否则数码管将会熄灭或者出现闪烁现象；二是独立式按键扫描，根据按键扫描原理，主循环结构中不断检测是否有按键按下，若有按键按下，延时10ms消抖，再次检测是否有按键按下，如果有，采用松手检测的方式，完成计数器加1和减1的操作。电子计数器流程图如图2-29所示。

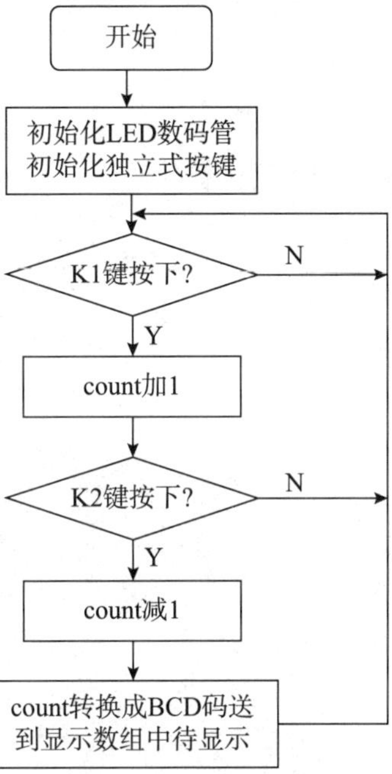

图2-29　电子计数器流程图

2. 代码清单

seg.c源文件中的代码如下：

```
#include "seg.h"
u16 segtab[] = {0xC0,0xF9,0xA4,0xB0,0x99,0x92,0x82,              0xF8,0x80,0x90,
0x88,0x83,0xC6,0xA1,0x86,0x8E,0x8C,0xFF,0xBF};
void SEGLED_Init(void)
{
    GPIO_InitTypeDef GPIO_InitStruct;
    RCC_APB2PeriphClockCmd(RCC_APB2Periph_GPIOB, ENABLE);
    GPIO_InitStruct.GPIO_Pin = 0x0FFF;
    GPIO_InitStruct.GPIO_Mode = GPIO_Mode_Out_PP;
    GPIO_InitStruct.GPIO_Speed = GPIO_Speed_2MHz;
    GPIO_Init(GPIOB,&GPIO_InitStruct);
    GPIO_Write(GPIOB, 0x00FF);
```

```
}
void disp(uint8_t *dbuf)
{
    u8 i;
    u16 bs;
    bs = 0x0100;//位选设置
    for(i=0;i<4;i++)
    {
      GPIO_Write(GPIOB, bs|segtab[dbuf[i]]);//位选|字选 0000 0001 0000 0000
      delay(2);//延时 2ms
      GPIO_Write(GPIOB, 0x00FF);//消隐
      bs = bs <<1;//位选显示下一位
    }
}
```

seg.h 头文件中的代码如下：

```
#ifndef __SEG_H
#define __SEG_H
#include <STM32f10x.h>
#include "delay.h"
void SEGLED_Init(void);
void disp(uint8_t *dbuf);
#endif
```

key.c 源文件中的代码如下：

```
#include <key.h>
void BUTTON_Init(void)
{
    GPIO_InitTypeDef GPIO_InitStruct;
    RCC_APB2PeriphClockCmd(RCC_APB2Periph_GPIOA, ENABLE);
    GPIO_InitStruct.GPIO_Pin = GPIO_Pin_0|GPIO_Pin_1;
    GPIO_InitStruct.GPIO_Mode = GPIO_Mode_IPU;
    GPIO_Init(GPIOA, &GPIO_InitStruct);
}
```

key.h 头文件中的代码如下：

```
#ifndef __KEY_H
#define __KEY_H
#include <STM32f10x.h>
```

```
#include "delay.h"
#define K1 GPIO_ReadInputDataBit(GPIOA, GPIO_Pin_0)
#define K2 GPIO_ReadInputDataBit(GPIOA, GPIO_Pin_1)
void BUTTON_Init(void);
#endif
```

main.c 应用文件中的代码如下：

```
#include <STM32f10x.h>
#include <seg.h>
#include <key.h>
int main(void)
{
    u8 dbuf[4] = {17,0,0,0};
    int count = 0;
    u16 temp;
    SEGLED_Init();                  //初始化数码管
    BUTTON_Init();                  //初始化按键
    while(1)
    {
        //(1)独立式按键扫描
        if(K1 = = 0)                //K1 按下计数值加 1
        {
        delay(20);                      //延时去抖动
        if(K1 = = 0)
        {
            while(K1 = = 0);            //等待按键释放
            count + + ;
            if(count>999)               //循环计数
                count =  -999;
          }
        }else if(K2 = = 0)          //K2 按下计数值减 1
    {
      delay(20);                        //延时去抖动
      if(K2 = = 0)
      {
        while(K2 = = 0);                //等待按键释放
        count - - ;
        if(count< - 999)                //循环计数
```

```
            count = 999;
    }
      }
//(2)计数值显示
      if(count>=0)              //判断计数值是否正数还是负数
      {
          dbuf[0] = 17;              //正数最高位不显示
          temp = count;
      }else{
          dbuf[0] = 18;              //负数最高位显示负号'-'
          temp =  -count;
      }
      dbuf[1] = temp/100;          //将计数值转换成3位BCD码送到显示数组中
      dbuf[2] = temp%100/10;
      dbuf[3] = temp%10;
      disp(dbuf);               //显示计数器的当前值
      }
}
```

3. 运行结果

在 Keil MDK 环境中生成.hex 文件，加载到 Proteus 中全速运行，当 K1 按键按下时，计数器的值加 1，如果是正数，则结果如图 2-30 所示。

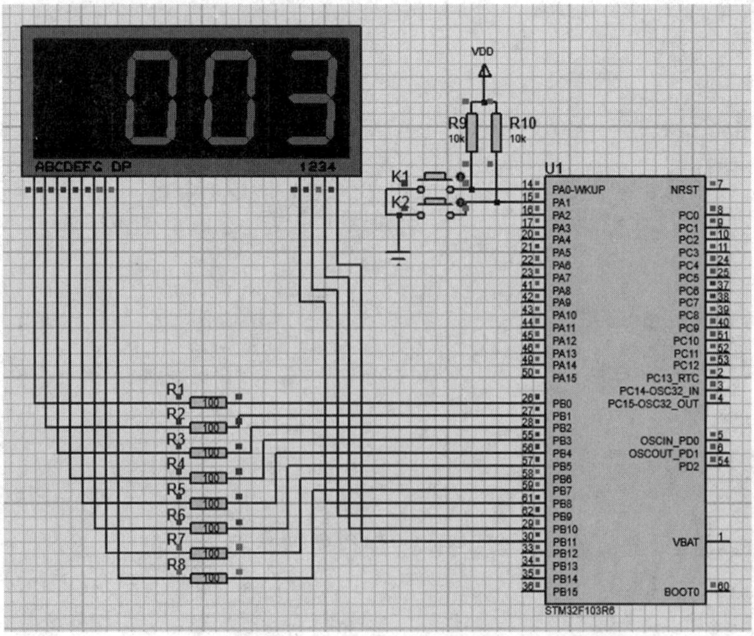

图 2-30　K1 按键按下显示正数

二维码：电子计数器代码实现和运行结果

任务3　抢答器的设计

知识链接

一、STM32中断系统

1. 中断概念

当CPU正在执行某段程序时，外部发生了某一事件，比如键盘有按键按下、定时器溢出、串口收到数据等，请求CPU迅速去处理，于是CPU暂时中断当前程序的执行，转去处理发生的事件，处理完成后，再回到原来被中断的地方，继续执行被中断的程序，这一过程称为中断。

在中断系统中，把引起中断的设备或事件称为中断源；由中断源向CPU发出的中断请求称为中断请求信号；CPU接收中断请求而暂停现行程序的执行，转去为服务对象服务称为中断响应；为服务对象服务的程序称为中断服务程序；现行程序暂停时的PC值称为断点；从中断服务程序返回到断点处称为中断返回；当有多个中断源同时向CPU申请中断时，CPU优先响应最紧急的中断请求，处理完毕再响应优先级别较低的中断请求，这种预先安排的响应次序称为中断优先级。

计算机采用中断技术后的优点主要有两个方面。一是提高了CPU的工作效率，CPU和外部设备通过中断方式交换信息，可以避免不必要的等待和查询，CPU可启动多个外设与它并行工作，对各个外设实行统一管理，分时服务，从而大大提高了CPU的工作效率。二是增强了实时控制及应急处理能力，在实时控制系统中，被控制对象的参数变化必须及时采集、处理，并转化为相应的控制动作，对系统进行调节；数据的越限、系统的故障信息也必须被计算机及时发现，以便报警。有了中断功能后，系统的失常和故障都可通过中断立刻通知CPU，使它能够迅速采集实时数据和故障信息，并对系统做出应急处理。

2. 中断通道和中断向量表

中断通道是指能够触发各种中断的外部或内部事件源，每个中断通道都对应着特定的硬件模块和功能。比如GPIO引脚的电平变化、定时器的溢出、串口的数据接收等都可以作为中断通道。而中断向量表是一块固定的内存，以4字节对齐（32位），用于存放服务函数的首地址，系统已经将中断服务函数定义好了，存放在中断向量表中。Cortex-M3内核的16个中断通道见表2-6。表中优先级编号从−3到6的中断定义为系统异常，编号为负数的异常不能被设置优先级，如复位（Reset）、不可屏蔽中断（NMI）、硬错误（HardFault）。

表2-6　Cortex-M3内核的16个中断通道

位置	优先级	优先级类型	名称	说明	地址
—	—	—	—	保留	0x00000000
—	−3	固定	Reset	复位	0x00000004

续表

位置	优先级	优先级类型	名称	说明	地址
—	−2	固定	NMI	不可屏蔽中断	0x00000008
—	−1	固定	HardFault	所有类型的失效	0x0000000C
—	0	可设置	MemManage	存储器管理	0x00000010
—	1	可设置	BusFault	预取指失败，存储器访问失败	0x00000014
—	2	可设置	UsageFault	未定义的指令或非法状态	0x00000018
—	—	—	—	保留	0x0000001C
—	—	—	—	保留	0x00000020
—	—	—	—	保留	0x00000024
—	—	—	—	保留	0x00000028
—	3	可设置	SVCall	通过 SWI 指令调用的系统服务	0x0000002C
—	4	可设置	DebugMonitor	调试监控器	0x00000030
—	—	—	—	保留	0x00000034
—	5	可设置	PendSV	可挂起的系统服务	0x00000038
—	6	可设置	SysTick	系统滴答定时器	0x0000003C

从编号 7 开始都是外部中断，可在《STM32 中文参考手册_V10》P132 查找。这些中断的优先级都可以自行设置。另外，中断向量表定义在启动文件 startup_stm32f10x_md. s 中，发生中断时，CPU 会自动执行对应的中断服务函数。不同型号的 STM32 微控制器，中断向量表稍有区别。值得注意的是，STM32 的中断通道可能会有多个中断源，而某个中断服务函数也可能被多个中断源所共用。所以在中断服务函数中需要有一个判断机制，用来辨别是哪个中断源触发了中断。

3. NVIC 中断控制器

STM32 的中断如此之多，配置起来并不容易，在 Cortex-M3 内核中有一个嵌套中断向量控制器（Nested Vectored Interrupt Controller，NVIC），其作用是对 STM32 中的中断进行管理，如图 2－31 所示。中断使能包括两个门：外设使能（小门）和 NVIC 使能（大门）。外设使能相应的中断源送入 NVIC 中称为小门，NVIC 使能中断是大门，只有两者都使能才能响应中断。

4. 中断的优先级

当有多个中断源同时向 CPU 发出中断请求时，中断的优先级决定了一个中断是否能被屏蔽，在未屏蔽的情况下何时可以响应。优先级的数值越小，则优先级越高。

（1）抢占式优先级和响应式优先级。

STM32 中有两个优先级的概念：抢占式优先级和响应式优先级，响应式优先级又称作“亚优先级”或“副优先级”，每个中断源都需要被指定这两种优先级。如果有多个中断同时响应，则抢占式优先级高的中断可以打断正在进行的抢占式优先级低的中断，即中断的嵌套。如果两个中断的抢占式优先级相同，则根据响应式优先级的高低来决定先处理

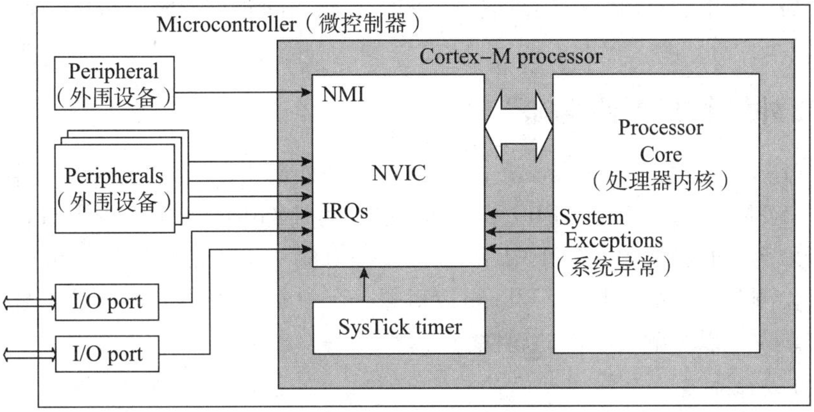

图 2－31　NVIC 的基本结构

哪一个。如果两个中断的抢占式优先级和响应式优先级都相同，则根据硬件中断编号顺序来决定哪个先执行，硬件中断编号越小，优先级越高。

（2）NVIC 的优先级组。

STM32 优先级用 4 位二进制表示，支持 16 种中断优先级，有 5 种分组方法。

第 0 组：所有 4 位均用来配置响应式优先级，即 16 种中断向量具有不相同的响应式优先级。

第 1 组：最高 1 位用来配置抢占式优先级，低 3 位用来配置响应式优先级。表示有 $2^1=2$ 种级别的抢占式优先级（0 级，1 级）。有 $2^3=8$ 种响应式优先级，即在 16 种中断向量之中，若抢占式优先级都为 0 级，则响应式优先级分别为 0～7，有 8 种；若抢占式优先级都为 1 级，则响应式优先级分别为 0～7，也有 8 种。

第 2 组：高 2 位用来配置抢占式优先级，低 2 位用来配置响应式优先级，即 $2^2=4$ 种抢占式优先级，$2^2=4$ 种响应式优先级。

第 3 组：高 3 位用来配置抢占式优先级，最低 1 位用来配置响应式优先级，即有 8 种抢占式优先级，2 种响应式优先级。

第 4 组：所有 4 位均用来配置抢占式优先级，即 NVIC 配置的 $2^4=16$ 种中断向量都是只有抢占式属性，没有响应式属性。

配置这些优先级分组，可以调用函数 NVIC_PriorityGroupConfig ()，输入的参数为 NVIC_PriorityGroup_0～ NVIC_PriorityGroup_4，分别为以上 5 种分配组。

假设设置中断优先级组为 2，然后设置中断 3（RTC 中断）的抢占式优先级为 2，响应式优先级为 1；中断 6（外部中断 0）的抢占式优先级为 3，响应式优先级为 0；中断 7（外部中断 1）的抢占式优先级为 2，响应式优先级为 0。那么这 3 个中断的优先级顺序为中断 7＞中断3＞中断 6。

对某一个特定中断进行编程，在配置每个中断时一般有三个编程要点：

• 在外设层面使能某个中断，具体由每个外设的相关中断使能位控制。

• 在 NVIC 中使能相应的中断通道，并设置优先级。

• 编写中断服务函数。

一般情况下，系统代码执行过程中，只能设置一次中断优先级分组，比如分组 2，设置好分组之后一般不会再改变。随意改变分组会导致中断管理混乱，程序会出现意想不到的执行结果。

二、STM32 外部中断/事件控制器 EXTI

EXTI（External Interrupt/event controller）是外部中断/事件控制器，管理 20 个中断/事件线。STM32 的每一个 GPIO 引脚都可以作为外部中断的中断输入口，也就是都能配置成一个外部中断触发源。每个中断/事件线都对应一个边沿检测器，可以实现输入信号的上升沿检测和下降沿检测。EXTI 可以对每一个中断/事件线进行配置，也可以单独配置为中断或事件，以及触发事件的属性。

1. EXTI 功能框图

EXTI 功能框图如图 2－32 所示，按控制功能可以划分成 4 部分。

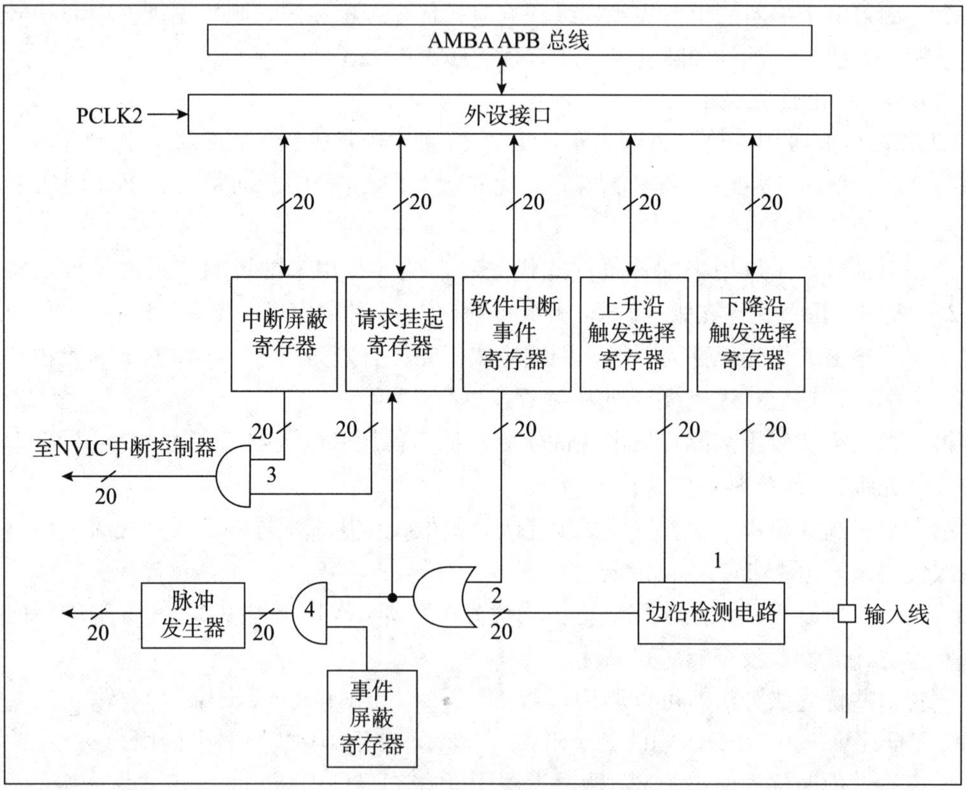

图 2－32　EXTI 功能框图

（1）边沿检测电路（标号 1）。

边沿检测电路以输入线作为信号输入端，如果检测到有边沿跳变就输出有效信号“1”，否输入无效信号“0”。边沿跳变的标准在于对两个触发选择寄存器的设置，分别是上升沿触发选择寄存器和下降沿触发选择寄存器。

（2）或门电路（标号 2）。

两个信号输入端分别是软件中断事件寄存器和边沿检测电路的输入信号。或门电路只要输入端有信号“1”，就会输出“1”。

（3）与门电路（标号 3）。

两个信号输入端分别是中断屏蔽寄存器和标号 2 电路信号。如果中断屏蔽寄存器设置为“0”，则不管从标号 2 电路输出信号的特性如何，最终标号 3 电路输出的信号都是“0”；如果中断屏蔽寄存器设置为“1”，则最终标号 3 电路输出的信号由标号 2 电路的输出信号决定，就可以简单地控制中断屏蔽寄存器来达到中断的目的。

（4）与门电路（标号 4）。

输入端来自标号 2 电路以及来自事件屏蔽寄存器。可以简单地控制事件屏蔽寄存器来实现是否产生事件。标号 4 电路若输出有效信号“1”，则脉冲发生器电路会产生一个脉冲；若输出无效信号，则不会使其产生脉冲信号。脉冲信号可以给其他外设电路使用，如定时器、模拟数字转换器等，这样的脉冲信号一般用来触发 TIM 或者 ADC 转换。

EXTI 有两大功能：一个是产生中断；另一个是产生事件。产生中断线路的作用是把输入信号输送到 NVIC 中断控制器中，运行对应的中断服务函数，这是软件级的。而产生事件线路的作用是传送一个脉冲信号给其他外设使用，并且是电路级别的信号传送，属于硬件级的。

注意：EXTI 是挂载在 APB2 总线上的，在编程时需要注意到这点。

2. 中断/事件线

STM32 的中断控制器支持 20 个外部中断事件请求，根据 GPIO 端口的引脚序号不同，把不同 GPIO 端口、同一个序号的引脚组成一组，每组对应一个外部中断/事件源（即中断线）EXTIx（x 取 0～15），比如 PA0、PB0、…、PG0 为第一组，以此类推，可将众多中断触发源分成 16 组。112 通用 I/O 端口以图 2－33 所示的方式连接到 16 个外部中断/事件线上。

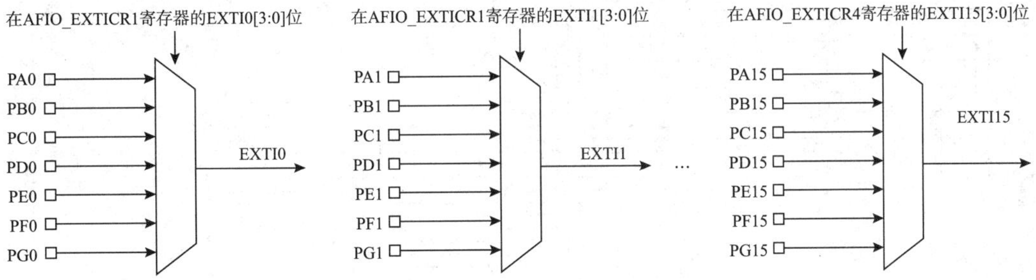

图 2－33　外部中断通用 I/O 映像

中断线 10～15 共用一个 EXTI15_10_IRQHandler 中断服务函数。通过 AFIO_EXTICRx 寄存器配置 GPIO 线上的外部中断/事件，必须先使能 AFIO 时钟。对于小容量、中容量和大容量的产品，剩下的四根 EXTI 线的连接方式如下：

- EXTI 线 16 连接到可编程电压检测器 PVD（Programmable Voltage Detector）输出。
- EXTI 线 17 连接到 RTC 闹钟事件。
- EXTI 线 18 连接到 USB 唤醒事件。
- EXTI 线 19 连接到以太网唤醒事件（只适用于互联型产品）。

外部中断服务函数在中断向量表中只分配了 7 个中断向量，对应启动代码中的 7 个中断服务函数。外部中断线 0～4 单独分配了一个中断向量，每个中断向量都有独立的中断服务函数 EXTI0_IRQHandler～EXTI4_IRQHandler；外部中断线 5～9 分配一个中断向量，共用一个服务函数 EXTI9_5_IRQHandler；外部中断线 10～15 分配一个中断向量，共用一个中断服务函数 EXTI15_10_IRQHandler。

实施案例

一、硬件电路设计

本任务采用了 6 位共阳极数码管，段选口通过 100Ω 限流电阻与 PB0～PB7 相连，位选口由 PB8～PB13 控制，开始按键 START 连接 PA15，作为外部中断源，产生单脉冲控制抢答开始。如果现在有 4 位同学抢答，则需要 4 个独立式按键 K1～K4，外接了 10kΩ 的上拉电阻与 PA0～PA3 管脚相连，硬件仿真图如图 2-34 所示。

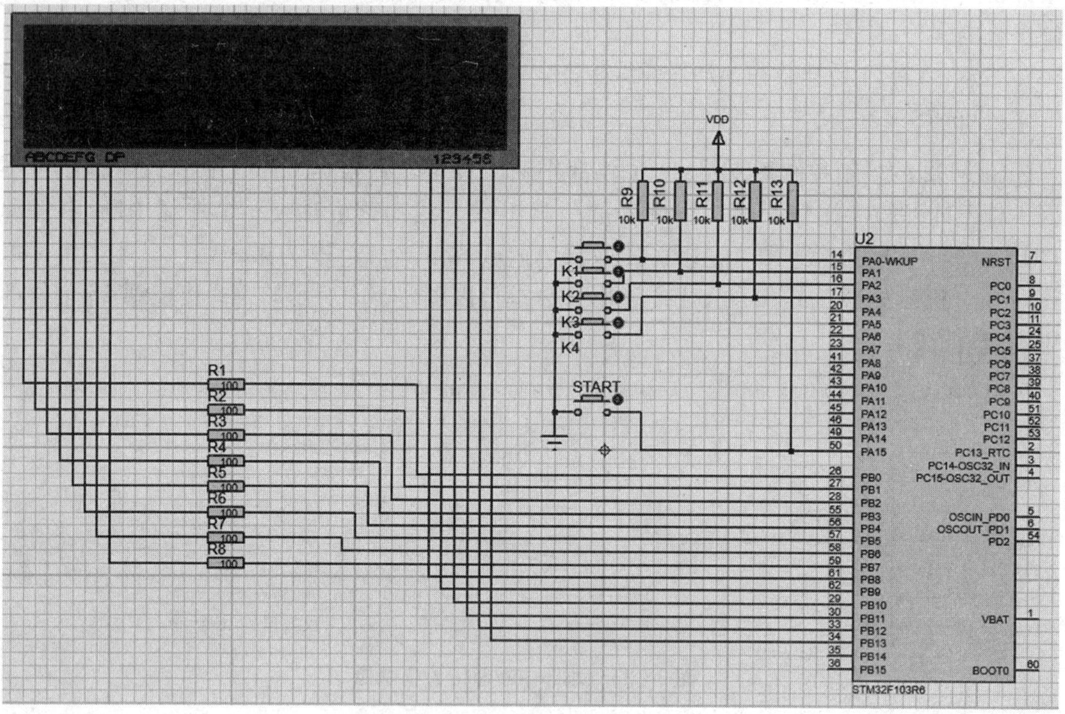

图 2-34　抢答器硬件仿真图

二、软件设计

复制任务 2 电子计数器设计与实现文件夹，改名为抢答器。在任务 2 中数码管是 4 位，而在本任务中数码管是 6 位，所以在 LED 数码管的驱动文件 seg.c 的 SEGLED_Init() 函数中，将配置选择引脚语句改为 GPIO_InitStruct.GPIO_Pin= 0x3FFF，显示函数 disp() 中循环次数改成 for(i=0；i<6；i++)。在任务 2 中独立式按键是 2 个，而在本任务中独立式按键是 5 个，其中 PA15 配置成外部中断，所以在按键驱动文件 key.c 的 BUTTON_Init() 函数中，将配置选择引脚语句改成 GPIO_InitStruct.GPIO_Pin＝GPIO_Pin_0

|GPIO_Pin_1|GPIO_Pin_2|GPIO_Pin_3。新建外部中断驱动文件 interruptkey. c 和 interruptkey. h 并添加到 SYS 组中。

1. 程序分析

系统上电后，首先完成初始化（数码管初始化、按键初始化、配置中断优先级和外部中断初始化），在数码管第 1 位显示“P”，第 2 位始终处于熄灭状态，第 3～6 位分别显示 4 位选手的当前得分，初始值是 0。当按下 START 按键后，数码管第 1 位显示“0”，并等待 4 个选手面前的按键 K1～K4 按下，只要 PA0～PA3 有一个引脚为低电平，则逐位扫描出按键的键号，送到数码管第 1 位显示，同时对应选手的计分数码管完成加 1 分操作。再次等待 START 按键按下，重新进入下一轮抢答。

在使用 NVIC 来配置中断时，在标准库头文件 misc. h 中定义了初始化结构体 NVIC_InitTypeDef，结构化成员用于设置外设工作参数，并调用外设初始化函数 NVIC_Init（）将这些设定参数写入外设相应的寄存器，达到配置外设的目的。

```
typedef struct
{
    uint8_t NVIC_IRQChannel;                    //选择需配置中断的通道
    uint8_t NVIC_IRQChannelPreemptionPriority; //设置中断向量抢占式优先级
    uint8_t NVIC_IRQChannelSubPriority;         //设置中断向量响应式优先级
    FunctionalState NVIC_IRQChannelCmd;         //使能或关闭中断向量的中断响应
} NVIC_InitTypeDef;
```

在使用 EXTI 外设时，标准库函数定义了结构体 EXTI_InitTypeDef，该结构体中的成员用于设置外设工作参数，并调用外设初始化函数 EXTI_Init（）将这些设定参数写入外设相应的寄存器，达到配置外设的目的。EXTI 初始化结构体如下：

```
typedef struct {
    uint32_t EXTI_Line;                    // 中断/事件线
    EXTIMode_TypeDef EXTI_Mode;            // EXTI 模式
    EXTITrigger_TypeDef EXTI_Trigger;// 触发类型
FunctionalState EXTI_LineCmd;              // EXTI 使能
} EXTI_InitTypeDef;
```

初始化结构体和初始化库函数配合使用是标准库的精髓所在，理解了初始化结构体中每个成员的意义，基本上就可以正确使用该外设了。EXTI 初始化结构体在 STM32f10x_exti. h 文件中定义，EXTI 相关的库函数在 STM32f10x_exti. c 文件中定义，编程时可以参考这两个文件中的注释。

本任务的主流程图和中断服务函数流程图分别如图 2-35 和图 2-36 所示。

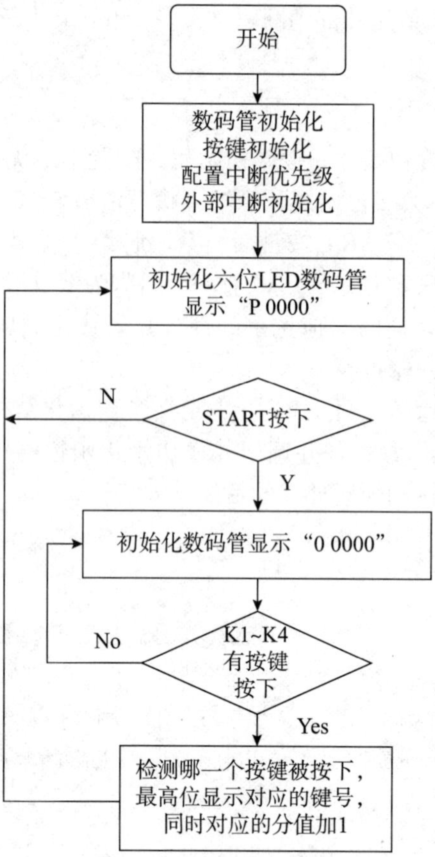

图 2-35　抢答器主流程图

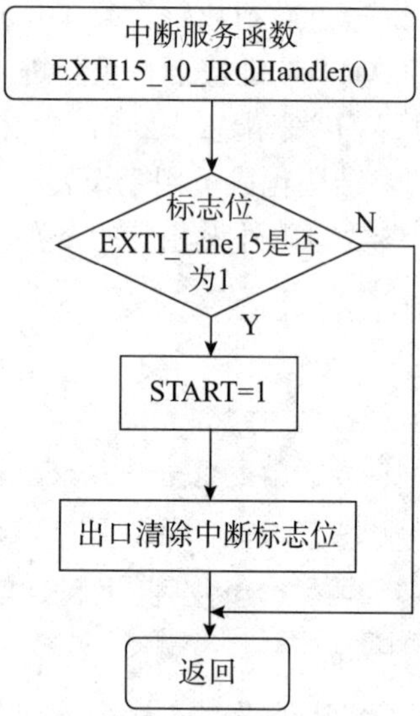

图 2-36　中断服务函数流程图

2. 代码清单

interruptkey. c 源文件中的代码如下：

```
#include "interruptkey.h"
void NVIC_Config(void)
{
    NVIC_InitTypeDef NVIC_InitStructure;
    NVIC_PriorityGroupConfig(NVIC_PriorityGroup_2);//优先级分组
    NVIC_InitStructure.NVIC_IRQChannel = EXTI15_10_IRQn; //外部 15_10 中断
    NVIC_InitStructure.NVIC_IRQChannelCmd = ENABLE;     // IRQ 通道使能
    NVIC_InitStructure.NVIC_IRQChannelPreemptionPriority = 2; // 抢占式优先级为 2
    NVIC_InitStructure.NVIC_IRQChannelSubPriority = 2; //响应式优先级为 2
    NVIC_Init(&NVIC_InitStructure); //根据上面指定的参数初始化 NVIC 寄存器
}
void EXTI_Config(void)
{
```

```
    EXTI_InitTypeDef EXTI_InitTypeStructure;
    GPIO_InitTypeDef GPIO_InitStruct;
    RCC_APB2PeriphClockCmd(RCC_APB2Periph_AFIO, ENABLE);
    RCC_APB2PeriphClockCmd(RCC_APB2Periph_GPIOA, ENABLE);
    //将 PA15 配置成外部中断
    GPIO_InitStruct.GPIO_Pin = GPIO_Pin_15;
    GPIO_InitStruct.GPIO_Mode = GPIO_Mode_IPU;
    GPIO_InitStruct.GPIO_Speed = GPIO_Speed_50MHz;
    GPIO_Init(GPIOA, &GPIO_InitStruct);
    //配置中断线
    GPIO_EXTILineConfig(GPIO_PortSourceGPIOA, GPIO_PinSource15);
    EXTI_InitTypeStructure.EXTI_Line = EXTI_Line15; //选择外部线路
    EXTI_InitTypeStructure.EXTI_LineCmd = ENABLE;   //输入线路使能
    EXTI_InitTypeStructure.EXTI_Mode = EXTI_Mode_Interrupt;//设置输入线路为中
断请求
    EXTI_InitTypeStructure.EXTI_Trigger = EXTI_Trigger_Falling;//设置输入线路
下降沿触发
    EXTI_Init(&EXTI_InitTypeStructure);
}
```

interruptkey.h 头文件中的代码如下：

```
#ifndef __INTERRUPTKEY_H
#define __INTERRUPTKEY_H
#include <STM32f10x.h>
void EXTI_Config(void);
void NVIC_Config(void);
#endif
```

main.c 源文件中的代码如下：

```
#include <STM32f10x.h>
#include "seg.h"
#include "key.h"
#include "interruptkey.h"
u8 start = 0;
int main(void)
{
    u8 dbuf[6] = {16,17,0,0,0,0};//六位 LED 数码管初始值
    SEGLED_Init();      //数码管初始化
    BUTTON_Init();           //按键初始化
```

```
    NVIC_Config();        //配置外部中断优先级
    EXTI_Config();        //外部中断初始化
    while(1)
    {
        while(start = = 0)    disp(dbuf);   //等待按下开始键
        start = 0;      //为下一题抢答做准备
        dbuf[0] = 0;   //按下开始键,数码管第1位显示0
        while(((u8)GPIO_ReadInputData(GPIOA)&0x0F) = = 0x0F)//等待K1~K4抢答键按下
            disp(dbuf);
        if(K1 = = 0)        //选手1抢答成功
        {
            dbuf[0] = 1;//数码管第1位显示1
            dbuf[2] + + ;     //选手1对应的分值加1
        }
        else if(K2 = = 0)//选手2抢答成功
        {
            dbuf[0] = 2;//数码管第1位显示2
            dbuf[3] + + ;//选手2对应的分值加1
        }
        else if(K3 = = 0)//选手3抢答成功
        {
            dbuf[0] = 3;//数码管第1位显示3
            dbuf[4] + + ;//选手3对应的分值加1
        }
        else if(K4 = = 0)//选手4抢答成功
        {
            dbuf[0] = 4;//数码管第1位显示4
            dbuf[5] + + ;//选手4对应的分值加1
        }
    }
}
//外部中断服务程序,每次按下开始键后,start标志置1
void EXTI15_10_IRQHandler(void)
{
    if(EXTI_GetITStatus(EXTI_Line15)! = RESET)  // 有外部中断产生
    {
        start = 1;          //start标志置1
        EXTI_ClearITPendingBit(EXTI_Line15);//为下一次中断做准备
    }
}
```

3. 运行结果

在 Keil MDK 环境中生成.hex 文件，加载到 Proteus 中全速运行，数码管第 1 位显示“P”，表示抢答还没有开始，第 2 位不显示，第 3～6 位显示“0000”，表示 4 位选手当前的得分都为 0。当主持人按下开始键后，数码管第 1 位显示“0”，4 位选手开始抢答，K4 选手抢答成功，数码管第 1 位显示“4”，K4 选手得分加 1，第 3～6 位显示“0001”，如图 2-37 所示。

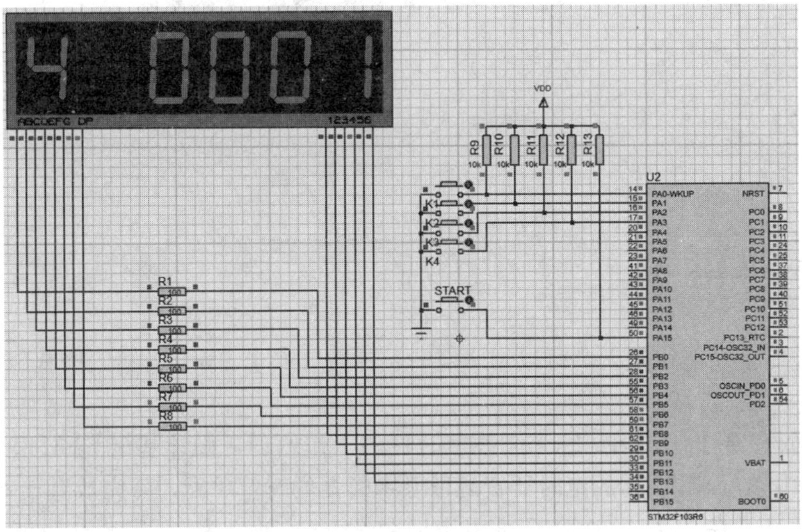

图 2-37　K4 选手抢答成功

二维码：
抢答器代码
实现和运行结果

项目小结

通过本项目学习，同学们可以了解基于 STM32 的标准库的使用方法，标准库可以大大简化开发者对 STM32 微控制器的编程工作，使开发者无须深入了解底层硬件寄存器的细节，只需调用库函数就能实现相应的功能，有助于提高开发效率和代码的可移植性。

另外，本项目还讲述了 LED 数码管、独立式键盘和 STM32 外部中断系统，掌握了这些知识点，同学们就可以利用 STM32 微控制器做一些简单的电子产品。

思考与练习

1. 什么是 STM32 标准库？根据书中讲解的工程模板的创建方法，建立自己的工程模板。

2. 简要说明 STM32 的 GPIO 口可以由软件配置成哪几种模式。

3. 数码管的显示原理是什么？什么是静态显示？什么是动态显示？

4. 什么是中断？STM32 支持哪些中断源？什么是中断向量表？它通常存放在存储器的哪个位置？

5. 中断服务函数与普通函数相比有何异同？

项目 3

监控中心定时器的设计

项目导读

STM32 的定时器功能很强大，可以用来定时、计数、产生 PWM、输入捕获以及实现定时器中断等。

同学们可通过任务 1 认识 SysTick 滴答定时器的工作原理，设计基于 STM32 的电子秒表；在任务 2 中学习 STM32 的定时器资源以及定时器的时基单元，并完成基于 STM32 的简易电子钟设计；在任务 3 中学习通用定时器的输入捕获和输出比较功能，利用 STM32 的 PWM 完成呼吸灯的设计。

学习目标

知识目标：

- 了解 STM32 微控制器的 SysTick 的功能和作用，以及 SysTick 相关的寄存器。
- 了解 STM32 微控制器的定时器资源，掌握基本定时器时基模块功能和工作原理。
- 了解通用定时器与高级定时器的输入捕获、输出比较功能，掌握定时器的输入、输出复用 GPIO 引脚的连接关系，理解重映射的概念。

技能目标：

- 能利用 SysTick 相关函数配置滴答定时器，熟悉 SysTick 定时器精确延时的两种方法。
- 能利用 STM32 基本定时器标准库编程实现定时功能。
- 能利用 STM32 通用定时器或高级定时器的输入捕获和输出比较功能实现 PWM 控制呼吸灯。

素养目标：

- 培养精益求精、脚踏实地、顽强努力的学习精神。
- 培养守时守约、诚实守信的良好品德。

任务 1　电子秒表的设计

知识链接

一、SysTick 定时器

STM32 的定时器种类很多，有 SysTick 定时器、基本定时器、通用定时器、高级定时器，还有“看门狗”定时器（WatchDog）和实时时钟定时器等。本任务主要介绍 SysTick 定时器。

1. 认识 SysTick 定时器

SysTick 定时器又称为系统滴答定时器，是 Cortex-M3 内核中的一个外设，内嵌在 NVIC 中（异常号：15）。SysTick 定时器是一个 24 位的向下递减的倒计数计数器，计数器每计数一次的时间为 1/SYSCLK，一般设置系统时钟 SYSCLK 等于 72MHz。

SysTick 定时器能产生中断，Corter-M3 为它专门在中断向量表中设置了一个异常类型。当计到 0 时，从 RELOAD 寄存器中自动重载定时初值，具有自动重载和溢出中断功能。所有基于 Cortex-M3 处理器的微控制器都可以由这个定时器获得一定的时间间隔，只要 SysTick 控制及状态寄存器中的对应位使能，它就会永不停息地运转，即使在睡眠模式下也能工作。

2. SysTick 定时器的工作原理

STM32 微控制器是通过晶振振动的次数进行计时的，如图 3－1 所示。在时钟脉冲的作用下，一个时钟脉冲计数值减 1，当计数值为 0 时，就可以申请中断请求，告诉 CPU 有需要紧急处理的事情。比如选择频率为 72MHz 晶振，那么 1s 可以振动的次数就是 72×10^6 次，那 1ms 就可以振动 72 000 次，1μs 就需要振动 72 次。如果选择 9MHz 晶振，那么 1s 可以振动的次数就是 9×10^6 次，那 1ms 就可以振动 9 000 次，1μs 就需要振动 9 次。

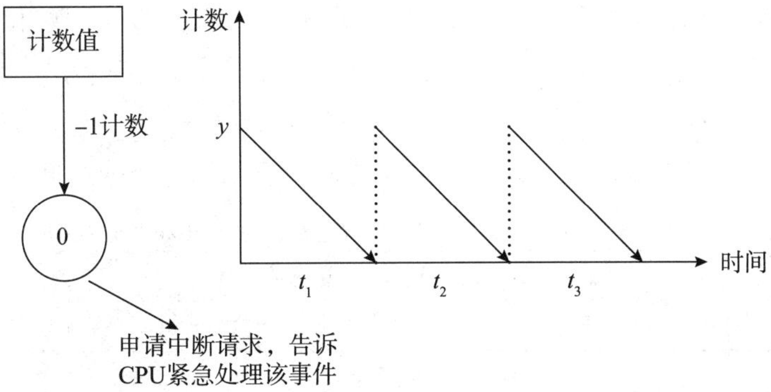

图 3－1　SysTick 工作原理

基于 ARM Cortex-M3 的芯片在没有移植操作系统时，使用内核的 SysTick 定时器来实现延时，可以不占用系统的定时器，节约资源。在移植了嵌入式操作系统后，可以为操作系统提供更精确的系统时基（1～50ms）。

二、SysTick定时器的相关寄存器

与SysTick定时器相关的寄存器有4个，分别为SysTick控制及状态寄存器（CTRL）、重装载数值寄存器（RELOAD）、当前数值寄存器（CURRENT）和校准数据寄存器。

1. SysTick控制及状态寄存器

SysTick控制及状态寄存器各位定义可以查看手册《Cortex-M3权威指南》P282，具体位描述见表3-1。

表3-1　SysTick控制及状态寄存器各位定义（地址：0xE000～E010）

位段	名称	类型	复位值	描述
16	COUNTFLAG	R	0	如果在上次读取寄存器后，SysTick已经数到了0，则该位为1
2	CLKSOURCE	R/W	0	0=外部时钟源（STCLK），AHB时钟8分频； 1=内核时钟（FCLK），HCLK时钟/（AHB时钟）
1	TICKINT	R/W	0	1=SysTick倒数到0时产生SysTick异常请求； 0=数到0时无动作
0	ENABLE	R/W	0	SysTick定时器的使能位

位16是SysTick控制及状态寄存器的计数溢出标志COUNTFLAG位。SysTick是向下计数的，若计数完成，则COUNTFLAG的值变为1。该操作由硬件完成，不需要软件编程实现，用户只需循环读取COUNTFLAG的值为1之后，就处理SysTick计数完成事件。

位2是SysTick时钟源选择位。该位为1时，选择内核时钟，从STM32时钟系统图可以看到内核时钟就是HCLK，频率通常是72MHz。该位为0时，选择外部时钟STCLK，就是HCLK的8分频，故STCLK的频率是9MHz。

位1是SysTick中断使能位。该位为0时，关闭SysTick中断；该位为1时，开启SysTick中断，当计数到0时就会产生中断。

位0是SysTick使能位。该位为0时，关闭SysTick功能；该位为1时，开启SysTick功能。

2. SysTick重装载寄存器

SysTick重装载寄存器是一个有效位为24位的寄存器，具体描述见表3-2。

表3-2　SysTick重装载寄存器各位定义（地址：0xE000～E014）

位段	名称	类型	复位值	描述
23：0	RELOAD	R/W	0	当倒数至0时，将被重装载的值

SysTick重装载寄存器最大的计数值应该是$2^{24}-1=16\ 777\ 215$。当系统时钟为72MHz时，SysTick定时器每计数一次，就是$1/72=0.013\ 9\mu s$，其最大定时时间大约是233ms；当系统时钟选择外部时钟源72MHz/8=9MHz时，SysTick定时器每计数一次，

就是 1/9=0.111μs，其最大定时时间大约是 1.864s。那么 SysTick 定时器是从什么值开始计数的呢？例如，现在选择外部时钟源，需要定时 50μs，SysTick 定时器每计数一次是 1/9μs，这时我们只要从 450 开始倒计数，计数到 0 时，50μs 定时时间就到了。

3. SysTick 当前数值寄存器

SysTick 当前数值寄存器的具体描述见表 3-3。该寄存器里的值会自动减 1，减到 0 后再自动重装载寄存器里的值。另外，通过读取该寄存器中的数据可以获取当前计数值。

表 3-3　SysTick 当前数值寄存器（地址：0xE000～E018）

位段	名称	类型	复位值	描述
23：0	CURRENT	R/Wc	0	读取时返回当前倒计数的值，写 0 可将该寄存器清零，同时还会清除在 SysTick 控制及状态寄存器中的 COUNTFLAG 标志

4. SysTick 校准数值寄存器

SysTick 校准数值寄存器的具体描述见表 3-4。校准数值寄存器可以使系统即使在不同的 Cortex-M3 芯片上运行，也能产生恒定的 SysTick 中断频率。

表 3-4　SysTick 校准数值寄存器（地址：0xE000～E01C）

位段	名称	类型	复位值	描述
31	NOREF	R	—	1=没有外部参考时钟（STCLK 不可用）； 0=外部参考时钟可用
30	SKEW	R	—	1=校准值不是准确的 10ms； 0=校准值是准确的 10ms
23：0	TENMS	R/W	0	10ms 的时间内倒计数的格数。芯片设计者应该通过 Cortex-M3 的输入信号提供该数值。若该值读回 0，则表示无法使用校准功能

三、SysTick 定时器的使用

1. SysTick 定时器操作

core_cm3.h 文件中定义了 SysTick 定时器的 4 个寄存器 SysTick_Type 结构体，代码如下：

```
typedef struct
{
  __IOM uint32_t CTRL;          //SysTick 控制及状态寄存器地址偏移量:0x00
  __IOM uint32_t LOAD;          //SysTick 重装载寄存器地址偏移量:0x04
  __IOM uint32_t VAL;           //SysTick 当前数值寄存器地址偏移量:0x08
  __IM  uint32_t CALIB;         //SysTick 校准寄存器地址偏移量:0x0C
} SysTick_Type;
```

在这里，需要注意的是 SysTick_Type 的使用与 GPIO 的寄存器结构体的使用方法不一样。在 core_cm3. h 文件中已经宏定义了 SysTick，代码如下：

```
#define SCS_BASE            (0xE000E000)
#define SysTick_BASE        (SCS_BASE +  0x0010)
#define SysTick             ((SysTick_Type   * ) SysTick_BASE)
```

在操作 SysTick 定时器的寄存器时，可以采用如下方法：

```
SysTick->CTRL = 0;        //关闭计数器
SysTick->LOAD = 450;      //重装数值,倒计脉冲数
SysTick->VAL = 0;         // 清空计数器
SysTick->CTRL = 1;        //使能 SysTick 定时器
```

其中“->”是 C 语言的一个运算符，叫作指向结构体成员运算符，即使用一个指向结构体或对象的指针访问其成员。这里的系统时钟是 72MHz，72MHz 的 1/8 是 9MHz，一个脉冲是 1/9μs，450 个脉冲即 50μs。

2. SysTick 定时中断方式实现

若只想产生周期性的 SysTick 中断，最简单的方法就是使用 core_cm3. h 文件中的 SysTick_Config 函数，该函数将 SysTick 中断间隔设置为 ticks，使能计数器使用系统时钟，然后设置 SysTick 异常为最低优先级。例如，若要在 72MHz 的时钟频率下产生 1kHz 的 SysTick 异常，则可以使用 SysTick_Config(SystemCoreClock/1000)，变量 SystemCoreClock 应该存放正确的时钟频率数值，也就是 72×10^6，这样只要调用 SysTick_Config(72000)，SysTick_Handler(void) 的触发频率就变成了 1kHz。若 SysTick_Config 函数的输入参数不满足 24 位重加载数值寄存器（大于 0xFFFFFF），SysTick_Config 函数返回 1，否则返回 0。

3. SysTick 定时轮询方式实现

在许多情况下，用户使用参考时钟或者不想使能 SysTick 中断，那么就不要使用 SysTick_Config 函数。此时只需要直接操作 SysTick 寄存器，操作流程如下：

(1) 将 0 写入 SysTick->CTRL 以禁止 SysTick 定时器。如果重用了其他代码，SysTick 之前已经使能过，就不需要这一步。

(2) 将新的重加载值写入 SysTick->LOAD。

(3) 将初始数值写入当前寄存器 SysTick->VAL 之前，必须将该寄存器清零。

(4) 写入 SysTick 控制和状态寄存器 SysTick->CTRL，启动 SysTick 定时器。

微秒延时函数主要用来指定延时多少微秒，其参数 μs 为要延时的微秒数。微秒级延时函数代码如下：

```
void SysTick_Delay_μs(μ32 μs)      //μs
{
    μ32 temp;
    SysTick->CTRL = 0;            //关闭计数器
    SysTick->LOAD = 92 * μs;      //重装数值
```

```
    SysTick->VAL = 0;// 清空计数器
    SysTick->CTRL = 1;// 启动计数器
    do
    {
        temp = SysTick->CTRL;
    }while((temp&0x01)&&(! (temp&(1<<16))));// 查询 COUNTFLAG 标志位
    SysTick->VAL = 0;// 清空计数器
}
```

毫秒延时函数主要用来指定延时多少毫秒，其参数 ms 为要延时的毫秒数。毫秒级延时函数代码如下：

```
void SysTick_Delay_ms(u32 ms)//ms
{
    u32 temp;
    while(ms--)
    {
        SysTick->CTRL = 0;//关闭计数器
        SysTick->LOAD = 9000; //重装数值
        SysTick->VAL = 0;// 清空计数器
        SysTick->CTRL = 1;// 启动计数器
        do
        {
            temp = SysTick->CTRL;
        }while((temp&0x01)&&(! (temp&(1<<16))));// 查询 COUNTFLAG 标志位
        SysTick->VAL = 0;// 清空计数器
    }
}
```

秒延时函数主要用来指定延时多少秒，其参数 s 为要延时的秒数。秒级延时函数代码如下：

```
void SysTick_Delay_s(u16 s)//ms
{
    while(s--)
    {
        SysTick_Delay_ms(1);
    }
}
```

实施案例

一、硬件电路设计

本任务是基于滴答定时器的电子秒表设计，显示端采用4位共阳极数码管，段选口通过100Ω限流电阻与PB0～PB7相连，位选口由PB8～PB11控制，在仿真软件中没有添加数码管驱动电路，但在实际的开发板设计中必须添加晶体管或者锁存器来驱动。控制端用1个独立式按键外接了10kΩ的上拉电阻与PA0相连，电子秒表硬件仿真图如图3－2所示。

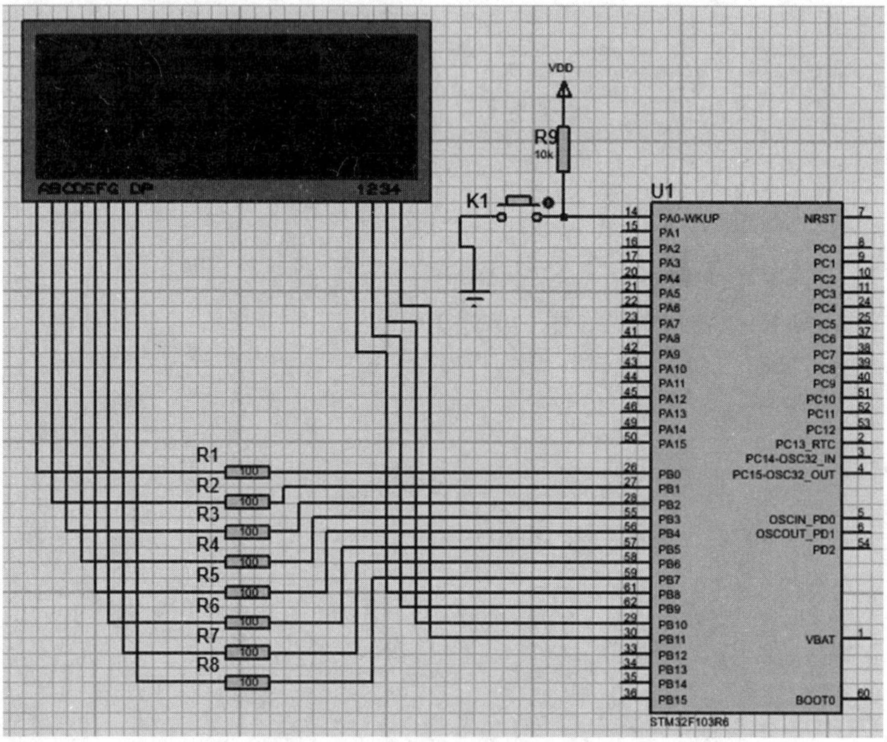

图3－2　电子秒表硬件仿真图

二、软件设计

复制标准库工程模板文件夹STM32Prj，改名为电子秒表，将项目2中任务2的四位数码管的驱动文件seg.c和头文件seg.h复制到HARD文件夹中，将按键的驱动文件key.c和头文件key.h也复制到HARD文件夹中。

1. 程序分析

根据任务要求，用一个变量记录秒表的当前值，为了提高秒表精度，可选择STM32系统滴答定时器，编程采用定时中断方式，定时时间为1ms，1 000次溢出中断正好满1s，让变量加1，同时将该变量转换为三位BCD码送到显示缓存，供显示程序显示。

本任务中用独立式按键按下的次数来设置模式，程序中设置一个变量，对按键动作进行计数，取值为1～3，分别对应启动、停止和清零，程序根据该变量的值进行相应的控制，主流程图如图3-3所示。

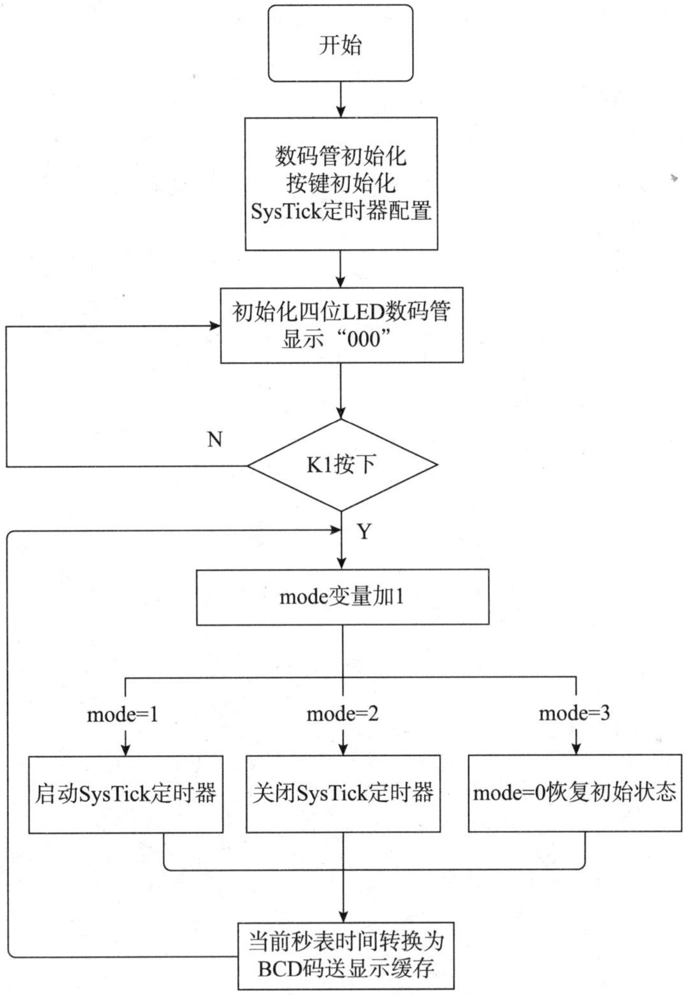

图3-3　电子秒表主流程图

2. 代码清单

main.c文件中的代码，主要包含主函数和滴答定时器中断函数。

```
int main(void)
{
    SEGLED_Init();
    BUTTON_Init();
    SysTick_Config( SystemCoreClock/1000);
    SysTick->CTRL &= ~ SysTick_CTRL_ENABLE_Msk;
    while(1)
    {
```

```
        if(BUTTON_Scan() == 1)//判断按键是否按下
        {
            mode++;           //按下模式加 1
        }
        switch(mode)          //根据模式值判断秒表启动、停止和清零
        {
        case 1: SysTick->CTRL| = SysTick_CTRL_ENABLE_Msk;//启动定时器
              break;
        case 2: SysTick->CTRL &= ~ SysTick_CTRL_ENABLE_Msk;//关闭定时器
              break;
        case 3: mode = 0;//秒表清零
              dbuf[1] = dbuf[2] = dbuf[3] = 0;
            sec = 0;
        }
        disp(dbuf);
    }
}
void SysTick_Handler(void)
{
    static u16 count = 0;
    count++;
    if(count == 1000)
    {
        count = 0;
        sec++;
        dbuf[1] = sec/100;
        dbuf[2] = sec%100/10;
        dbuf[3] = sec%10;
    }
}
```

3. 运行结果

在 Keil MDK 环境中生成.hex 文件，加载到 Proteus 中全速运行，当 K1 按键第一次按下时，秒表启动，开始计时，每隔 1ms，数码管显示加 1；第二次按下，计时停止；第三次按下，秒表清零。K1 按键秒表计数效果如图3-4所示。

二维码：滴答定时器电子秒表代码实现和运行结果

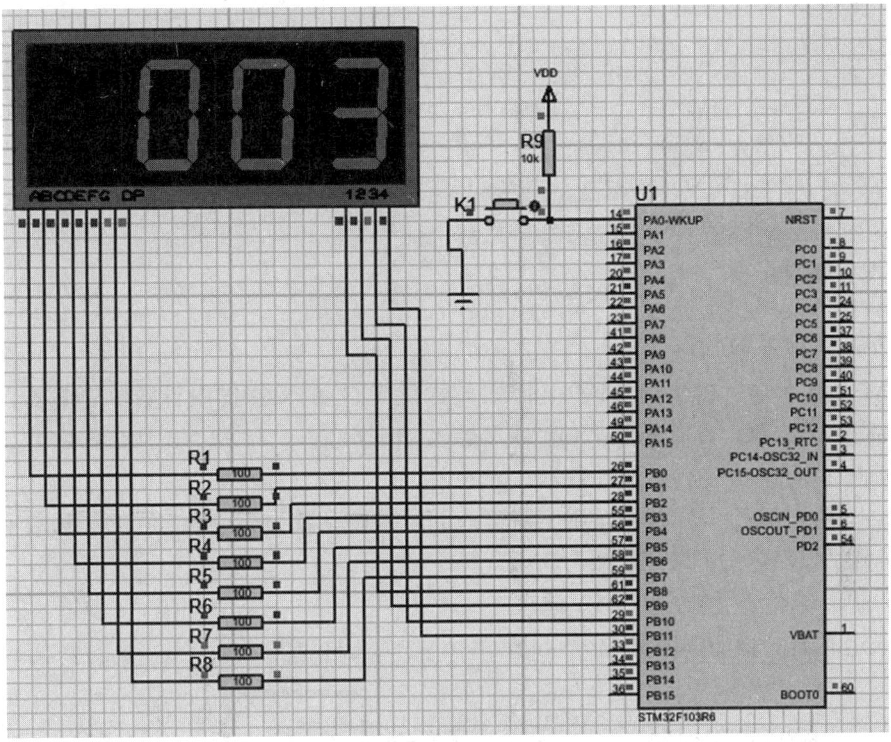

图 3-4　K1 按键秒表计数效果

任务 2　简易电子钟的设计

知识链接

一、STM32 定时器

在 STM32F1 系列中，除了互联型的微控制器，其他类型微控制器共有 8 个定时器，分为基本定时器、通用定时器和高级定时器。基本定时器 TIM6 和 TIM7 是 16 位的只能向上计数的定时器，只能用于定时，没有外部 I/O 口。通用定时器 TIM2、TIM3、TIM4 和 TIM5 是 16 位的可以向上、向下计数的定时器，既可以定时，也可以输出比较，输入捕捉，每个通用定时器都有 4 个外部 I/O 口。高级定时器 TIM1 和 TIM8 是 16 位的可以向上、向下计数的定时器，既可以定时，也可以输出比较，输入捕捉，同时还可以有三相电机互补输出信号，每个定时器有 8 个外部 I/O 口。定时器分类及主要功能见表 3-5。

表 3-5　定时器分类及主要功能

类型	编号	总线	功能
高级定时器	TIM1、TIM8	APB2	拥有通用定时器的全部功能，并额外具有重复计数、死区生成、互补输出、刹车输入等功能

续表

类型	编号	总线	功能
通用定时器	TIM2、TIM3、TIM4、TIM5	APB1	拥有基本定时器的全部功能，并额外具有内外时钟源选择、输入捕获、输出比较、编码器接口、主从触发模式等功能
基本定时器	TIM6、TIM7	APB1	拥有定时中断、主模式触发 DAC 的功能

二、基本定时器

1. 基本定时器的特性

STM32 基本定时器包括 TIM6 和 TIM7，是 16 位的只能向上计数的定时器，可以进行简单的定时/计数，没有外部 I/O。主要特性如下：

(1) 16 位自动重装载累加计数器。

(2) 16 位可编程预分频器，用于对输入的时钟按系数为 1～65 536 的任意数值分频。

(3) 触发 DAC 的同步电路。

(4) 更新事件产生中断/DMA 请求。

基本定时器的功能框图如图 3-5 所示。

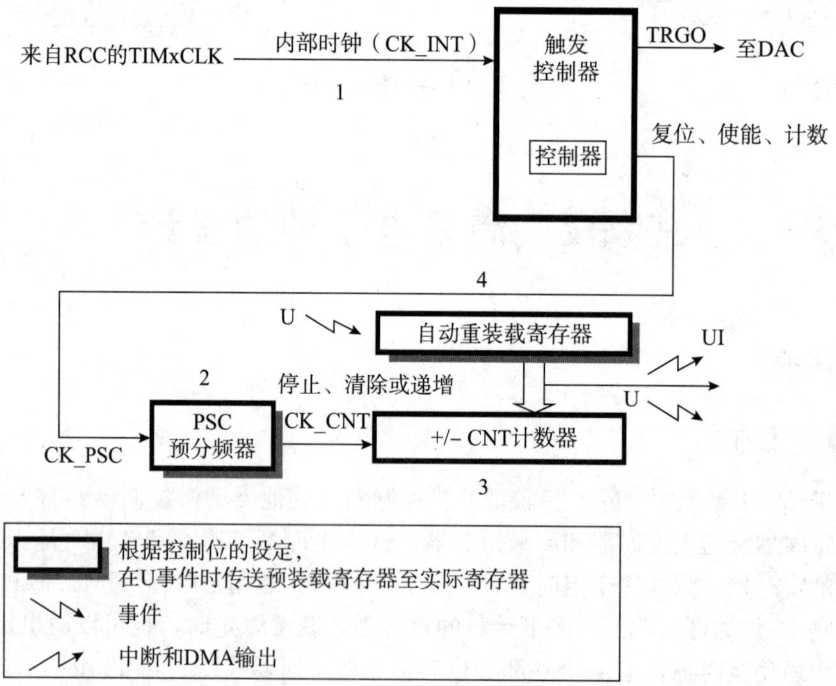

图 3-5　基本定时器的功能框图

2. 基本定时器的功能

基本定时器的核心是时基单元，不仅基本定时器有，通用定时器和高级定时器也有。学习定时器时，先从简单的基本定时器开始。

(1) 时钟源（功能框图标号 1）。

定时器时钟 TIMxCLK，即内部时钟 CK_INT，经 APB1 预分频器后分频提供，如果

APB1 预分频系数等于 1，则频率不变，否则频率乘以 2，标准库函数中 APB1 预分频的系数是 2，即 PCLK1＝36MHz，所以定时器时钟 TIMxCLK＝36×2＝72MHz。

（2）计数器时钟（功能框图标号 2）。

定时器时钟经过 PSC 预分频器之后，即 CK_CNT，用来驱动计数器计数。PSC 是一个 16 位的预分频器，可以对定时器时钟 TIMxCLK 按 1～65 536 的任意数值进行分频。具体计算方式为 CK_CNT＝TIMxCLK/(PSC＋1)。

（3）计数器（功能框图标号 3）。

计数器 CNT 是一个 16 位的计数器，只能往上计数，最大计数值为65 535。当计数达到自动重装载寄存器时产生更新事件，并清零从头开始计数。

（4）自动重装载寄存器（功能框图标号 4）。

自动重装载寄存器 ARR 是一个 16 位的寄存器，这里面装着计数器能计数的最大数值。当计数到这个值时，如果使能更新中断，则定时器产生溢出。

（5）定时时间的计算。

定时器的定时时间等于计数器的中断周期乘以中断的次数。计数器在 CK_CNT 的驱动下，计一个数的时间则是 CK_CLK 的倒数 1/(TIMxCLK/(PSC＋1))，产生一次中断的时间则等于 1/(CK_CLK×(ARR＋1))。由此可见，如果使用基本定时器进行延时，则延时时间可以由下式计算：

$$T(\text{定时时间})=\frac{(ARR+1)\times(PSC+1)}{TIMxCLK} \tag{3-1}$$

式中，ARR 为自动重装载值；PSC 为预分频系数；TIMxCLK 为时钟频率。

根据时钟源设置，TIMxCLK＝72MHz，自动重装载值 ARR 最大值为 65 535，预分频的系数 PSC 控制寄存器最大值为 65 535，则最大定时时间为 59.65s。

当发生一次更新事件时，所有寄存器会被更新并设置更新标志，传送预装载值（PSC 寄存器的内容）至预分频器的缓冲区，自动重装载寄存器被更新为预装载值 ARR。

实施案例

一、硬件电路设计

本任务是基于 STM32 微控制器的基本定时器功能设计的简易电子钟，显示端采用 8 位共阳极数码管，段选口通过 100Ω 限流电阻与 PB0～PB7 相连，位选口由 PB8～PB15 控制，在仿真软件中没有添加数码管驱动电路，但在实际的开发板设计中必须添加晶体管或者锁存器来驱动。控制端用 3 个独立式按键外接 10kΩ 的上拉电阻与 PA0、PA1、PA2 相连，简易电子钟硬件仿真图如图 3－6 所示。

二、软件设计

复制标准库工程模板文件夹 STM32Prj，改名为简易电子钟，将本项目任务 1 中的 4 位数码管的驱动文件 seg.c 和头文件 seg.h 复制到 HARD 文件夹中，并修改成 8 位共阳极数码管。将按键的驱动文件 key.c 和头文件 key.h 也复制到 HARD 文件夹中。新建定时

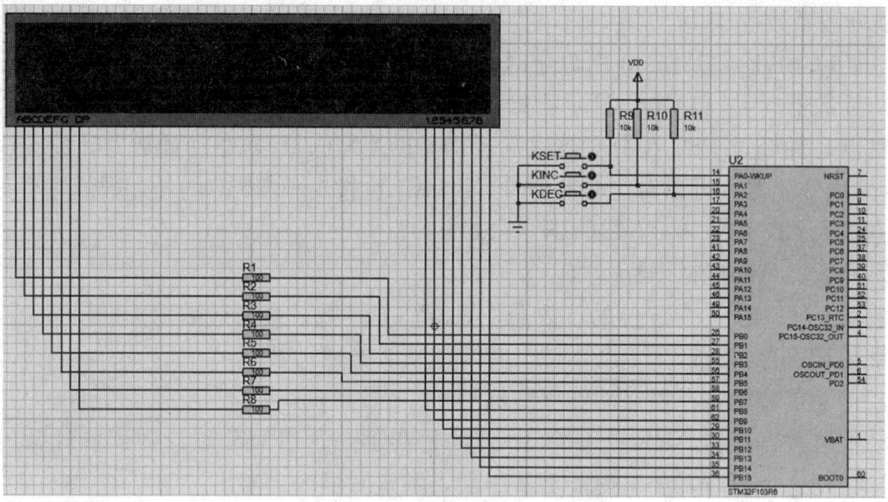

图 3-6　简易电子钟硬件仿真图

器驱动文件 timer. c 和头文件 timer. h，并添加到工程 SYS 组中。

1. 程序分析

根据任务要求，先完成 TIMx 定时器初始化，具体步骤如下：

（1）使能 TIMx 定时器所挂接的时钟。

（2）利用 TIM_TimeBaseInit() 函数对定时器进行初始化，此时需要指定自动重装载寄存器周期值和预分频寄存器的预分频系数。需要注意的是，自动重装载寄存器的值是自动重装周期值减 1，预分频寄存器的值是预分频系数减 1。

（3）设置中断优先级，配置定时器中断。

（4）开启中断接受使能：TIM_ITConfig(TIM3，TIM_IT_Update，ENABLE)；。

（5）使能 TIMx 外设：TIM_Cmd(TIM3，ENABLE)；。

（6）编写中断服务程序。

在软件设计中，可以将简易电子钟分为 4 种工作模式，用 mode 变量表示。当 mode 为 0 时电子钟处于正常工作模式，8 位 LED 显示器显示当前时间，系统上电后自动进入该模式。在正常工作模式下，用户按下 KSET 键则进入设置模式，mode 等于 1、2、3 时，用户通过 KINC、KDEC 键分别对当前时、分、秒进行设置，修改完成后再次按下 KSET 键，返回正常工作模式。在设置当前时间时应将定时器关闭，否则 LED 显示器上的显示值将被定时中断服务程序刷新。定时器中断服务程序流程图如图 3-7 所示。

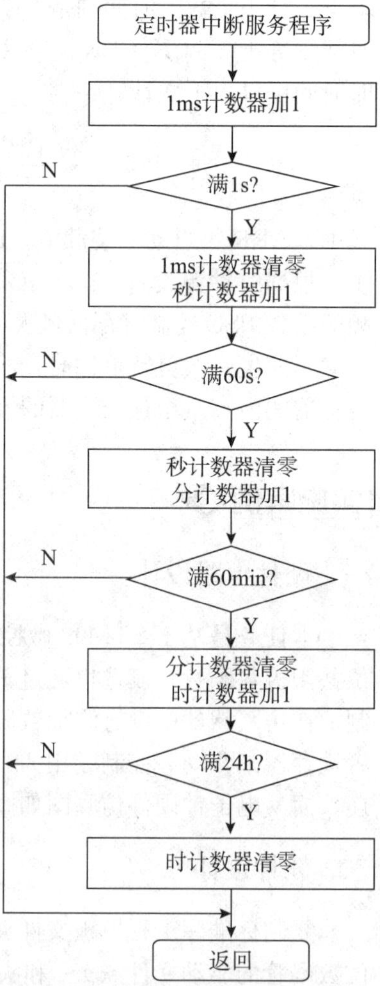

图 3-7　定时器中断服务程序流程图

在标准库头文件 stm32f10x_tim.h 中对定时器外设定义了 4 个初始化结构体，基本定时器只用到时基单元初始化结构体，即 TIM_TimeBaseInitTypeDef，具体成员定义如下：

```
typedef struct {
    uint16_t TIM_Prescaler;         // 预分频器
    uint16_t TIM_CounterMode; // 计数模式
    uint32_t TIM_Period;         // 定时器周期
    uint16_t TIM_ClockDivision; // 时钟分频
    uint8_t TIM_RepetitionCounter; // 重复计算器
    } TIM_TimeBaseInitTypeDef;
```

2. 代码清单

修改按键驱动源文件，初始化引脚添加 PA0、PA1、PA2，代码如下：

```
GPIO_InitStruct.GPIO_Pin = GPIO_Pin_0|GPIO_Pin_1|GPIO_Pin_2;
```

修改按键驱动头文件 key.h，代码如下：

```
#ifndef __KEY_H
#define __KEY_H
#include <STM32f10x.h>
#define KSET GPIO_ReadInputDataBit(GPIOA, GPIO_Pin_0)
#define KINC GPIO_ReadInputDataBit(GPIOA, GPIO_Pin_1)
#define KDEC GPIO_ReadInputDataBit(GPIOA, GPIO_Pin_2)
void BUTTON_Init(void);
#endif
```

使用 TIM3 定时器，驱动代码 timer.c 主要用于初始化定时器，配置 NVIC 中断控制器，具体代码如下：

```
#include <timer.h>
void TIMER3_Init(u16 arr,u16 psc)
{
    TIM_TimeBaseInitTypeDef TIM_TimeBaseInitStruct;
    NVIC_InitTypeDef NVIC_InitStructure;
    RCC_APB1PeriphClockCmd(RCC_APB1Periph_TIM3,ENABLE); //使能定时时钟
    TIM_InternalClockConfig(TIM3);//选择内部时钟
    TIM_TimeBaseInitStruct.TIM_Period = arr;  //设置重装载初始值
    TIM_TimeBaseInitStruct.TIM_Prescaler = psc ;//设置预分频系数
    TIM_TimeBaseInitStruct.TIM_CounterMode =  TIM_CounterMode_Up;//设置计数模
式为向上计数
    TIM_TimeBaseInitStruct.TIM_ClockDivision = TIM_CKD_DIV1;//设置系统时钟分
频系数为不分频
```

```
    TIM_TimeBaseInitStruct.TIM_RepetitionCounter = 0;//高级定时器才要设置
    TIM_TimeBaseInit(TIM3, &TIM_TimeBaseInitStruct);//写寄存器,使得参数设置
生效
    NVIC_PriorityGroupConfig(NVIC_PriorityGroup_2);//优先级分组
    NVIC_InitStructure.NVIC_IRQChannel = TIM3_IRQn ; //中断
    NVIC_InitStructure.NVIC_IRQChannelCmd = ENABLE;// IRQ 通道使能
    NVIC_InitStructure.NVIC_IRQChannelPreemptionPriority =1; ;// 抢占式优先级
为 2
    NVIC_InitStructure.NVIC_IRQChannelSubPriority=3; //响应式优先级为 2
    NVIC_Init(&NVIC_InitStructure); //根据上面指定的参数初始化 NVIC 寄存器
    TIM_ITConfig(TIM3,TIM_IT_Update, ENABLE);//开启中断
    TIM_Cmd(TIM3, ENABLE);//使能 TIM3
}
```

TIM3 定时器头文件 timer. h，代码如下：

```
#ifndef __TIMER_H
#define __TIMER_H
#include <STM32f10x.h>
void TIMER3_Init(u16 arr,u16 psc);
#endif
```

main. c 文件中的代码，主要包含主函数和串口接收中断函数。

```
#include <stm32f10x.h>
#include "seg.h"
#include "key.h"
#include "timer.h"
u8 dbuf[] = {0,0,18,0,0,18,0,0};
int8_t hour=12,min=59,sec = 58;
u8 mode = 0;
void setTime(void);
void hexBcd(void);
int main(void)
{
    SEGLED_Init();
    BUTTON_Init();
    TIMER3_Init(1999,3999);//系统时钟频率改成 8MHz,定时时间 1s
    while(1)
    {
```

```
        if(KSET = = 0)
        {
            while(KSET = = 0);
            mode + + ;
            if(mode = = 4)   mode = 0;
        }
        setTime();
        hexBcd();
    }
}
void hexBcd(void)
{
    dbuf[0] = hour/10,dbuf[1] = hour % 10;
    dbuf[3] = min/10, dbuf[4] = min % 10;
    dbuf[6] = sec/10,dbuf[7] = sec % 10;
    disp(dbuf);
}
void setTime(void)
{
    switch(mode)
    {
            case 0:TIM_Cmd(TIM3, ENABLE);break;
            case 1:TIM_Cmd(TIM3, DISABLE);
                if(KINC = = 0)
                {
                    while(KINC = = 0);
                    sec + + ;
                    if(sec> = 60) sec = 0;
                }else if(KDEC = = 0)
                {
                    while(KDEC = = 0);
                    sec - - ;
                    if(sec<0) sec = 59;
                } break;
            case 2:
                if(KINC = = 0)
                {
                    while(KINC = = 0);
```

```
                min++;
                if(min>=60)min=0;
            }else if(KDEC==0)
            {
                        while(KDEC==0);
                        min--;
                        if(min<0)min=59;
            }break;
        case 3:
            if(KINC==0)
            {
                while(KINC==0);
                hour++;
                if(hour>=24)hour=0;

            }else if(KDEC==0)
            {
                  while(KDEC==0);
                  hour--;
                  if(hour<0)sec=23;
            }break;
        }
}
void TIM3_IRQHandler()
{
    if(TIM_GetITStatus(TIM3, TIM_IT_Update)==SET)
    {
        TIM_ClearITPendingBit(TIM3, TIM_IT_Update);
        sec++;
        if(sec>=60)
        {
            sec=0;
            min++;
            if(min>=60)
            {
                min=0;
                hour++;
                if(hour>=24)
                {
```

```
                        hour = 0;
                    }
                }
            }
        }
}
```

3. 运行结果

在Keil MDK环境中生成.hex文件，加载到Proteus中全速运行，8位共阳极数码管显示时-分-秒，秒位每隔1s自动加1，运行效果如图3-8所示。

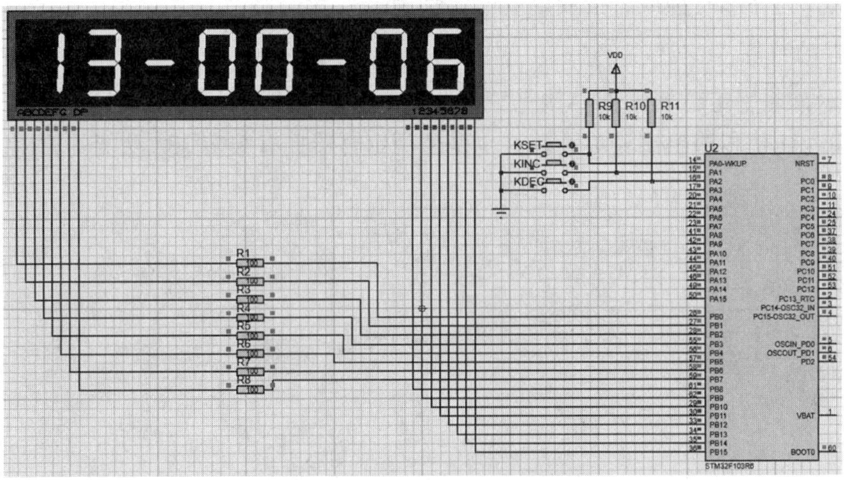

图3-8 简易电子钟运行效果

二维码：简易电子钟代码实现和运行结果

任务3 PWM呼吸灯的设计

知识链接

一、通用定时器

STM32的通用定时器（TIM2、TIM3、TIM4和TIM5）是通过可编程预分频器驱动的16位自动装载计数器，可用于测量输入信号的脉冲长度（输入捕获）或产生输出波形（输出比较和PWM）。使用预分频器PSC和时钟控制器RCC，脉冲长度和波形周期可以在几微秒到几毫秒间调整。4个通用定时器都是完全独立的，没有彼此共享任何资源，但可以一起同步工作。

1. 通用定时器的特性

通用定时器的主要特性如下：

(1) 16 位向上、向下、向上/向下自动装载计数器。

(2) 16 位可编程（可以实时修改）预分频器，计数器时钟频率的分频系数为 1～65 536 中的任意数值。

(3) 4 个独立通道：输入捕获、输出比较、PWM 生成（边缘或中间对齐模式）、单脉冲模式输出。

(4) 使用外部信号控制定时器和定时器互连的同步电路。

(5) 如下事件发生时产生中断/DMA：①更新，计数器向上溢出/向下溢出，计数器初始化（通过软件或者内部/外部触发）；②触发事件（计数器启动、停止、初始化或者由内部/外部触发计数）；③输入捕获；④输出比较。

(6) 支持针对定位的增量（正交）编码器和霍尔传感器电路。

(7) 触发输入作为外部时钟或者按周期的电流管理。

2. 通用定时器的功能

如图 3－9 所示，通用定时器内部结构远比基本定时器复杂得多，其中最显著的地方就是增加了 4 路输入捕获和输出比较单元，这也是通用定时器拥有很多强大功能的原因。

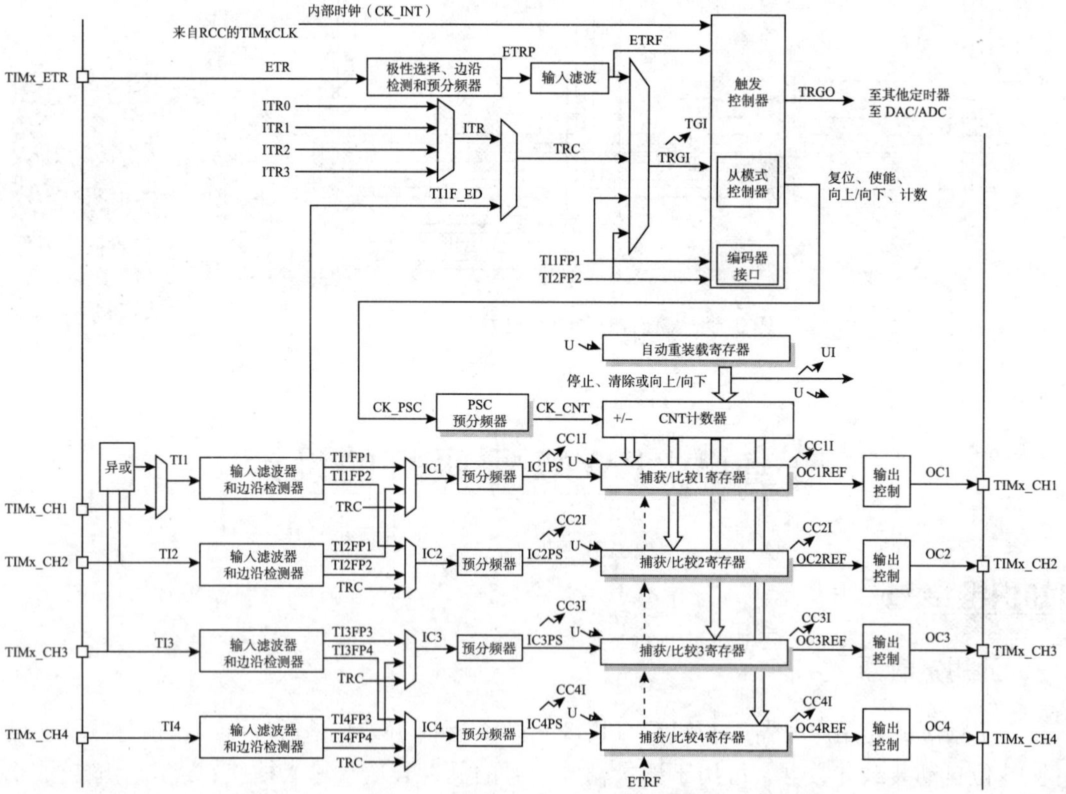

注：Reg 根据控制位的设定，在U事件时传送预加载寄存器的内容至工作寄存器

事件

中断和DMA输出

图 3－9　通用定时器功能框图

（1）时钟源选择。

和基本定时器单一的内部时钟源相比，STM32 通用定时器的 16 位计数器的时钟源有多种选择，具体包括内部时钟源（CK _ INT）、外部输入捕获引脚 TIx（外部时钟源模式 1）、外部触发输入引脚 ETR（外部时钟源模式 2）和内部触发器输入 ITRx。

（2）时基单元。

通用定时器的时基单元和基本定时器类似，但通用定时器的计数模式有 3 种，可以向上计数、向下计数或者向上、向下双向计数。TIM2 和 TIM5 的计数器是 32 位的。

如图 3－10（a）所示，来一个计数脉冲，计数器的值加 1。当计数器值与自动重装载寄存器的设定值相等时，计数器的值就会被自动清零并且生成更新事件，然后下一个脉冲到来，计数器的值就会递增加 1，如此循环。

如图 3－10（b）所示，来一个计数脉冲，计数器的值减 1，直到计数器寄存器的值减到 0，定时器溢出。由于是递减计数，故而称为定时器下溢，定时器溢出就会伴随着更新事件的发生。

如图 3－10（c）所示，计数器先从 0 开始递增计数，直到计数器的值等于自动重装载寄存器影子寄存器的值减 1 时，定时器上溢，同时生成更新事件，然后从自动重装载寄存器影子寄存器的值开始递减计算，直到计数值等于 1 时，定时器下溢，同时生成更新事件，然后又从 0 开始递增计数，依此循环。

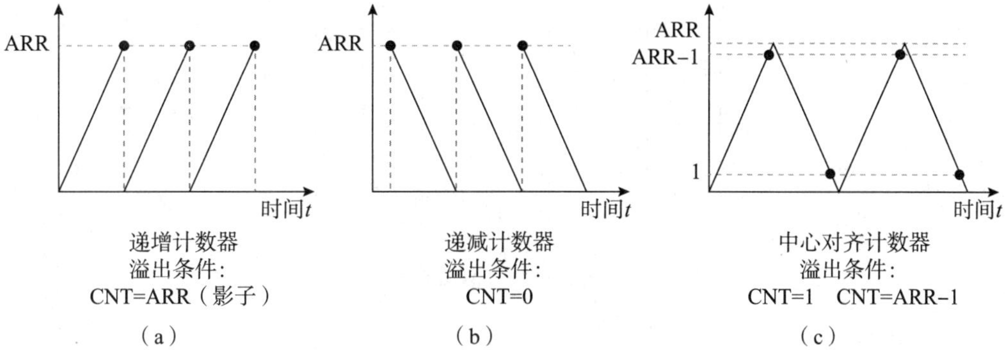

图 3－10　通用定时器的 3 种计数模式

（3）输入捕获单元。

通用定时器的输入捕获有 4 个通道 CH1～CH4，它们是可以独立工作的，I/O 端通过复用工作模式与入口相连，将需要检测的信号输入对应的 I/O 端口，输入捕获部分可以对信号的上升沿、下降沿和双边沿进行捕获。具体工作原理如图 3－11 所示。当通道有信号输入，选择边沿检测方式（上升、下降、双边沿检测极性）进行计数，将输入捕获映射至选择器，捕获经过分频器后的信号锁存到相应的捕获比较寄存器中，最后通过捕获比较寄存器的差值计算信号高低电平的时间。

（4）输出比较单元。

OC（Output Compare）输出比较，通过比较 CNT 与 CCR 寄存器值的关系，来对输出电平进行置 1、置 0 或翻转的操作，用于输出一定频率和占空比的 PWM 波形。每个高级定时器和通用定时器都拥有 4 个输出比较通道。

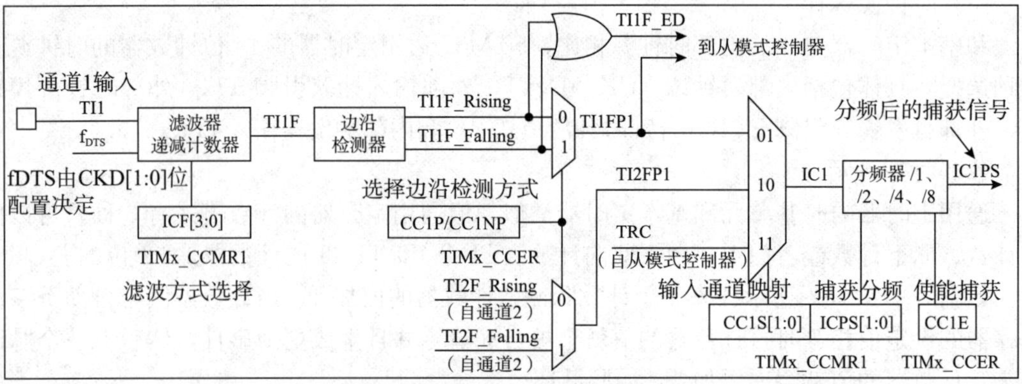

图 3-11　输入捕获信号工作原理

二、PWM 认知

PWM（Pulse Width Modulation）是指脉冲宽度调制，简称脉宽调制。如图 3-12 所示，它是利用微控制器的数字输出对模拟电路进行控制的一种非常有效的技术，具有控制简单、灵活和动态响应好等优点。在具有惯性的系统中，可以通过对一系列脉冲的宽度进行调制，来等效地获得所需要的模拟参量，常应用于电动机控速等领域。

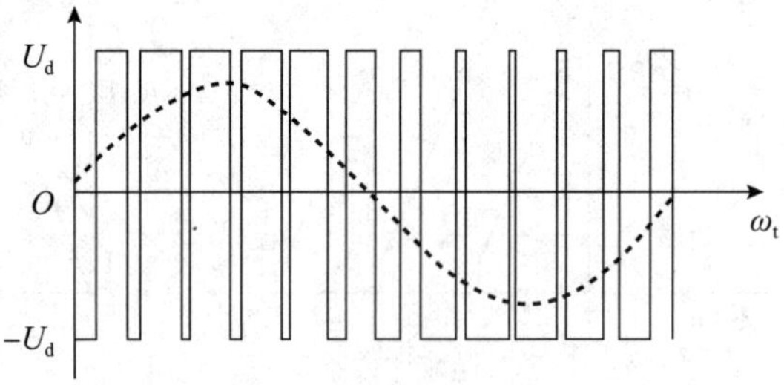

图 3-12　PWM 图

1. PWM 参数

PWM 信号的主要计数指标有频率、占空比和分辨率，下面分别介绍。

(1) PWM 频率。

PWM 信号的周期用其持续的时钟周期个数来度量，如图 3-13 所示。T_s 代表一个高低电平变换的时间，时间的倒数就是频率。PWM 的频率越快，等效模拟的信号就越平稳，同时性能的开销就越大，PWM 的频率一般为 10～100kHz。

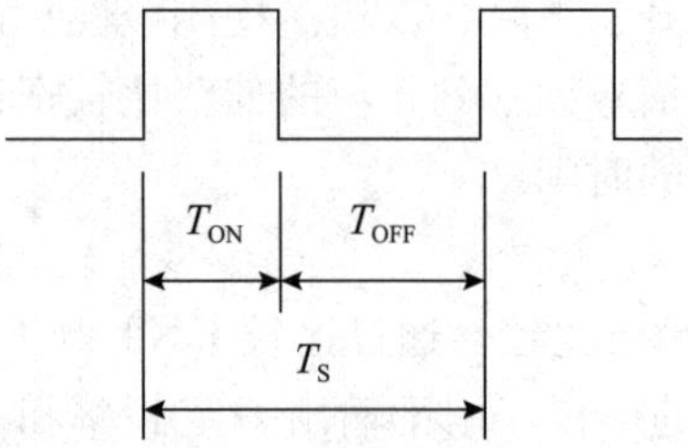

图 3-13　PWM 周期

（2）PWM 占空比。

PWM 占空比被定义为 PWM 信号处于有效电平的时钟周期数与整个 PWM 周期内的时钟周期之比，用百分比表示。PWM 的高电平为 T_{ON}，表示有效电平，占空比 $=T_{ON}/T_s$。占空比越大，等效的模拟电压越趋近于高电平；反之占空比越小，等效的模拟电压越趋近于低电平。比如高电平电压是 5V，低电平电压是 0V，那 50%的占空比等效电压就是 2.5V，20%的占空比等效电压就是 1V。

（3）PWM 分辨率。

PWM 分辨率是指脉冲宽度的最小时间增量，它是占空比变化的步距。如果占空比以 1%的步距跳变，那分辨率就是 1%。

使用 PWM 波形等效输出模拟量，就可以控制 LED 的亮度、电动机的运动速度。

2. PWM 实现

目前，在运动控制系统或电动机控制系统中实现 PWM 的方法主要有传统的数字电路、微控制器普通 I/O 模拟和微控制器的 PWM 直接输出等。

传统的数字电路方式：用传统的数字电路实现 PWM（如 555 定时器），电路设计较复杂，体积大，抗干扰能力差，系统的研发周期较长。

微控制器普通 I/O 模拟方式：对于微控制器中无 PWM 输出功能的情况（如 51 微控制器），可以通过 CPU 操控普通 I/O 口来实现 PWM 输出。但这样实现 PWM 将消耗大量的时间，大大降低 CPU 的效率，而且得到的 PWM 信号精度不太高。

微控制器的 PWM 直接输出方式：对于具有 PWM 输出功能的微控制器，在进行简单的配置后即可在微控制器的指定引脚上输出 PWM 脉冲。这也是目前使用最多的 PWM 实现方式。STM32 就是这样一款具有 PWM 输出功能的微控制器，除了基本定时器 TIM6 和 TIM7。其他的定时器都可以用来产生 PWM 输出。通用定时器能同时产生多达 4 路的 PWM 输出，STM32 最多可以同时产生 30 路 PWM 输出。

3. PWM 的操作

STM32 的 PWM 模式分为 PWM1 和 PWM2，主要区别见表 3－6。下面具体介绍 PWM1 模式，根据计数器 CNT 计数的方向不同还分为边沿对齐模式和中心对齐模式。PWM 信号主要用来控制电动机，一般的电动机控制采用的都是边沿对齐模式。

表 3－6　PWM 模式比较

模式	计数器 CNT 的模式	输出状态说明
PWM1	递增	CNT<CCR，通道 CH 输出有效电平，否则为无效电平
	递减	CNT>CCR，通道 CH 输出无效电平，否则为有效电平
PWM2	递增	CNT<CCR，通道 CH 输出无效电平，否则为有效电平
	递减	CNT>CCR，通道 CH 输出有效电平，否则为无效电平

通用定时器 PWM 操作过程以向上计数为例，如图 3－14 所示。

配置脉冲计数器 TIMx_CNT 为向上计数模式，自动重装载寄存器 TIMx_ARR 的预设值为 N，则脉冲计数器 TIMx_CNT 的当前计数值 X 在时钟 CK_CNT 的驱动下从 0 开始不断累加计数。

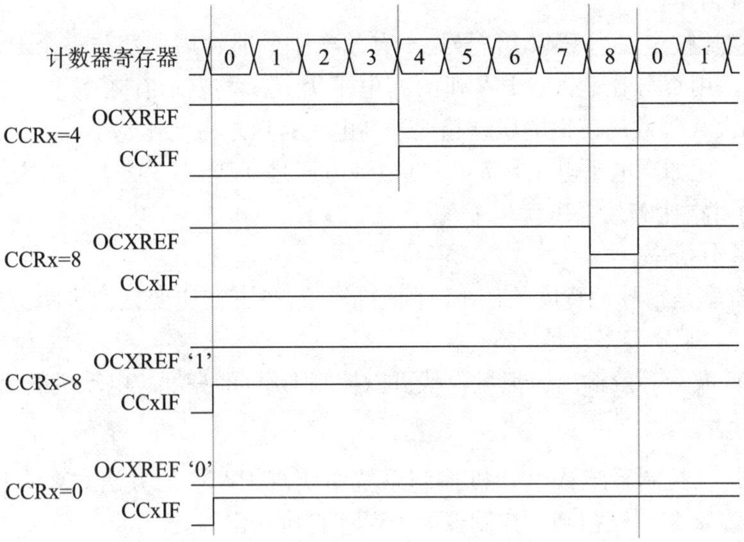

图 3-14　向上计数模式 PWM 输出时序图

在脉冲计数器 TIMx_CNT 随着时钟 CK_CNT 触发进行累加计数的同时，脉冲计数 TIMx_CNT 的当前计数值 X 与捕获/比较寄存器 TIMx_CCR 的预设值 A 进行比较，如果 X＜A，则输出高电平（或低电平）；如果 X≥A，则输出低电平（或高电平）。

当脉冲计数器 TIMx_CNT 的计数值 X 大于自动重装载寄存器 TIMx_ARR 的预设值 N 时，脉冲计数器 TIMx_CNT 的计数值清零并重新开始计数。如此循环往复，得到的 PWM 的输出信号周期为（N＋1）×TCK_CNT，其中 N 为自动重装载寄存器 TIMx_ARR 的预设值，TCK_CNT 为时钟 CK_CNT 的周期。PWM 输出信号脉冲宽度为 A×TCK_CNT，其中 A 为捕获/比较寄存器 TIMx_CCR 的预设值，TCK_CNT 为时钟 CK_CNT 的周期。PWM 输出信号的占空比为 A/(N＋1)。

三、STM32 通用定时器的 I/O 引脚

通用定时器在基本定时器的基础上引入了外部引脚，可以实现输入捕获和输出比较功能，这些功能都需要复用 GPIO 与外部电路连接，STM32 通用定时器的 I/O 引脚分配见表 3-7。为了使不同封装微控制器芯片的外设 I/O 功能达到最优，可以通过软件配置相应的寄存器，把一些复用功能重映射到其他引脚上。需要注意的是，有的封装是不支持重映射的，具体可参考手册《STM32F103x8B_DS_CH_V10》P16～P20。

表 3-7　STM32 通用定时器的 I/O 引脚分配

通用定时器	复用功能	没有重映射	部分重映射		完全重映射
TIM2	TIM2_CH1_ETR	PA0	PA15	PA0	PA15
	TIM2_CH2	PA1	PB3	PA1	PB3
	TIM2_CH3	PA2		PB10	
	TIM2_CH4	PA3		PB11	

续表

通用定时器	复用功能	没有重映射	部分重映射	完全重映射
TIM3	TIM3_CH1	PA6	PB4	PC6
	TIM3_CH2	PA7	PB5	PC7
	TIM3_CH3	PB0		PC8
	TIM3_CH4	PB1		PC9
TIM4	TIM4_CH1	PB6	—	PD12
	TIM4_CH2	PB7	—	PD13
	TIM4_CH3	PB8	—	PD14
	TIM4_CH4	PB9	—	PD15
TIM5	TIM5_CH1	PA0		
	TIM5_CH2	PA1		
	TIM5_CH3	PA2		
	TIM5_CH4	PA3		

实施案例

一、硬件电路设计

本任务是基于 STM32 微控制器的 TIM2 定时器通道 2，通过修改 PWM 的占空比，达到 LED 呼吸灯效果，LED 呼吸灯硬件仿真图如图 3 - 15 所示。

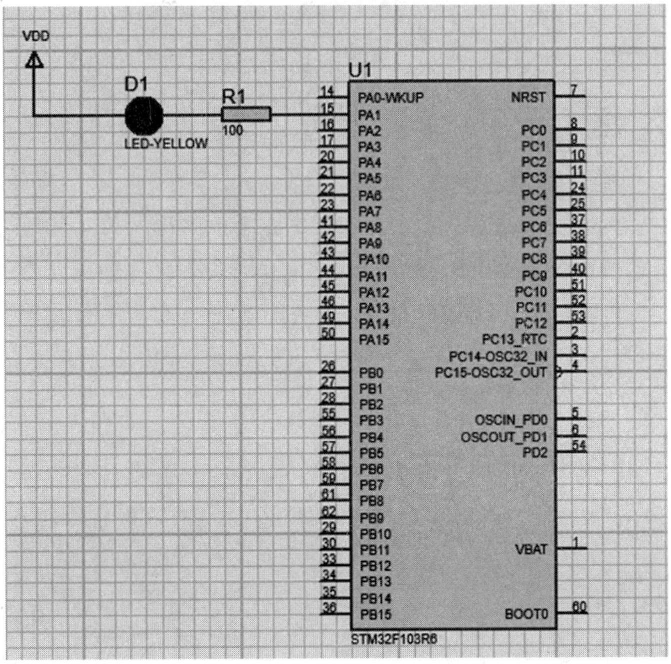

图 3 - 15　LED 呼吸灯硬件仿真图

二、软件设计

复制标准库工程模板文件夹 STM32Prj，改名为 PWM 呼吸灯。新建 PWM 驱动文件 pwm.c 和头文件 pwm.h，并添加到工程 SYS 组中。

1. 程序分析

根据任务要求，通用定时器具有 PWM 工作模式，要控制 LED 达到呼吸效果，实际上就是要控制 LED 的亮度拟合呼吸特性曲线。吸气时 LED 灯逐渐变亮，呼气时 LED 灯逐渐变暗，PWM 工作模式正好可以实现脉冲宽度的调制，达到呼吸效果。根据 PWM 基本结构图，完成每部分的初始化，PWM 输出配置步骤如下：

(1) RCC 开启时钟，打开要用的 TIM 外设和 GPIO 外设的时钟。

(2) 配置时基单元，选择时钟源。

(3) 配置输出比较单元，包括 CCR 的值、输出比较模式、极性选择、输出使能等(库函数也用结构体统一配置)。

(4) 配置 GPIO，把 PWM 对应的 GPIO 口初始化为复用推挽输出的配置，对应关系可参考引脚定义表。

(5) 启动计数器就可以输出 PWM 波。

在标准库头文件 stm32f10x_tim.h 中对定时器外设定义了 4 个初始化结构体，这里的定时器输出比较结构体 TIM_OCInitTypeDef 用于输出比较模式，与 TIM_OCxInit 函数配合可以完成指定定时器输出通道的初始化配置，具体成员定义如下：

```
typedef struct
{
        uint16_t TIM_OCMode;            //比较输出模式
        uint16_t TIM_OutputState;       //比较输出使能
        uint16_t TIM_OutputNState;      //比较互补输出使能
        uint16_t TIM_Pulse;             //脉冲宽度
        uint16_t TIM_OCPolarity;        //输出极性
        uint16_t TIM_OCNPolarity;       //互补输出极性
        uint16_t TIM_OCIdleState;       //空闲状态下比较输出状态
        uint16_t TIM_OCNIdleState;      //空闲状态下比较互补输出状态
} TIM_OCInitTypeDef;
```

2. 代码清单

驱动头文件 pwm.h 中的代码如下：

```
#ifndef __PWM_H
#define __PWM_H
#include <stm32f10x.h>
void PWM_Init(void);
#endif
```

驱动源文件 pwm.c 中的代码如下：

```
#include "pwm.h"
void PWM_Init(void)
{
    //使用 APB1 的开启时钟函数，因为 TIM2 为 APB1 总线的外设
    RCC_APB1PeriphClockCmd(RCC_APB1Periph_TIM2,ENABLE );
    TIM_InternalClockConfig(TIM2);//选择内部时钟
    TIM_TimeBaseInitTypeDef TIM_TimeBaseInitStruct;
    TIM_TimeBaseInitStruct.TIM_Prescaler = 719 ;  //PSC 预分频器的值
    TIM_TimeBaseInitStruct.TIM_CounterMode =  TIM_CounterMode_Up;
    TIM_TimeBaseInitStruct.TIM_Period = 99;       //ARR 自动重装器的值
    TIM_TimeBaseInitStruct.TIM_ClockDivision = TIM_CKD_DIV1;
    TIM_TimeBaseInitStruct.TIM_RepetitionCounter = 0;
    TIM_TimeBaseInit(TIM2, &TIM_TimeBaseInitStruct);
    TIM_OCInitTypeDef TIM_OCInitStructure;
    TIM_OCStructInit(&TIM_OCInitStructure);       //给结构体赋初始值
    TIM_OCInitStructure.TIM_OCMode = TIM_OCMode_PWM1;//Timing 冻结模式、Active
相等时置有效电平、Inactive 相等时置无效电平、Togg 相等时电平翻转、PWM1、PWM2
    TIM_OCInitStructure.TIM_OCNPolarity= TIM_OCNPolarity_High;
    TIM_OCInitStructure.TIM_OutputState= TIM_OutputState_Enable;
    TIM_OCInitStructure.TIM_Pulse= 0;//CCR 寄存器的值，与上 ARR 和 PSC 值共同决
定 PWM 的周期和占空比，此处为 1kHz，占空比待定
    TIM_OC2Init(TIM2,&TIM_OCInitStructure);//定时器 TIM2 的通道 2
//GPIO 配置，需要参照引脚定义表，I/O 口默认复用功能、重映射位置，哪个对应哪个引脚
是固定的
    RCC_APB2PeriphClockCmd(RCC_APB2Periph_GPIOA, ENABLE);//使能 PA 口时钟
    GPIO_InitTypeDef GPIO_InitStructure;
/*复用开漏/推挽输出模式，因为对于普通的开漏/推挽输出引脚的控制权来自输出数据
寄存器，如果想用定时器控制引脚需要使用复用开漏/推挽输出模式，这里输出数据寄存
器是断开的，控制移交给片上外设*/
    GPIO_InitStructure.GPIO_Mode = GPIO_Mode_AF_PP;
    GPIO_InitStructure.GPIO_Pin = GPIO_Pin_1;
    GPIO_InitStructure.GPIO_Speed = GPIO_Speed_50MHz;
    GPIO_Init(GPIOA, &GPIO_InitStructure);
    TIM_Cmd(TIM2,ENABLE);//启动定时器，PWM 通过 PA1 输出
}
```

main.c 文件中的代码如下：

```
#include <stm32f10x.h>
#include "delay.h"
#include "pwm.h"
int main(void)
{
    u8 i；
    PWM_Init()；//PWM 初始化
    while(1)
    {
        for(i=0;i<100;i++)
        {
            TIM_SetCompare2(TIM2，i)；
            SysTick_Delay_ms(10)；
        }
        for(i=0;i<100;i++)
        {
            TIM_SetCompare2(TIM2，100-i)；
            SysTick_Delay_ms(10)；
        }
    }
}
```

项目小结

二维码：PWM呼吸灯代码实现和运行结果

本项目以电子秒表设计入手，让学生了解 STM32 的滴答定时器，这是内核的一个外设，与 NVIC 紧密结合，具有简单易用、精度较高的特点。

本项目还讲述了 STM32 的常规定时器，让学生了解不同类型定时器的功能和特点。在实际开发中，学生能够根据具体需求，合理选用定时器，实现精确的定时、计数、输入捕获、输出比较和 PWM 输出等功能。

思考与练习

1. SysTick 定时器位于 Cortex-M3 内核的什么位置？简述其工作过程。
2. STM32 定时器的类型有哪几种？不同的定时器有什么区别？
3. STM32 定时器的计数模式有哪 3 种？简述这 3 种计数模式的工作过程。
4. 什么是 PWM？简述使用标准库函数配置 PWM 的步骤。

项目 4

银行 ATM 机密码键盘的设计

项目导读

密码键盘在金融业、商业等领域的应用非常广泛，本项目将讲解如何设计一个基于 STM32 的密码键盘。

同学们可通过任务 1 了解串行通信的基本概念，完成基于 STM32 串口的通信；在任务 2 中进一步学习通过 STM32 串口接收信息，熟练掌握串口中断编程方式；在任务 3 中学习行列式键盘扫描和 RT1602 液晶显示，完成 ATM 密码键盘的设计。

学习目标

知识目标：

- 掌握串口通信的基本概念，如波特率、数据位、停止位等。了解串口通信的数据传输方式和协议。
- 了解 STM32 的 USART 的结构、功能以及特点。
- 掌握行列式键盘扫描的原理，以及 RT1602 液晶模块与 STM32 的连接方式。

技能目标：

- 能利用 USART 底层驱动构件的头文件进行 USART 通信的应用层程序设计；能通过 PC 机串口调试软件进行 USART 通信调试。
- 能根据行列式键盘扫描的原理，编写键盘底层驱动构件；能熟练使用液晶模块 RT1602 驱动构件。
- 面对通信故障，能够运用工具（如逻辑分析仪、示波器等）进行问题排查。

素养目标：

- 培养实验精神和创新意识，不断探索新的技术和方法。
- 培养工程项目的管理能力，有效管理学习资源。
- 培养团队协作能力。

任务1　串口发送字符串的设计

知识链接

一、数据通信的相关概念

1. 数据通信

计算机 CPU 与外部设备之间，计算机与计算机之间的信息交换称为数据通信。一般情况下，设备之间的通信方式可以分成并行通信和串行通信两种。

(1) 并行通信：所传送数据的各位同时进行发送或接收。如图 4－1（a）所示，并行方式传送 1 字节（假设是 8 位的二进制 01010101B）时，需要 8 条数据线，D0～D7 是同时进行传送的。这种方式的特点是通信速度快，但传送线多，价格较贵，适合近距离传送。

(2) 串行通信：所传送数据的各位按顺序一位一位地发送和接收。如图 4－1（b）所示，同样的数据进行串行通信，只需要一根数据线。最初传递的是 D0 位，然后 D1、D2、…，最后传递 D7 位。这种方式的特点是传送速度慢，但由于数据传送线少、线路结构简单、抗干扰能力强，因此特别适用于远距离通信。

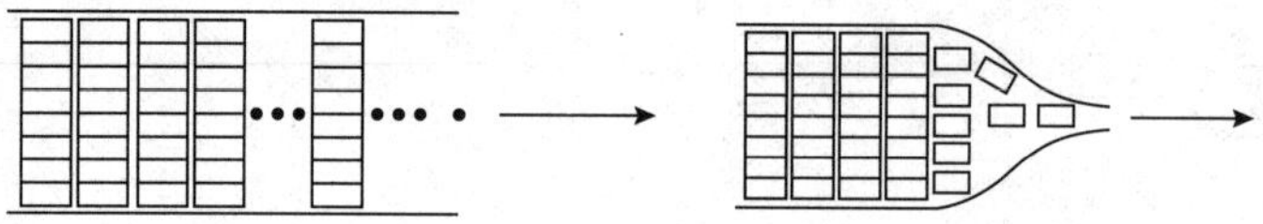

（a）并行通信　　（b）串行通信

图 4－1　两种数据通信方式

2. 同步串行通信和异步串行通信

串行通信可以分为同步串行通信和异步串行通信。

(1) 同步串行通信。

如图 4－2 所示，在同步串行通信中，发送器和接收器是由一个时钟控制，发送方在时钟的控制下逐位发送数据，接收方在时钟的控制下逐位接收数据，由此实现收、发双方的严格同步；发送端在发送数据之前，首先发送 1～2 字节的同步字符，接收方一旦检测到规定的同步字符就开始接收，发送方接着连续按顺序传送 n 字节的数据。当 n 字节的数据发送完毕，发送校验码，比如 SPI、IIC 通信接口。

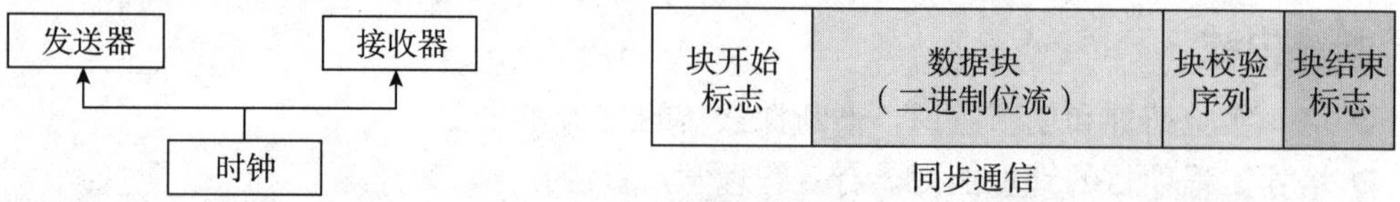

图 4－2　同步串行通信

（2）异步串行通信。

如图4－3所示，数据或者字符是一帧一帧地传送的，一帧数据由1位低电平的起始位、5～8位数据位，1位奇偶校验位，1～2位高电平的停止位组成。比如UART（通用异步收发器），单总线。

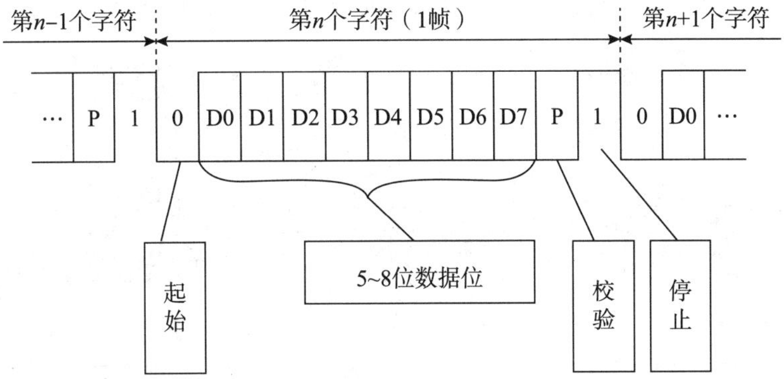

图4－3 异步串行通信数据格式

①起始位：在通信线上没有数据传送时处于逻辑“1”状态，当发送器要发送一帧数据时，首先发出一个逻辑“0”信号，这个逻辑低电平就是起始位。起始位通过通信线传给接收器，当接收器检测到这个逻辑低电平后，就开始准备接收数据位信号。因此起始位表示一帧数据传送的开始。

②数据位：紧跟在起始位后的是数据位。数据位的位数可以是5、6、7、8位，传送时低位在先，高位在后。

③奇偶校验位：串行通信用于远距离数据传送时，受到的干扰较大，为了保证数据传送的可靠性，可在每帧数据的数据位后，加上奇偶校验位。奇校验：发送字符中（包括校验位）含“1”的个数为奇数。偶校验：发送字符中（包括校验位）含“1”的个数为偶数。

④停止位：是一帧数据的结束标志，跟在奇偶校验位或数据位（无奇偶校验位时）之后，可以是1位、1.5位、2位。

在异步通信中，数据按图4－3所示的格式一帧接一帧传送。在发送的间隙，即空闲时，通信线路总是处于逻辑“1”（高电平）状态，每个数据帧的传送均以“0”（低电平）开始。

异步串行通信的线路比较简单，但是每帧中的位数比较少，而且还要有起始位、停止位等用于同步的位，所以传送的效率不高，速度比较慢。而同步方式在数据传送时省去了起始位和停止位，一帧可以连续传送若干字节，所以其速度要高于异步传送，但对硬件结构要求较高，同步通信双方的时钟允许误差小，时钟稍稍出错就可能导致数据错乱，异步通信双方的时钟允许误差较大。

3. 串行通信的制式

串行通信按照数据传送方向可以分为三种制式：单工通信、半双工通信和全双工通信。

（1）单工通信：数据传输只支持数据在一个方向上传送，如图4－4（a）所示。

(2) 半双工通信：允许数据在两个方向上传送。但是，在某一时刻，只允许数据在一个方向上传送，它实际上是一种切换方向的单工通信；它不需要独立的接收端和发送端，两者可以合并使用一个端口，如图 4－4（b）所示。

(3) 全双工通信：允许数据同时在两个方向上传送。因此，全双工通信是两个单工通信方式的结合，需要独立的接收端和发送端，如图 4－4（c）所示。

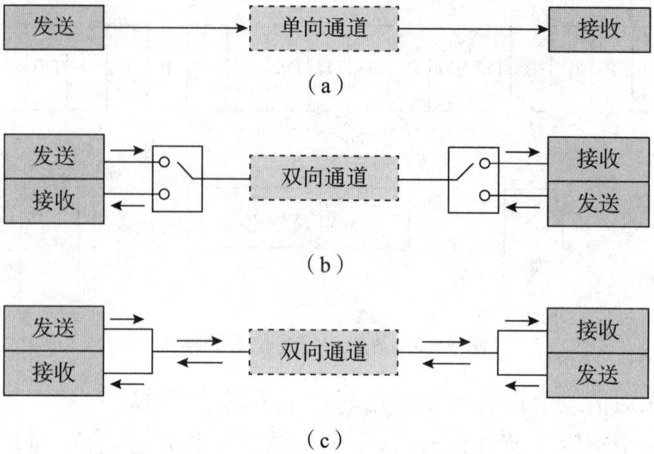

图 4－4　通信方向

常见的串行通信见表 4－1。表中列出了不同的通信标准的引脚说明、通信方式和通信方向。

表 4－1　常见的串行通信

通信标准	引脚说明	通信方式	通信方向
UART (通用异步收发器)	TXD：发送端 RXD：接收端 GND：公共地	异步通信	全双工
单总线（1-wire）	DQ：发送/接收端	异步通信	半双工
SPI	SCK：同步时钟 MISO：主机输入，从机输出 MOSI：主机输出，从机输入	同步通信	全双工
I^2C	SCL：同步时钟 SDA：数据输入/输出端	同步通信	半双工

二、STM32 的同步/异步收发器

通用同步/异步收发器（Universal Synchronous Asynchronous Receiver and Transmitter，USART）是一种串行通信设备，可以与标准的异步串行外设进行全双工通信。有别于 USART 还有一个通用的异步收发器（Universal Asynchronous Receiver and Transmitter，UART），它只有异步串行通信的功能，平时用的串口通信设备基本都是 UART。

STM32 的 USART 提供了一种灵活的方法与使用工业标准 NRZ 异步串行数据格式的外部设备进行全双工数据交换。USART 利用分数波特率发生器提供宽范围的波特率选择。它支持同步单向通信和半双工单线通信，也支持局部网络（LIN）、智能卡协议和

IrDA（红外数据组织）SIR ENDEC 规范，以及调制解调器（CTS/RTS）操作。它还允许多处理器通信。使用多缓冲器配置的 DMA 方式，可以实现高速数据通信。

USART 串口的功能框图如图 4－5 所示。看起来非常复杂，但对于软件开发人员来说，只需要大概了解串口发送的过程即可。接口通过三个引脚与其他设备连接在一起，任何 USART 双向通信均至少需要两个脚：接收数据输入（RX）和发送数据输出（TX）。RX 用于接收数据串行输入。通过采样技术来区别数据和噪声，从而恢复数据。TX 用于发送数据输出。当发送器被禁止时，输出引脚恢复到它的 I/O 端口配置。当发送器被激活，并且不发送数据时，TX 引脚处于高电平。从下往上看，串口外设主要由三部分组成，分别是波特率控制器，发送/接收控制器和发送/接收存储转移寄存器。

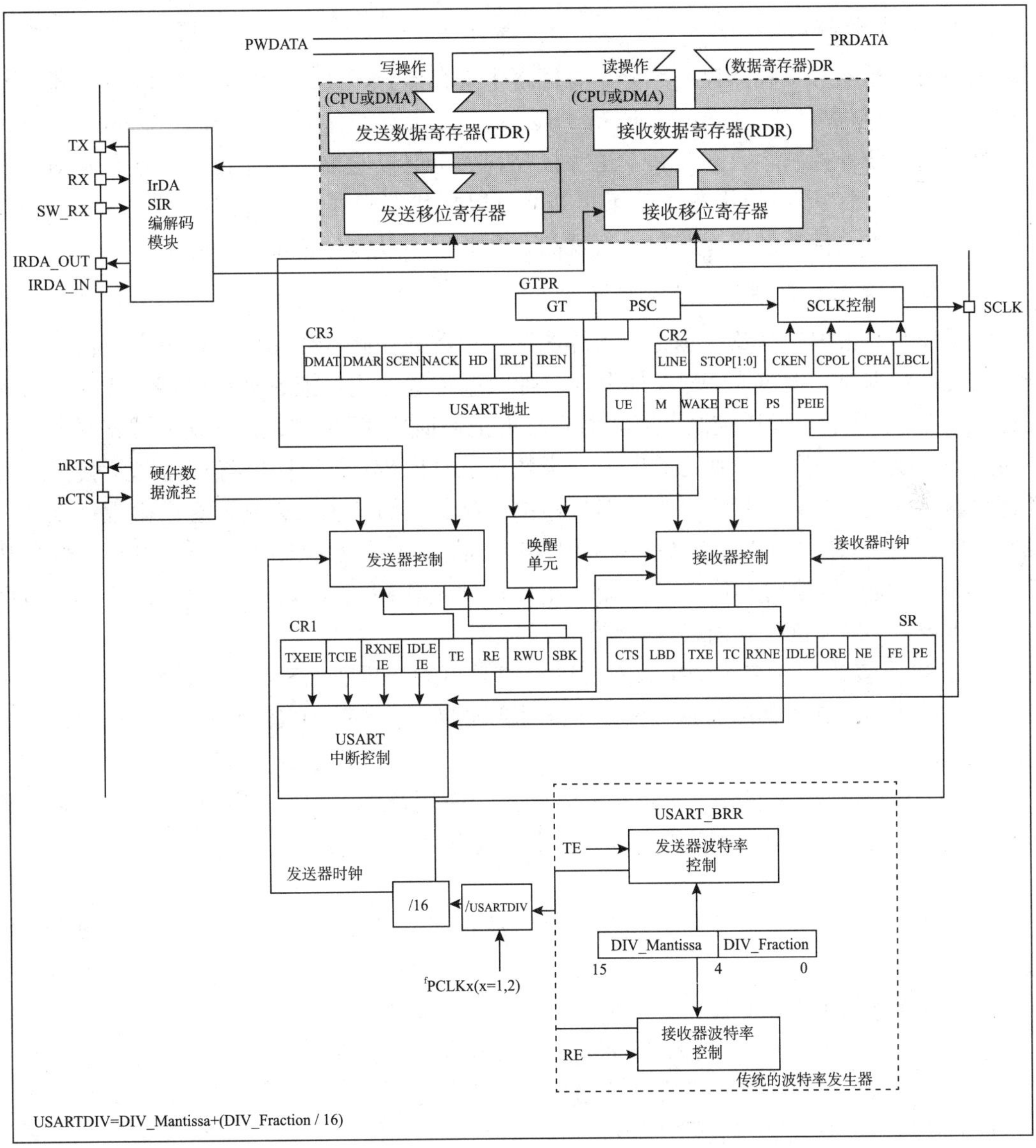

图 4－5　USART 串口的功能框图

1. 波特率控制器

波特率即每秒传送的二进制位数，单位 b/s 表示，通过对时钟的控制可以改变波特率。在配置波特率时，可改变波特率寄存器 USART_BRR 的值，修改串口时钟的分频值 USARTDIV。USART_BRR 寄存器包括两部分，分别是 DIV_Mantissa（USARTDIV 的整数部分）和 DIV_Fraction（USARTDIV 的小数部分），最终计算公式为 USARTDIV＝DIV_Mantissa＋(DIV_Fraction/16)。USARTDIV 是对串口外设的时钟源进行分频的，对于 USART1，它挂载在 APB2 总线上，它的时钟源是 fPCKL2，而 USART2、USART3 挂载在 APB1 总线上，它的时钟源是 fPCKL1，串口的时钟源经过 USARTDIV 分频后分别输出作为发送器时钟和接收器时钟，控制发送和接收的时序。

2. 发送/接收控制器

围绕着发送器和接收器控制部分，有好多个寄存器：CR1、CR2、CR3 和 SR，即 USART 的三个控制寄存器（Control Register）和一个状态寄存器（Status Register）。通过向寄存器写入各种控制参数来控制发送和接收，如奇偶校验位、停止位等，还包括对 USART 中断的控制；串口的状态在任何时刻都可以从状态寄存器中查询得到。具体的控制和状态检查，本书都是使用库函数来实现的，在此就不具体分析寄存器位了。

3. 发送、接收、存储和转移寄存器

收发控制器根据控制及状态寄存器的配置，对数据存储转移部分的移位寄存器进行控制。当发送数据时，内核或 DMA 外设（一种数据传送方式）把数据从内存（变量）写入发送寄存器 TDR 后，发送控制器将实时自动地把数据从 TDR 加载到发送移位寄存器，然后通过串口线 Tx 一位一位地发送出去。当数据从 TDR 转移到移位寄存器时，会产生发送寄存器 TDR 已空事件 TXE，当数据从移位寄存器全部发送出去时，会产生数据发送完成事件 TC，这些事件可以在状态寄存器中查询到。而接收数据则是一个逆过程，数据从串口线 Rx 一位一位地输入移位寄存器，然后自动转移到接收数据寄存器 RDR 中，最后用内核指令或 DMA 读取到内存（变量）中。

STM32 大容量芯片有 5 个串口对应的引脚号可参考手册《STM32F103x8B_DS_CH_V10》P16～P20，其中常用的是 USART1，其引脚对应如下：TXD 映射在 PA9，RXD 映射在 PA10。

STM32 微控制器的 USART 功能十分强大，应用最多的仍是异步串口通信。对于异步串口通信而言，STM32 微控制器的 USART 具有以下特点：

（1）全双工异步通信。

（2）分数波特率发生器系统，提供精确的波特率。发送和接收共用的可编程波特率，最高可达 4.5MB/s。

（3）可编程的数据字长度（8 位或者 9 位）。

（4）可配置的停止位（支持 1 或者 2 位停止位）。

（5）可配置的使用 DMA 多缓冲器通信。

（6）单独的发送器和接收器使能位。

（7）检测标志：①接收缓冲器；②发送缓冲器空；③传送结束标志。

（8）多个带标志的中断源，触发中断。

（9）其他：校验控制、四个错误检测标志。

实施案例

一、硬件电路设计

本任务是基于 STM32 的 USART1 串口发送字符串“HelloWorld”，USART1 串口发送硬件仿真图如图 4－6 所示。为了便于观察调试，在 Proteus 仿真环境下，可以加入虚拟终端（VIRTUALTERMINAL），USART1 的发送引脚 TXD（PA9）与虚拟终端 RXD 相连，以监视串口发出数据的情况。

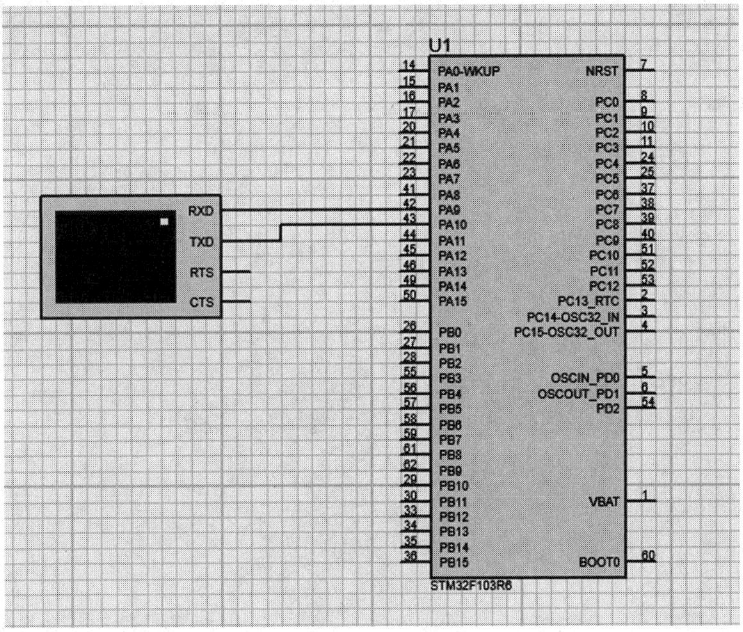

图 4－6　USART1 串口发送硬件仿真图

二、软件设计

复制标准库工程模板文件夹 STM32Prj，改名为串口发送字符串。新建 USART1 的驱动文件 usart1.c 和 usart1.h，并添加到 SYS 组中。

1. 程序分析

USART1 的初始化配置步骤如下：

（1）使能串口时钟，GPIO 时钟使能 RCC_APB2PeriphClockCmd()；。

（2）GPIO 端口模式设置 GPIO_Init()，发送引脚设置为推挽复用输出，接收引脚设置为浮空输入。

（3）串口参数初始化：USART_Init()；。

（4）使能串口：USART_Cmd()；。

在标准库头文件 stm32f10x_usart.h 中对串口外设定义了 USART 初始化结构体和

USART 时钟初始化结构体（常用于同步通信）。这里使用的是 USART 初始化结构体，即 USART_InitTypeDef，具体成员定义如下：

```
typedef struct
{
  uint32_t USART_BaudRate;                  // 波特率
  uint16_t USART_WordLength;                // 帧数据长度(8 位或 9 位)
  uint16_t USART_StopBits;                  // 停止位
  uint16_t USART_Parity;                    // 校验
  uint16_t USART_Mode;                      // 模式:单收、单发或收发
  uint16_t USART_HardwareFlowControl; // 硬件流控
} USART_InitTypeDef;
```

2. 代码清单

usart1.c 源文件中的代码如下：

```
#include "usart1.h"
void SERIAL_Init(void)
{
    USART_InitTypeDef USART_InitStruct;
    GPIO_InitTypeDef GPIO_InitStruct;
//①串口时钟使能,GPIO 时钟使能:RCC_APB2PeriphClockCmd();
    RCC_APB2PeriphClockCmd(RCC_APB2Periph_GPIOA|RCC_APB2Periph_AFIO|RCC_
APB2Periph_USART1,ENABLE);
//②GPIO 端口模式设置:GPIO_Init(); PA9、PA10
    //TX-PA9
    GPIO_InitStruct.GPIO_Pin = GPIO_Pin_9;
    GPIO_InitStruct.GPIO_Mode = GPIO_Mode_AF_PP;
    GPIO_InitStruct.GPIO_Speed =  GPIO_Speed_50MHz;
    GPIO_Init(GPIOA, &GPIO_InitStruct);
    //RX-P10
    GPIO_InitStruct.GPIO_Pin = GPIO_Pin_10;
    GPIO_InitStruct.GPIO_Mode = GPIO_Mode_IN_FLOATING;
    GPIO_InitStruct.GPIO_Speed =  GPIO_Speed_50MHz;
    GPIO_Init(GPIOA, &GPIO_InitStruct);
//③串口参数初始化:USART_Init();
    USART_StructInit(&USART_InitStruct);
    USART_InitStruct.USART_BaudRate=115200;
    USART_Init(USART1, &USART_InitStruct);
//④使能串口:USART_Cmd();
```

```
    USART_Cmd(USART1, ENABLE);
}
void USART_SendString(char *p)
{
    while(*p)
    {
        USART_SendData(USART1, (uint8_t)(*p));
        while(USART_GetFlagStatus(USART1, USART_FLAG_TXE) == RESET);
        p++;
    }
}
```

usart1.h 文件中的代码如下：

```
#ifndef __USART1_H
#define __USART1_H
#include <stm32f10x.h>
void SERIAL_Init(void);
void USART_SendString(char *p);
#endif
```

main.c 文件中的代码如下：

```
#include <stm32f10x.h>
#include "delay.h"
#include "usart1.h"
int main(void)
{
    SERIAL_Init();
    USART_SendString("HelloWorld\r\n");
    while(1)
    {
        USART_SendString("HelloWorld\r\n");
        delay(500);// 500ms
    }
}
```

3. 运行结果

在 Keil MDK 环境中生成.hex 文件，加载到 Proteus 中全速运行，程序的运行结果如图 4 - 7 所示。

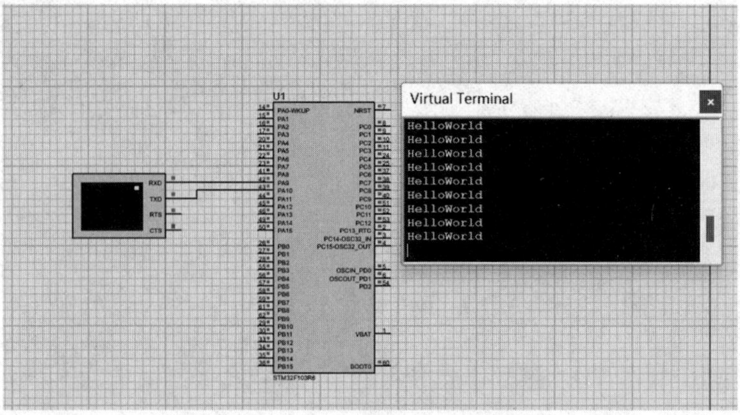

图 4-7　串口 1 发送“HelloWorld”

二维码：串口发送字符串的代码实现和运行结果

任务 2　串行通信控制 LED 流水灯的设计

知识链接

一、RS-232 简介

RS-232 接口标准（又称 EIA RS-232）是常用的串行通信接口标准之一，它是由美国电子工业协会（Electronic Industry Association，EIA）联合贝尔系统公司、调制解调器厂家及计算机终端生产厂家于 1970 年共同制定的，其全名是“数据终端设备（DTE）和数据通信设备（DCE）之间串行二进制数据交换接口技术标准”。

1. RS-232 信号

RS-232 除基本的数据收发线 TXD、RXD 外，还有用于收发双方联络、协调的握手信号。

（1）基本的数据传送引脚。

TXD：数据输出端，串行数据由此送出。

RXD：数据输入端，串行数据由此输入。

GND：信号地线。

在串行通信中，最简单的通信只需连接这 3 根线。PC 机与 PC 机之间、PC 机与微控制器之间、微控制器与微控制器之间的数据通信大多采用这种连接方式。

（2）握手信号。

RTS：请求发送信号，输出。

CTS：清除传送，是对 RTS 的响应信号，输入。

DSR：数据通信准备就绪，输入。

DTR：数据终端就绪，表明计算机已做好接收准备，输出。

DCD：数据载波检测，输入。

当一台PC机与调制解调器相连，要向远方发送数据时，如果PC机做好了发送准备，就用RTS信号通知调制解调器；当调制解调器也做好发送数据的准备时，就向PC机发出CTS信号，RTS和CTS这对握手信号沟通后，就可以进行串行数据发送了。当PC机要从远方接收数据时，如果PC机做好了接收准备，就发出DTR信号通知调制解调器；当调制解调器也做好接收数据的准备时，就向PC机发出DSR信号，DTR和DSR这对握手信号沟通后，就可以进行串行数据接收了。

2. 接口的电气特性

RS-232采用的是EIA电平，信号线上的电压为负逻辑关系。信号规定逻辑“1”的电平为－5～－15V，逻辑“0”的电平为＋5～＋15V，介于－3～＋3V的电压和低于－15V或高于＋15V的电压没有意义。选用该电气标准的目的在于提高抗干扰能力，增大通信距离。

3. 电平转换电路

RS-232的EIA电平是以正/负电压来表示逻辑0/1的，与TTL电路以低/高电平表示逻辑0/1不同。因此为了实现与TTL器件的连接，必须在EIA电平与TTL电平之间进行电平转换。为此半导体公司特别为RS-232制造了用于信号电平转换的专用集成电路，常见的型号有MAX232、TSC232、ICL232等，它们的引脚及特性是兼容的，可以相互之间代换使用。MAX232芯片内部具有电压倍增电路，只需＋5V电源供电，外接4个电容器，使用非常方便。如图4－8所示，该芯片可连接两对收发线，既能将两路TTL电平（T1IN、T2IN）转换成RS-232电平（T1OUT、T2OUT）送到传送线上，又能将传送线上的两路RS-232电平（R1IN、R2IN）转换成TTL电平（R1OUT、R2OUT）。

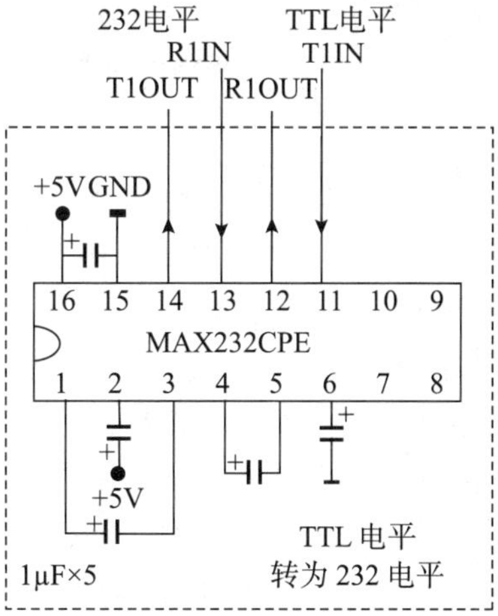

图4－8　MAX232芯片接线图

4. 微控制器与PC机连接

在许多应用场合，由微控制器构成的自动控制系统、智能仪器往往需要与PC机进行数据通信。PC机提供的两个RS-232串行口COM1、COM2是EIA电平，而微控制器的串行数据收发线都是TTL电平，为此需要利用电平转换芯片进行电压转换，通过串行电缆线与PC机连接，如图4－9所示。

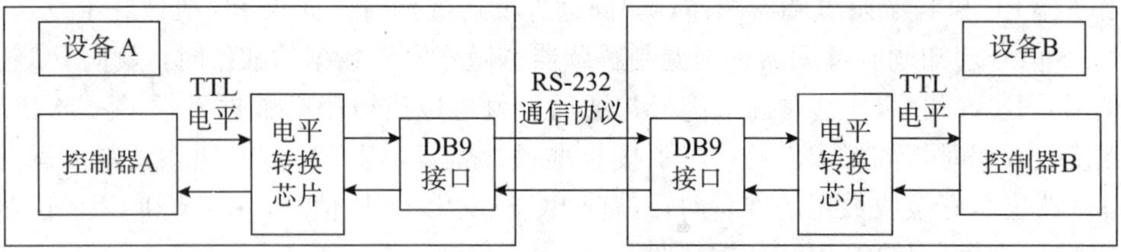

图 4-9　微控制器与 PC 机连接

(1) 发送过程：控制器 A 的 TTL 电平经过电平转换芯片 MAX23 的 11 引脚（T1IN）送到 MAX232 内部，在内部 TTL 电平被“提升”为 RS-232 电平，通过 14 引脚（T1OUT）发出去。

(2) 接收过程：外部 RS-232 电平经过 MAX232 的 13 引脚（R1IN）进入 MAX232 内部，在内部 RS-232 电平被“降低”为 TTL 电平，经过 12 引脚（R1OUT）送到控制器 B 的 RXD，进入控制器 B 的内部。

随着 USB 接口的普及，9 芯 RS-232 串口［图 4-10(a)］逐渐从 PC 机特别是便携式计算机上消失，于是出现了 USB 转 RS-232 接口转换线［图 4-10(b)］。只要在 PC 机上安装相应的驱动软件，USB 接口便可以像传统的串口一样使用。

(a) 9芯串行接口排列

(b) USB转RS-232实物图

图 4-10　9 芯 RS-232 串口

二、USART 的发送函数/接收函数重定向

在 C 语言标准库中，printf() 函数底层是通过调用 fputc() 函数来实现字符输出的，功能是将字符变量 ch 写入文件指针 f 所指向文件的当前写指针位置，简单理解就是把字符写入特定的文件中。而 STM32 中 printf 重定向的就是重新定义 fputc() 函数，将其输出指向串口或其他目标设备，达到类似“写入”的功能。

fgetc() 函数与 fput() 函数非常相似，实现字符读取功能。在使用 scanf() 函数时需要注意字符输入格式。还有一点需要注意，要使用 fgetc() 函数与 fput() 函数达到重定向 C 语言标准库输入/输出函数，必须在 MDK 的工程选项中把 Use MicroLIB 选中，MicroLIB 是默认 C 库的备选库，它对标准 C 库进行了高度优化，代码更少，占用资源更少。为了使用 printf()、scanf() 函数，需要在文件中包含 stdio. h 头文件。usart1. c 中重定向输入/输出函数的代码如下：

```
int fputc(int ch,FILE *f)
{
    USART_SendData(USART1,ch);
```

```
    while(USART_GetFlagStatus(USART1, USART_FLAG_TXE) = = RESET);
    return ch;
}
int fgetc(FILE *f)
{
    while(USART_GetFlagStatus(USART1, USART_FLAG_RXNE) = = RESET);
    return (int)USART_ReceiveData(USART1);
}
```

三、USART的中断控制

1. 串口中断事件

STM32微控制器的USART支持多种中断事件，其中与发送有关的中断有发送完成、清除发送（CTS标志）和发送数据寄存器为空；与接收有关的中断有接收数据寄存器不为空，检测到上溢错误，检测到空闲线路，奇偶校验错误，检测到LIN断路，多缓冲通信中的噪声标志、上溢错误和帧错误。具体中断的事件标志和使能控制位见表4-2。常用中断事件标志有TC、TXE、RXNE和IDLE。

表4-2 STM32F1的USART支持的中断事件

中断事件		事件标志	使能控制位
发送期间	发送完成	TC	TEIE
	清除发送（CTS标志）	CTS	CTSIE
	发送数据寄存器为空	TXE	TXEIE
接收期间	接收数据寄存器不为空	RXNE	RXNEIE
	检测到上溢错误	ORE	
	检测到空闲线路	IDLE	IDLEIE
	奇偶校验错误	PE	PEIE
	检测到LIN断路	LBD	LBDIE
	多缓冲通信中的噪声标志、上溢错误和帧错误	NF/ORE/FE	EIE

2. 串口收发数据方式

STM32串口通信数据收发有三种模式：轮询模式（阻塞方式）、中断模式（非阻塞方式）以及DMA模式。DMA模式在后续项目中出讲解，此处只讨论前两种模式。

（1）轮询模式。

STM32的每个串口内部都有两个寄存器：发送数据寄存器（TDR）、发送移位寄存器，当调用USART_SendData()函数把数据发送出去时，CPU会依次将数据送到发送数据寄存器中，发送移位寄存器中的数据会根据预先设置的比特率转化成高低电平从TX引脚输出，直到USART_GetFlagStatus()函数TXE标志位为1，表示一帧数据发送完成，接着CPU就会对下一个数据进行相同的发送。

当调用 USART_ReceiveData() 函数把数据接收过来时，通过 RX 引脚收到的电平信号会将数据存储到接收移位寄存器，接收移位寄存器每接收完 1 帧就会将数据放到接收数据寄存器，而后 CPU 会将接收数据寄存器中的数据存到变量中。

在轮询模式下，CPU 需要不断地查询串口状态，无法执行其他任务，导致主程序中的代码阻塞，影响了系统的并发处理能力和整体性能。

(2) 中断模式。

采用中断模式便可以解决主程序阻塞问题，当串口在接收和发送数据时，CPU 并不会轮询发送/接收数据寄存器是否有数据，而是每当数据全部发送出去后或者接收到新的数据时会发送一个中断主动通知 CPU。因此 CPU 将数据寄存器中的数据移动到移位寄存器后，就可以去执行其他任务了。当发送移位寄存器中的数据发送出去后就会触发“发送移位寄存器空”中断，CPU 检测到该中断就会执行对应的中断服务程序。

在中断模式下，串口没有事件发生时，CPU 可以执行其他任务，只有当串口中断发生时，才会暂停当前任务去处理串口相关操作，提高了 CPU 的利用率，特别适用于对数据实时性要求较高的场景，不会因为主程序的繁忙而导致数据接收延迟或丢失。

实施案例

一、硬件电路设计

本项目要实现计算机与 STM32 开发板的通信，并控制 LED 流水灯系统。系统中有 8 个 LED。初始状态系统中的 8 个 LED 默认熄灭，系统运行时，8 个 LED 依次点亮。LED 流水灯的工作模式有 3 种，即 8 个 LED 循环左移、循环右移、熄灭。PC 机以串行通信的方式发送命令至该系统进行 LED 流水灯工作模式的切换，命令 mode_1＃、mode_2＃和 stop＃控制 LED。串行通信控制 LED 硬件仿真图如图 4 - 11 所示。

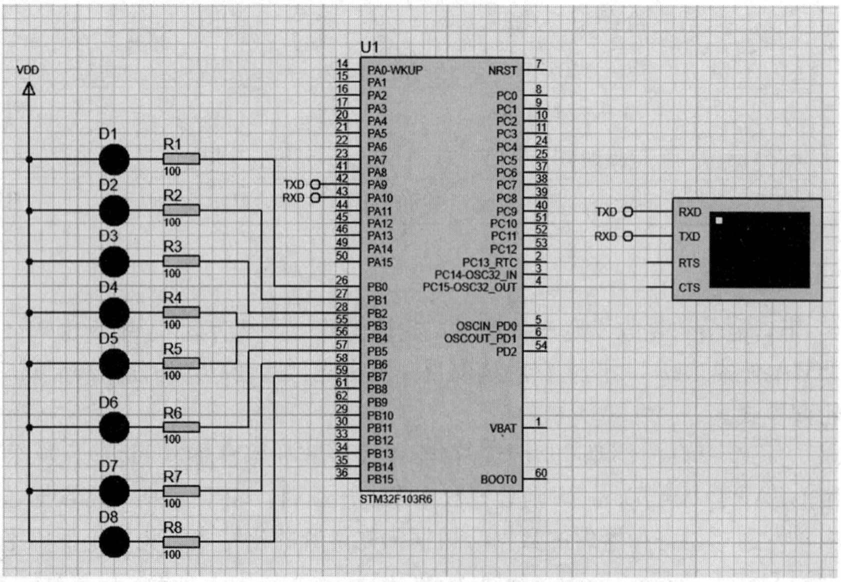

图 4 - 11　串行通信控制 LED 硬件仿真图

二、软件设计

复制任务 1 中的工程文件夹，改名为串行通信控制 LED 流水灯，修改 USART1 的驱动文件 usart1. c 和 usart1. h，并添加到工程 SYS 组中，因涉及 LED 流水灯，所以修改 HARD 组中的 LED 驱动文件 led. c。

1. 程序分析

USART1 中断方式的初始化配置步骤如下。

（1）串口时钟使能，GPIO 时钟使能：RCC_APB2PeriphClockCmd()；。

（2）GPIO 端口模式设置：GPIO_Init()；。

（3）串口参数初始化：USART_Init()；。

（4）开启中断初始化 NVIC 配置：NVIC_Config()；。

（5）开启中断接受使能：USART_ITConfig(USART1，USART_IT_RXNE，ENABLE)；。

（6）使能串口：USART_Cmd()；。

对比任务 1 中串口初始化，本任务主要多了两个步骤，开启中断初始化 NVIC 配置和开启接收中断使能。

在中断服务程序中接收来自 PC 机或虚拟终端发来的数据存入接收缓冲区，直到接收字符是结束标记符，设置相应的串口接收结束标志位。回到主函数的 while（1）循环体中完成两个操作：一个是对接收缓存数据进行命令匹配，输出对应的模式提示信息，同时清除接收缓存和对应标志位；二是根据模式变量完成流水灯方向切换，命令 mode_1＃对应 mode=1，表示 LED 流水灯循环左移，命令 mode_2＃对应 mode=2，表示 LED 流水灯循环右移，命令 stop＃对应 mode=3，表示停止 LED 流水灯。

2. 代码清单

usart1. c 文件中的代码如下：

```
void NVIC_Config(void)//配置 NVIC
{
    NVIC_InitTypeDef NVIC_InitStruct;
    NVIC_PriorityGroupConfig(NVIC_PriorityGroup_2);
    NVIC_InitStruct.NVIC_IRQChannel = USART1_IRQn;
    NVIC_InitStruct.NVIC_IRQChannelCmd = ENABLE;
    NVIC_InitStruct.NVIC_IRQChannelPreemptionPriority =2;
    NVIC_InitStruct.NVIC_IRQChannelSubPriority =2;
    NVIC_Init(&NVIC_InitStruct);
}
void SERIAL_Init(void)
{
    RCC_APB2PeriphClockCmd(RCC_APB2Periph_GPIOA|RCC_APB2Periph_AFIO|RCC_
APB2Periph_USART1,ENABLE);
```

```
    GPIO_InitTypeDef GPIO_InitStruct;
    GPIO_InitStruct.GPIO_Pin = GPIO_Pin_9;
    GPIO_InitStruct.GPIO_Mode = GPIO_Mode_AF_PP;
    GPIO_InitStruct.GPIO_Speed =  GPIO_Speed_50MHz;
    GPIO_Init(GPIOA, &GPIO_InitStruct);
    GPIO_InitStruct.GPIO_Pin = GPIO_Pin_10;
    GPIO_InitStruct.GPIO_Mode = GPIO_Mode_IN_FLOATING;
    GPIO_InitStruct.GPIO_Speed =  GPIO_Speed_50MHz;
    GPIO_Init(GPIOA, &GPIO_InitStruct);
    USART_InitTypeDef USART_InitStruct;
    USART_StructInit(&USART_InitStruct);
    USART_InitStruct.USART_BaudRate = 115200;
    USART_Init(USART1, &USART_InitStruct);
    NVIC_Config();   //开启中断 NVIC 配置
    USART_ITConfig(USART1, USART_IT_RXNE, ENABLE); //开启中断接收使能
    USART_Cmd(USART1, ENABLE);
}
//串口重定向函数:printf 函数重定向
int fputc(int ch,FILE * f)
{
    USART_SendData(USART1,ch);
    while(USART_GetFlagStatus(USART1, USART_FLAG_TXE) = = RESET);
    return ch;
}
```

根据硬件电路图中 LED 流水灯连接的引脚修改 GPIO 配置。Proteus 仿真中连接的是 PB0～PB7。led. c 文件中的代码如下：

```
#include "led.h"
void LED_Init(void)
{
    GPIO_InitTypeDef GPIO_InitLed;
    RCC_APB2PeriphClockCmd(RCC_APB2Periph_GPIOB, ENABLE);//开启 GPIOB 时钟
    GPIO_InitLed.GPIO_Pin =  0xFF ;//配置 PB0～PB7 引脚
    GPIO_InitLed.GPIO_Mode = GPIO_Mode_Out_PP;
    GPIO_InitLed.GPIO_Speed = GPIO_Speed_50MHz;
    GPIO_Init(GPIOB, &GPIO_InitLed);
}
```

main. c 文件中的代码主要包含主函数和串口接收中断函数，具体如下：

```
#include <stm32f10x.h>
#include <string.h>
#include <stdio.h>
#include "delay.h"
#include "led.h"
#include "usart1.h"
char rxBuf[128];
char txBuf[128] = "HelloWorld! \r\n";
const char stringMode1[8] = "mode_1";
const char stringMode2[8] = "mode_2";
const char stringStop[8] = "stop";
uint8_t rxCount = 0,txCount = 0;
uint8_t uart1RxState = 0;
u8 res;
int8_t ledMode = -1;
uint16_t LED_value = 0;
int main()
{
  SERIAL_Init();          //串口初始化
  LED_Init();             //LED初始化
  printf("%s",txBuf);     //串口发送字符串
  while(1)
  {
        if(uart1RxState == 1)
        {
            if(strstr((const char *)rxBuf,stringMode1)!= NULL)
              {
                  printf("I'm in mode_1! \r\n");
                  ledMode = 1;
                  LED_value = 0x80;
              }
              else if(strstr((const char *)rxBuf,stringMode2)!= NULL)
              {
                  printf("I'm in mode_2! \r\n");
                  ledMode = 2;
                  LED_value = 0x01;
              }
              else if(strstr((const char *)rxBuf,stringStop)!= NULL)
```

```
            {
                printf("I'm in stop! \r\n");
                ledMode = 0;
                LED_value = 0;
            }
            uart1RxState = 0;
            rxCount = 0;
            memset(rxBuf,0,128);
        }
        switch(ledMode)
        {
            case 1:
                LED_value = LED_value>>1;
            if(LED_value = =0)
                    LED_value = 0x80;
                break;
            case 2:
                    LED_value = LED_value<<1;
            if(LED_value = =0x100)
                    LED_value = 0x01;
                break;
            case 0:
                LED_value = 0;
              break;
        }
        GPIO_Write(GPIOB, ~LED_value);
        delay(1000);
    }
}
void USART1_IRQHandler(void)
{
    if(USART_GetITStatus(USART1, USART_IT_RXNE) = =SET)//串口接收中断是否产生
    {
        res = USART_ReceiveData(USART1);
        USART_SendData(USART1,res);
        rxBuf[rxCount++] = res;
        USART_ClearITPendingBit(USART1, USART_IT_RXNE);
    }
```

```
    if(rxBuf[rxCount - 1] = ='#')
    {
        rxBuf[rxCount - 1] ='\0';//将"#"替换成字符串结束标记
        uart1RxState = 1;
    }
}
```

其中，串口接收中断函数有多种写法，上面程序中的中断函数采用的接收字符数据带结束标记符“#”。但在更多的实际应用中，串口在接收数据时并不知道串口一次发送多少字符数据，而STM32中提供了IDLE空闲中断，可以接收不定长度的数据。将串口接收中断和空闲中断组合使用，具体代码如下：

```
void USART1_IRQHandler(void)
{
    if(USART_GetITStatus(USART1, USART_IT_RXNE)! =RESET)  //串口接收中断产生
    {
        USART_ITConfig(USART1, USART_IT_IDLE, ENABLE); //开启串口空闲中断
        res = USART_ReceiveData(USART1);
        USART_SendData(USART1,res);
            rxBuf[rxCount++] = res;
        USART_ClearITPendingBit(USART1, USART_IT_RXNE);
    }
    if(USART_GetITStatus(USART1, USART_IT_IDLE)! =RESET)//串口空闲中断产生
    {
        USART_ITConfig(USART1, USART_IT_IDLE, DISABLE); //关闭空闲中断,不再接
收数据
        uart1RxState = 1;
    }
}
```

3. 运行结果

在Keil MDK环境中生成.hex文件，加载到Proteus中全速运行。根据任务要求有3种运行模式，运行结果如图4-12所示。

如果当前用的是STM32开发板，则串口通信调试需要在PC机上下载“串口调试助手”工具软件。使用USB线连接好PC机与STM32开发板并通电，接着进入PC机的设备管理器查看不同串口芯片驱动安装后占据的串口号，操作界面如图4-13所示。选择对应的串口号，波特率参数要和USART1初始化程序中的配置一致，比如选择115200的波特率，校验位选择NONE，数据位8，停止位1。单击“打开”按钮后变为“关闭”按钮，如果打开“成功”按钮，左边的小圈会变成红色。

右侧分为两个区域，上方为数据接收区域，在左侧的接收设置中设置接收的数据是

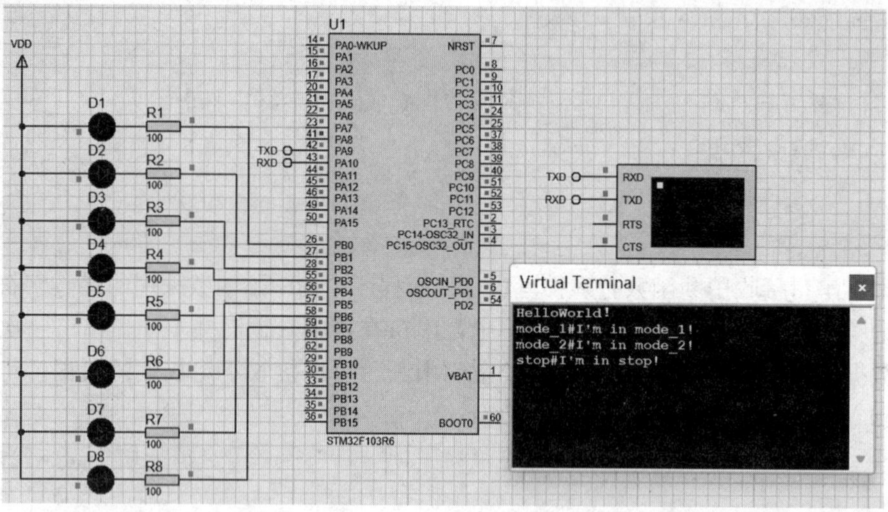

图 4－12　串口接收命令控制 LED 流水灯

ASCII 或者 HEX 类型的数据。下方为数据发送区域，数据类型设置和接收的数据类型一样，还可以设置连续时间间隔发送。

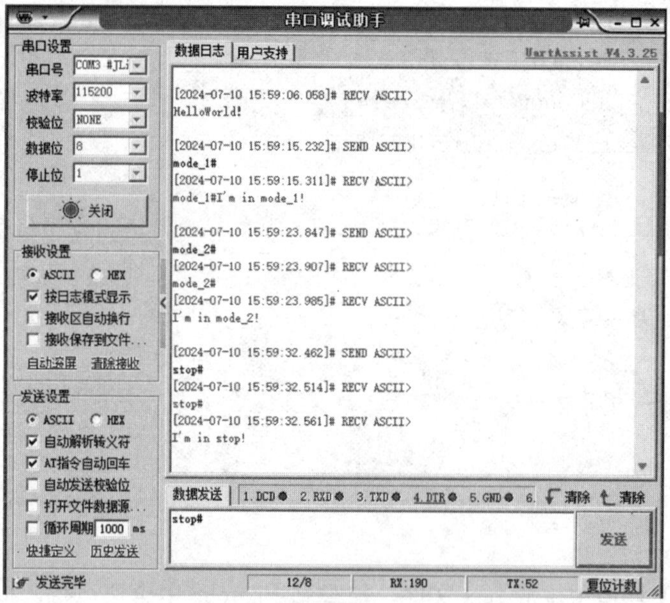

图 4－13　“串口调试助手”操作界面

二维码：串行通信控制
LED 流水灯的代码实现和运行结果

任务3　ATM 机密码键盘的设计

知识链接

一、矩阵键盘

键盘是计算机不可缺少的输入设备，矩阵式键盘也称为行列式键盘，其接线和实物如图 4－14 所示。图中有 4 根行线和 4 根列线，按键跨接在行线和列线上。4×4 的行列结构可以构成 16 个按键的键盘，与独立式键盘相比，按键数量相同时占用口线少，因此适用于按键数量较多的场合。

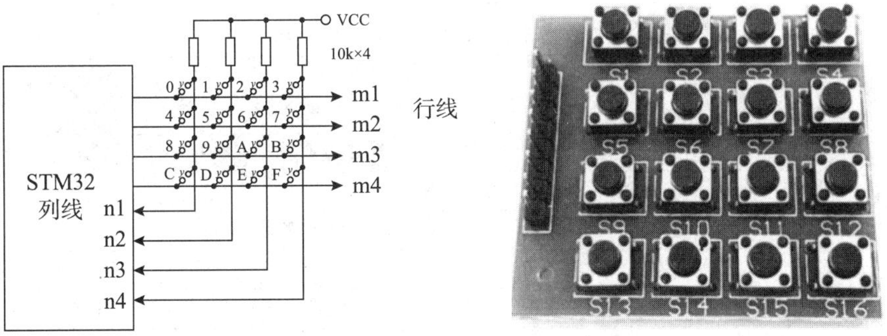

（a）接线图　　　　（b）实物图

图 4－14　矩阵式键盘

1. *行扫描法识别按键的原理*

为了正确理解键盘接口方法与编程技术，以 4×4 键盘为例说明行扫描法识别按键的基本编程原理。列线通过上拉电阻接 VCC 电源，当键盘上没有键闭合时，所有的行线和列线断开，列线 n1～n4 都呈高电平。当键盘上某一个键闭合时，该键所对应的行线与列线短路。例如，当标记为“9”的键被按下时，行线 m3 和列线 n2 短路，此时 n2 线上的电平由 m3 的电位所决定。

使用行扫描法如何确定键盘上哪个按键被按下呢？具体方法如下：把列线 n1～n4 接到微控制器的输入引脚，行线 m1～m4 接到微控制器的输出引脚，通过编程，使行线 m1 为低电平（0），其余三根行线 m2、m3、m4 都为高电平（1），并读列线 n1～n4 的状态。如果 n1～n4 都为高电平，则 m1 这一行上没有键闭合，如果读出列线 n1～n4 的状态不全为高电平，那么为低电平的列线和 m1 相交的键处于闭合状态；如果 m1 这一行上没有键闭合，接着使行线 m2 为低电平，其余行线为高电平，用同样的方法检查 m2 这一行上有无键闭合；以此类推，最后使行线 m4 为低电平，其余的行线为高电平，检查 m4 这一行上是否有键闭合。这种逐行逐列地检查键盘状态的过程称为对键盘的一次扫描。

微控制器对键盘扫描可以采取程序控制的随机方式，空闲时扫描键盘；也可以采取定时控制方式，每隔一定时间对键盘扫描一次；若接在键盘列线的微控制器引脚具有下降沿或低电平中断功能，还可以采用中断方式，当键盘上有键闭合时，列线产生请求中断，CPU 响应键盘输入中断，在中断服务例程中对键盘进行扫描，以识别哪一键处于闭合状态。

2. 键值计算

键值是微控制器获取硬件连接方式下每个按键具有唯一性的数字表达。这里给出 4×4 键盘的键值计算方法，以扫描方式获取键盘的输入值（键值）。

按照上述接法，列线 n1～n4 接到微控制器的输入引脚，行线 m1～m4 接到微控制器的输出引脚。接线图中的“0”“1”“F”等为键的“定义值”。行线的 m1 和列线的 n1 对应着键盘上的“0”，按扫描法原理，当“0”键被按下时，m1 和 n1 两条线是低电平，取 0，其余位为 1。使用 n4n3n2n1m4m3m2m1 位排序表达键值，可放在一个字节内。这样，定义值“0”对应的键值为二进制 11101110，即十六进制 0xEE，同理定义值“1”对应的键值是二进制 11011110，即十六进制 0xDE，等等。由此可得到键盘定义值与键值的对应关系，见表 4-3。

表 4-3　键盘的定义值与键值的对应关系

行	列							
	n1		n2		n3		n4	
	定义值	键值	定义值	键值	定义值	键值	定义值	键值
m1	“0”	0xEE	“1”	0xDE	“2”	0xBE	“3”	0x7E
m2	“4”	0xED	“5”	0xDD	“6”	0xBD	“7”	0x7D
m3	“8”	0xEB	“9”	0xDB	“A”	0xBB	“B”	0x7B
m4	“C”	0xE7	“D”	0xD7	“E”	0xB7	“F”	0x77

如果是一个 M 行 N 列的矩阵键盘，其键值可用二进制数表达，根据前面的分析可知第 i 行第 j 列的键值应该是第 $i+N$ 位和第 j 位为 0。如果超过 8 位，但小于 16 位，就可以用 16 位无符号数表达。

二、RT1602 液晶显示

液晶显示屏以其功耗低、体积小、显示内容丰富、超薄轻巧、使用方便等诸多优点，在仪器仪表、电子设备、家用电器等低功耗应用系统中得到越来越广泛的应用。液晶模块分为字符型和点阵型两类。字符型模块通常只能显示 ASCII 码表中的数字、字母等符号；点阵型模块除了可以显示 ASCII 字符，还能显示汉字、绘制图形。

1. RT1602 液晶模块引脚功能

RT1602 液晶模块内带标准字库，内部的字符发生存储器（CGROM）已经存储了 192 个 5×7 点阵字符，可显示 2 行×16 列共 32 个点阵字符，其引脚和实物如图 4-15 所示。

RT1602 液晶模块引脚功能说明如下：

（1）VSS：电源地。

（2）VDD：5V 正电源。

（3）V0：液晶显示器对比度调整端，接正电源时对比度最弱，接地时对比度最强，对比度过大会产生阴影，使用时可以通过一个 10kΩ 的电位器调整对比度。

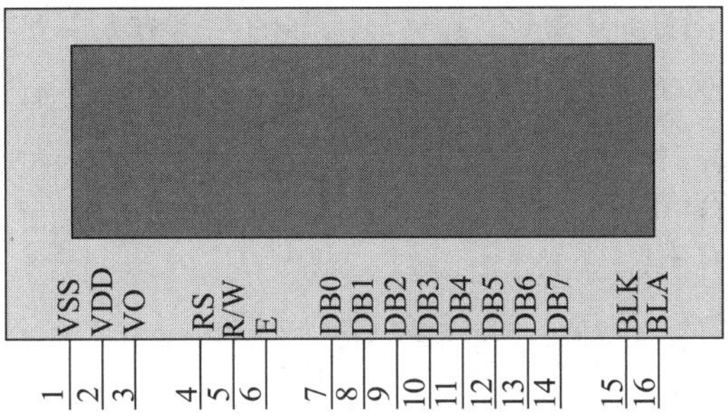

（a）RT1602 引脚图

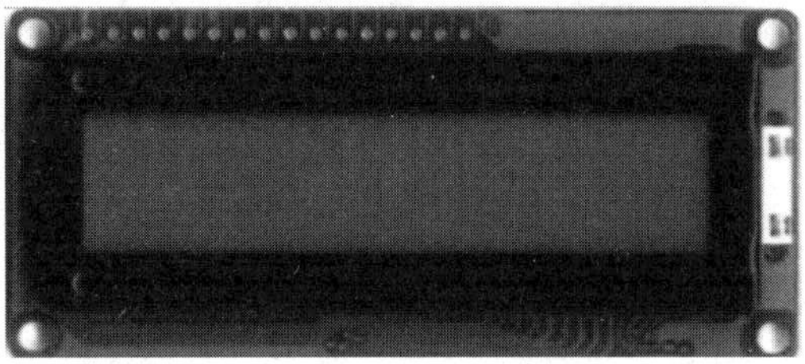

（b）RT1602 实物图

图 4－15　RT1602 液晶模块

（4）RS：寄存器选择，高电平时选择数据寄存器，低电平时选择指令寄存器。

（5）R/W：读写信号线，高电平时进行读操作，低电平时进行写操作。

（6）E：使能控制信号，当该引脚由高电平跳变成低电平时，液晶模块执行命令。

①RS=0、R/W=1、E=1 时，读取液晶模块的状态字。

②RS=0、R/W=0、E=1 时，向液晶模块写入命令字。

③RS=1、R/W=1、E=1 时，从液晶模块读取数据。

④RS=1、R/W=0、E=1 时，向液晶模块写入数据。

（7）DB0～DB7：8 位双向数据线。

（8）BLA：背光源正极；BLK：背光源负极。

2. RT1602 液晶模块的指令功能

显示字符时首先要产生待显示字符的 ASCII 码。用户只需在程序中写入欲显示的字符常量或字符串常量，程序在编译后会自动生成其标准的 ASCII 码，然后将生成的 ASCII 码送入显示用数据存储器 DDRAM，内部控制电路就会自动将该 ASCII 码对应的字符在 RT1602 上显示出来。为了让液晶显示器显示字符，还要对其进行初始化设置，包括对有无光标、光标移动方向、光标是否闪烁及字符移动方向等进行设置，才能获得所需要的显示效果。对 RT1602 的初始化、读、写、光标设置、显示数据的指针设置等，都是通过微控制器向 RT1602 写入命令字来实现的，总共包含 11 条控制指令，见表 4－4。

表 4－4　RT1602 液晶模块命令字集

编号	命令	RS	R/W	D7	D6	D5	D4	D3	D2	D1	D0
1	清屏	0	0	0	0	0	0	0	0	0	1
2	光标返回	0	0	0	0	0	0	0	0	1	*
3	光标和显示模式设置	0	0	0	0	0	0	0	1	I/D	S
4	显示开/关及光标设置	0	0	0	0	0	0	1	D	C	B
5	光标或字符移位	0	0	0	0	0	1	S/C	R/L	*	*
6	功能设置	0	0	0	0	1	DL	N	F	*	*
7	字符发生存储器地址设置	0	0	0	1	字符发生存储器地址					
8	数据存储器地址设置	0	0	1	显示数据存储器地址						
9	读忙标志或地址	0	1	BF	计数器地址						
10	写数据	1	0	要写的数据							
11	读数据	1	1	读出的数据							

(1) 命令 1：清屏，指令码 01H，光标返回地址 00H 位置（显示屏的左上方）。

(2) 命令 2：光标返回地址 00H 位置（显示屏的左上方）。

(3) 命令 3：光标和显示模式设置。

- I/D=1，当读或写一个字符后，地址指针加 1，且光标加 1。
- I/D=0，当读或写一个字符后，地址指针减 1，且光标减 1。
- S=1，当写入一字符时，整屏显示左移（I/D=1）或右移（I/D=0）。
- S=0，整屏显示不移动。

(4) 命令 4：显示开/关及光标设置。

- D——屏幕整体显示控制位，D=0 关显示，D=1 开显示。
- C——光标有无控制位，C=0 无光标，C=1 有光标。
- B——光标闪烁控制位，B=0 不闪烁，B=1 闪烁。

(5) 命令 5：光标或字符移位。

- S/C——光标或字符移位选择控制位，0 表示移动光标，1 表示移动显示的字符。
- R/L——移位方向选择控制位，0 表示左移，1 表示右移。

(6) 命令 6：功能设置命令。

- DL——传输数据的有效长度选择控制位，1 表示 8 位数据线接口，0 表示 4 位数据线接口。
- N——显示器行数选择控制位，0 表示单行显示，1 表示两行显示。
- F——字符显示的点阵控制位，0 表示显示 5×7 点阵字符，1 表示显示 5×10 点阵字符。

(7) 命令 7：字符发生存储器地址设置。

(8) 命令 8：DDRAM 地址设置。

LCD 内部有一个数据地址指针，用户可通过它访问内部全部 80 字节的数据显示 RAM。命令格式：80H+地址码。其中，80H 为命令码。

(9) 命令 9：读忙标志或地址。BF 为忙标志。1 表示 LCD 忙，此时 LCD 不能接收命令或数据，0 表示 LCD 不忙。

(10) 命令 10：写数据。

(11) 命令 11：读数据。

3. RT1602 液晶模块地址映射

控制器内部带有 80×80 位的 RAM 缓冲区，与显示屏上字符显示位置一一对应（十六进制 HEX 形式），如图 4-16 所示。

当向 DDRAM 的 00H～0FH（第 1 行）、40H～4FH（第 2 行）地址的任一处写数据时，RT1602 液晶模块立即显示出来，该区域也称为可显示区域。而当写入 10H～27H 或 50H～67H 地址处时，字符不会显示出来，该区域称为隐藏区域。如果要显示写入隐藏区域的字符，需要通过字符移位命令（命令 5）将它们移入可显示区域。

需说明的是，在向 DDRAM 写入字符时，首先要设置 DDRAM 定位数据指针，此操作可通过命令 8 完成。例如，要写字符到 DDRAM 的 40H 处，则命令 8 的格式为 80H+40H=C0H，其中 80H 为命令代码，40H 是要写入字符处的地址。

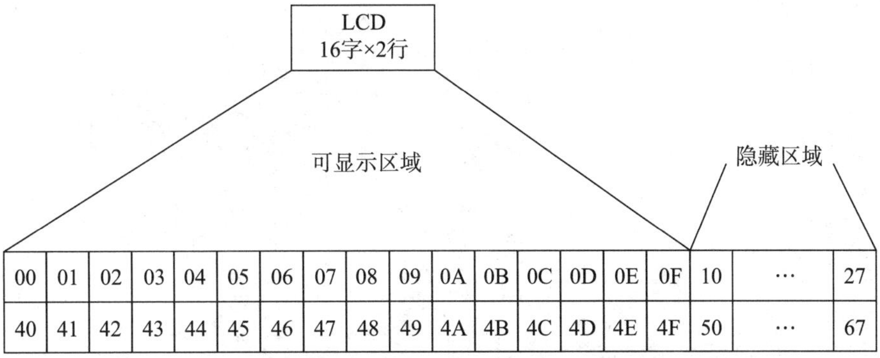

图 4－16　RT1602 内部 RAM 地址映射关系

4. RT1602 液晶模块读写操作时序

RT1602 液晶模块写时序图如图 4－17 所示。首先将 RS（寄存器选择）引脚设置为低电平（指令寄存器）或高电平（数据寄存器），以确定是写入指令还是数据。然后将 RW（读写选择）引脚设置为低电平，表示进行写操作。最后，将数据或指令放到数据线上，并通过使能引脚 E 产生一个高脉冲来触发数据的写入。读操作与写操作类似，但 RW 引脚需设置为高电平。同样先设置 RS 为低（读指令）或高（读数据），然后使 RW 为高，通过使能 E 引脚，从数据线上读取数据。

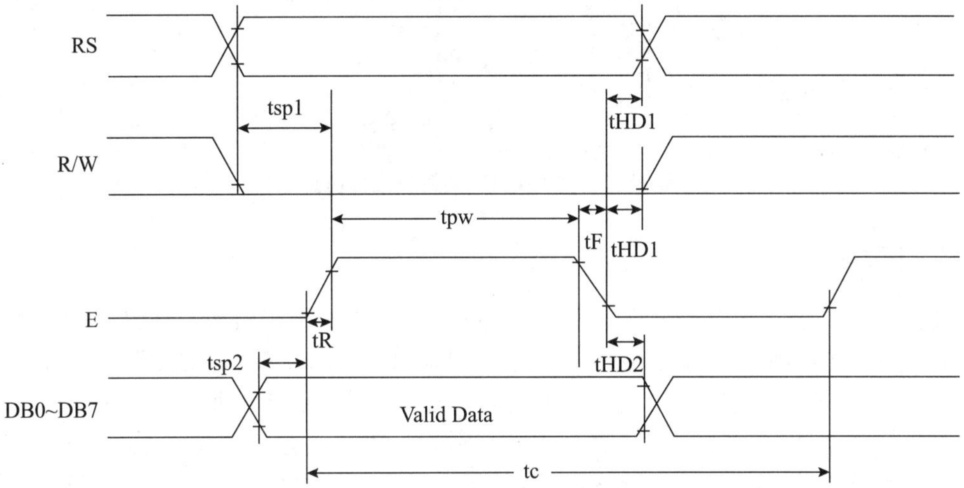

图 4－17　RT1602 液晶模块写时序图

实施案例

一、硬件电路设计

如图 4－18 所示，密码键盘通常需要 10 个数字键 0～9、退格键 DEL 及确认键 OK 共 12 个按键，因此用 PA 口的 PA0～PA6 构成 3 行 4 列的键盘矩阵就能满足需求。RT1602 液晶显示模块由 PB 口的引脚控制，其中 PB3～PB5 分别控制液晶显示模块的 RS、R/W、E 引脚，产生相应的时序信号，PB8～PB15 与液晶显示模块的数据线 D0～D7 相连，虚拟终端用来模拟 PC 机。

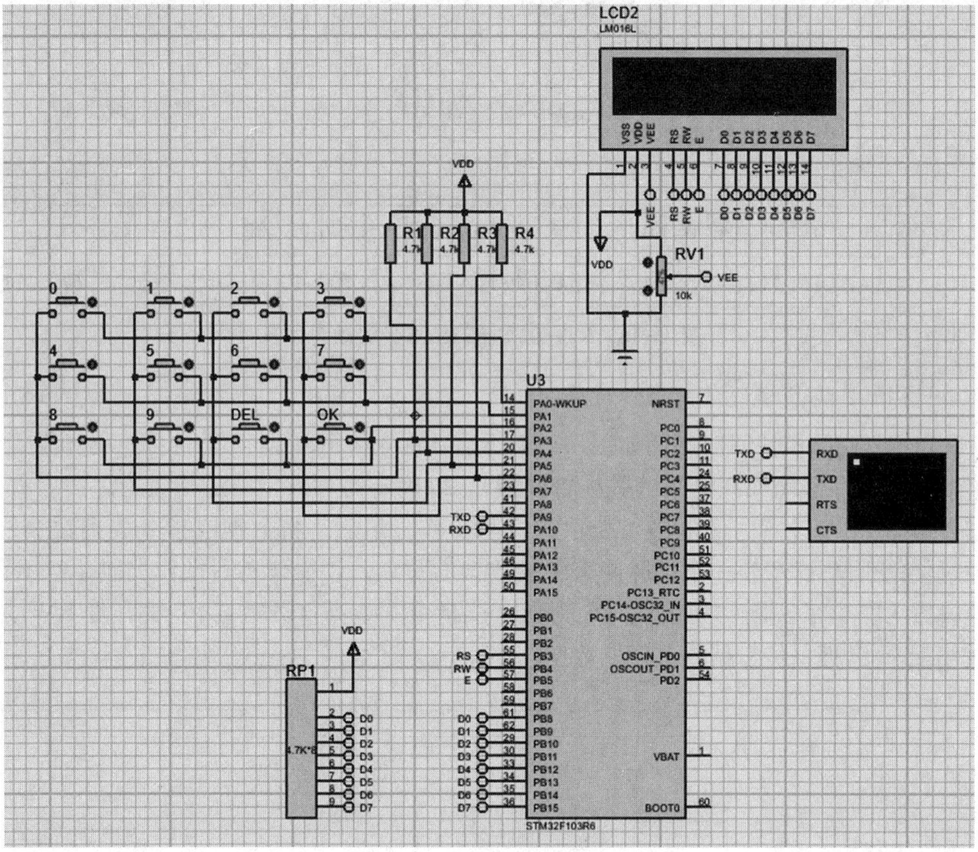

图 4-18　ATM 机密码键盘硬件仿真图

二、软件设计

复制本项目中任务 1 的工程文件夹，改名为 ATM 机密码键盘，注意不要复制任务 2 的工程文件夹，因为任务 2 中串口初始化时添加了串口中断的初始化，而本任务中 STM32 与 PC 机串行通信接收数据时采用的是轮询方式，而非中断接收串口数据。本任务涉及密码键盘输入和液晶显示，因此要分别编写矩阵键盘驱动和液晶显示模块驱动。新建矩阵键盘的驱动文件 keyboard. c 和 keybaord. h，并添加到工程中的 HARD 组中。新建 RT1602 液晶显示屏驱动文件 lcd1602. c 和 lcd1602. h，也添加到工程的 HARD 组中。

1. 程序分析

STM32 与 PC 机的通信，可以简单地定义两者的通信协议，具体指令/状态如下：

0x41 为读取密码指令，微控制器收到该指令后，等待用户输入密码，并将密码发送给 PC 机。

0x42 为 PC 机返回的状态信息：密码正确。

0x43 为 PC 机返回的状态信息：密码错误。

系统上电后，液晶屏显示“Welcome ATM”，STM32 处于待命状态，等待来自 PC

的读密码指令，当 PC 需要读取密码时，向微控制器发送 0x41 指令，微控制器接收到指令后在液晶屏显示“Please enter password:”，等待用户输入密码，在此可以设定一个键盘字符数组 keyBuf [7]，用变量 keyLen 表示当前输入字符的个数，每输入一个字符就将数组加一，同时液晶屏显示“*”表示加密处理；按下“删除”键，键盘字符数组和液晶屏显示就退回一个字符；按下“确认”键，微控制器将键盘字符数组中的数据转换为 ASCII 码通过串口发送给 PC 机，同时等待 PC 机的应答。如果 PC 机返回的是 0x42，说明密码正确，显示“Welcome ATM”，如果 PC 机返回的是其他值，说明密码错误，显示“Error，Please enter again”。主程序及密码输入程序 getPassword（）的流程图如图 4-19 和图 4-20 所示。

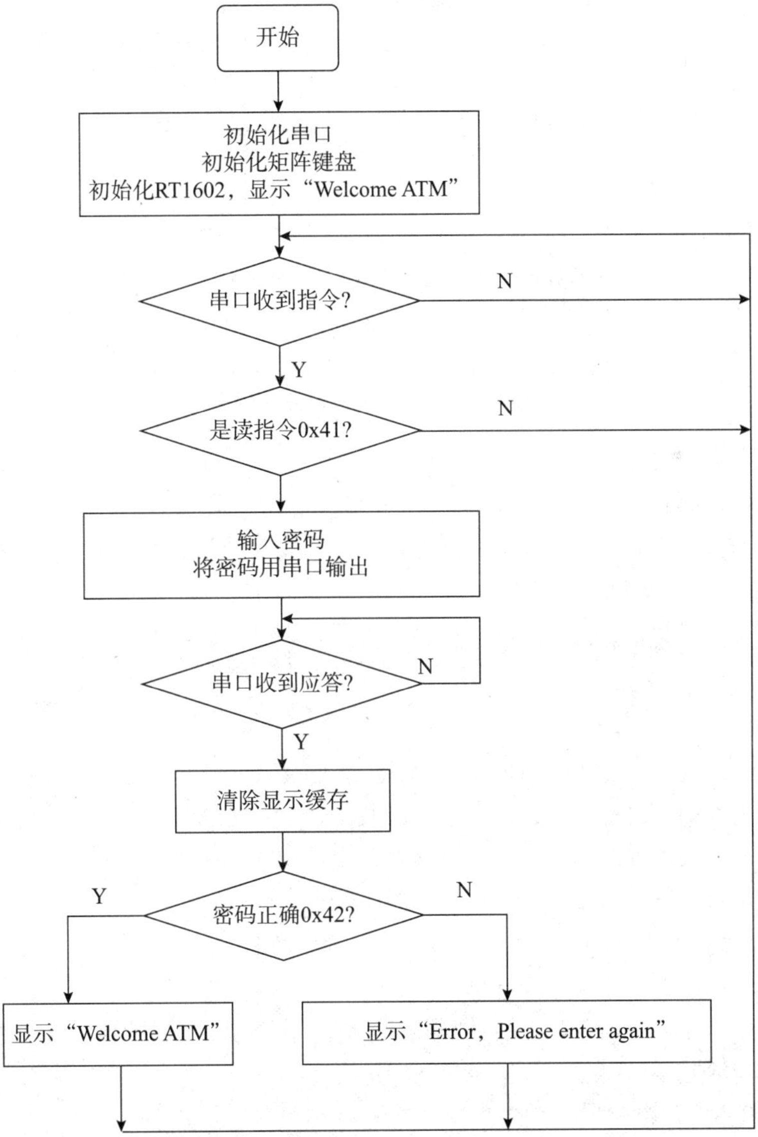

图 4-19　密码键盘主程序流程图

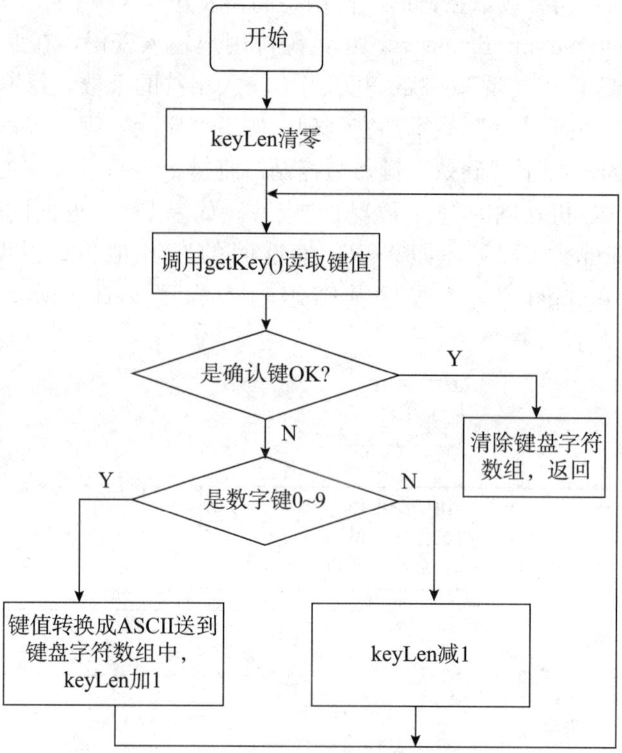

图 4-20　密码输入程序流程图

2. 代码清单

矩阵键盘的驱动文件 keyboard.c 代码主要包含两个函数：一个用于初始化端口；另一个用于获取按键值。其中 PA0～PA2 控制行，要设置成推挽输出模式；PA3～PA6 控制列，要设置成上拉输入模式，代码如下：

```
#include <keyboard.h>
void KeyBoard_Init(void)
{
    GPIO_InitTypeDef GPIO_InitStructRow,GPIO_InitStructCol;
    RCC_APB2PeriphClockCmd(RCC_APB2Periph_GPIOA, ENABLE);
    GPIO_InitStructRow.GPIO_Pin = GPIO_Pin_0|GPIO_Pin_1|GPIO_Pin_2;
    GPIO_InitStructRow.GPIO_Mode = GPIO_Mode_Out_PP;
    GPIO_InitStructRow.GPIO_Speed = GPIO_Speed_2MHz;
    GPIO_Init(GPIOA, &GPIO_InitStructRow);
    GPIO_InitStructCol.GPIO_Pin = GPIO_Pin_3|GPIO_Pin_4|GPIO_Pin_5|GPIO_Pin_6;
    GPIO_InitStructCol.GPIO_Mode = GPIO_Mode_IPU;
    GPIO_Init(GPIOA, &GPIO_InitStructCol);
}
u8  getKey(void)
```

```
{
    u8 key = 0xFF;
    u8 temp;
    //第一行
    GPIO_Write(GPIOA, 0x7E);
    temp = (u8)GPIO_ReadInputData(GPIOA);
    if((temp&0x7E)! = 0x7E)
    {
        delay(10);
        temp = (u8)GPIO_ReadInputData(GPIOA);
        if((temp&0x7E)! = 0x7E)
        {
            switch(temp&0x7E)
            {
                case 0x76: key = 0;break;
                case 0x6E: key = 1;break;
                case 0x5E: key = 2;break;
                case 0x3E: key = 3;break;
            }
            while((temp = (u8)GPIO_ReadInputData(GPIOA)&0x7E)! = 0x7E);
        }
    }
    //第二行
    GPIO_Write(GPIOA, 0x7D);
    temp = (u8)GPIO_ReadInputData(GPIOA);
    if((temp&0x7D)! = 0x7D)
    {
        delay(10);
        temp = (u8)GPIO_ReadInputData(GPIOA);
        if((temp&0x7D)! = 0x7D)
        {
            switch(temp&0x7D)
            {
                case 0x75: key = 4;break;
                case 0x6D: key = 5;break;
                case 0x5D: key = 6;break;
                case 0x3D: key = 7;break;
            }
```

```
            while((temp = (u8)GPIO_ReadInputData(GPIOA)&0x7D)! = 0x7D);
        }
    }
    //第三行
    GPIO_Write(GPIOA, 0x7B);
    temp = (u8)GPIO_ReadInputData(GPIOA);
    if((temp&0x7E)! = 0x7B)
    {
        delay(10);
        temp = (u8)GPIO_ReadInputData(GPIOA);
        if((temp&0x7B)! = 0x7B)
        {
            switch(temp&0x7B)
            {
                case 0x73: key = 8;break;
                case 0x6B: key = 9;break;
                case 0x5B: key = 10;break;
                case 0x3B: key = 11;break;
            }
            while((temp = (u8)GPIO_ReadInputData(GPIOA)&0x7B)! = 0x7B);
        }
    }
    return key;
}
```

keyboard.h 头文件中的代码如下：

```
#ifndef __KEYBOARD_H
#define __KEYBOARD_H
#include <stm32f10x.h>
#include "delay.h"
void KeyBoard_Init(void);
u8 getKey(void);
#endif
```

RT1602 液晶模块驱动源文件 lcd1602.c 中的代码如下：

```
#include "lcd1602.h"
void  LCD_Delay_us(uint16_t  μs)
{
    u8 i;
```

```
    for(i = 0;i<15;i++)
        ;
}
void  LCD_Delay_ms(uint8_t  ms)
{
    delay(ms);
}
void LCD1602_GPIO_Init(void)
{
    GPIO_InitTypeDef LCD1602_GPIOStruct;
    RCC_APB2PeriphClockCmd(RCC_APB2Periph_GPIOB, ENABLE);
    LCD1602_GPIOStruct.GPIO_Mode = GPIO_Mode_Out_PP;
    LCD1602_GPIOStruct.GPIO_Speed = GPIO_Speed_10MHz;
    LCD1602_GPIOStruct.GPIO_Pin = GPIO_Pin_3 | GPIO_Pin_4 | GPIO_Pin_5;
    GPIO_Init(GPIOB,&LCD1602_GPIOStruct);
    LCD1602_GPIOStruct.GPIO_Mode = GPIO_Mode_Out_OD;
    LCD1602_GPIOStruct.GPIO_Pin =  0xFF00;
    GPIO_Init(GPIOB,&LCD1602_GPIOStruct);
}
void  LCD1602_WriteCmd(uint8_t cmd)
{
    LCD_RS(Bit_RESET);
    LCD_RW(Bit_RESET);
    GPIOB->ODR = (GPIOB->ODR & 0x00FF) | (cmd<<8);
    LCD_E(Bit_SET);
    LCD_Delay_us(1);
    LCD_E(Bit_RESET);
    LCD_Delay_us(1);
}
void LCD1602_WriteDat(uint8_t dat)
{
    LCD_RS (Bit_SET);
    LCD_RW(Bit_RESET);
    GPIOB->ODR = (GPIOB->ODR & 0x00FF) | (dat<<8);
    LCD_E(Bit_SET);
    LCD_Delay_us(1);
    LCD_E(Bit_RESET);
    LCD_Delay_us(1);
```

```
}
void LCD1602_Init(void)
{
    LCD1602_GPIO_Init();      //开启 GPIO 口
    LCD1602_WriteCmd(0x01);  //清屏
    LCD1602_WriteCmd(0X38);  //设置双行显示,5×7 点阵,8 位数据总线
    LCD1602_WriteCmd(0x0C);  //显示器开,光标关闭
    LCD1602_WriteCmd(0x06);  //文字不动,地址自动+1
    LCD_Delay_ms(5);
}
void LCD_Puts(uint8_t x,uint8_t y,char *p)
{
    if(x==0)
        LCD1602_WriteCmd(0x80+y);
    else
        LCD1602_WriteCmd(0xC0+y);
    while(*p)
        LCD1602_WriteDat(*p++);
}
```

lcd1602.h 头文件中的代码如下：

```
#ifndef __LCD1602_H
#define __LCD1602_H
#include <stm32f10x.h>
#include "delay.h"
#define LCD_RS(x)     GPIO_WriteBit(GPIOB,GPIO_Pin_3,x)// RS 命令或数据引脚
#define LCD_RW(x)     GPIO_WriteBit(GPIOB,GPIO_Pin_4,x)// RW 读写引脚
#define LCD_E(x)     GPIO_WriteBit(GPIOB,GPIO_Pin_5,x)// E 脉冲使能引脚
void LCD1602_GPIO_Init(void);
void LCD1602_Init(void);
void LCD1602_WriteDat(uint8_t dat);
void LCD1602_WriteCmd(uint8_t cmd);
void LCD_Puts(uint8_t x,uint8_t y,char *p);
#endif
```

main.c 文件中主要包含主函数和从键盘获取密码的操作，代码如下：

```
#include <stm32f10x.h>
#include <string.h>
#include <stdio.h>
```

```
#include "delay.h"
#include "led.h"
#include "usart1.h"
#include "lcd1602.h"
#include "keyboard.h"
#define OK  0x0B
#define DEL 0x0A
void getPassword(void);
int main()
{
    u8 dat;
    SERIAL_Init();
    LCD1602_Init();
    KeyBoard_Init();
    printf("HelloWorld\r\n");//测试串口通信是否成功
    LCD_Puts(0, 3,"Welcome ATM");
    while(1)
    {
      while(USART_GetFlagStatus(USART1, USART_FLAG_RXNE) == RESET);//等待PC
机发读指令
      USART_ClearFlag(USART1, USART_FLAG_RXNE);
      dat = USART_ReceiveData(USART1);   //读取串口指令
      printf("%c",dat);               //回显指令
      if(dat == 0x41)                  //如果是读指令
      {
         LCD_Puts(0, 0,"                "); //清除RT1602显示屏
         LCD_Puts(1, 0,"                ");
         LCD_Puts(0, 0,"Please enter pas"); //显示"Please enter password:"
         LCD_Puts(1, 0,"sword:");                //一行不够到第二行显示
         getPassword();                        //从矩阵键盘获得密码
         while(USART_GetFlagStatus(USART1, USART_FLAG_RXNE) == RESET);//等待
PC机应答
         USART_ClearFlag(USART1, USART_FLAG_RXNE);
         dat = USART_ReceiveData(USART1);//读取应答字符
         printf("%c",dat);           //回显应答字符
         if(dat == 0x42)              //如果密码正确
         {
            LCD_Puts(0, 0,"                ");
            LCD_Puts(1, 0,"                ");
```

```
            LCD_Puts(0, 0,"Welcome ATM"); //显示"Welcome ATM"
        }else                                  // 否则,密码错误
        {
            LCD_Puts(0, 0,"                  ");
            LCD_Puts(1, 0,"                  ");
            LCD_Puts(0, 0,"Error,Please ent");//显示"Error,Please enter again"
            LCD_Puts(1, 0,"er again!");
        }
      }
    }
}
//获取键盘密码操作
void getPassword(void)
{
    u8 key;
    u8 keyLen = 0;
    char keyBuf[7];
    while(1)
    {
        key = getKey();
        if(key = = OK)                  //如果按键值是确认
        {
            keyBuf[keyLen] = 0;//密码输入结束
            printf(" % s",keyBuf);//将密码发送给 PC 机
            memset(keyBuf,0,7);         //清除密码字符数组
            return;
        }
        else if(key <= 9)
        {
            keyBuf[keyLen + + ] = key + 0x30;  //将数字密码转换成数字字符存入数组中
            LCD_Puts(1, 6 + keyLen," * ");//在液晶显示屏上显示加密符号" * "
        }
        else if(key = = DEL)                 //如果按键值是删除
        {
            LCD_Puts(1, 6 + keyLen," ");  //将液晶显示屏的加密符号" * "改成空格
            if(keyLen>0)      keyLen - - ;//数组长度减一
        }
    }
}
```

3. 运行结果

在 Keil MDK 环境中生成.hex 文件，与 Proteus 连接并全速运行，结果如图 4 - 21 所示，在虚拟终端的窗口输入大写字符“A”（其 ASCII 码为 0x41），表示读密码指令，等待 ATM 机键盘输入密码，接着按下“OK”键，通过串口将密码送到虚拟终端，显示从键盘输入的密码。如果此时在终端的串口中输入字符“B”（ASCII 码 0x42），表示密码正确，液晶屏显示“Password is Correct”；如果在虚拟终端输入其他字符，表示密码不正确，液晶屏显示“Error，Please enter again”。

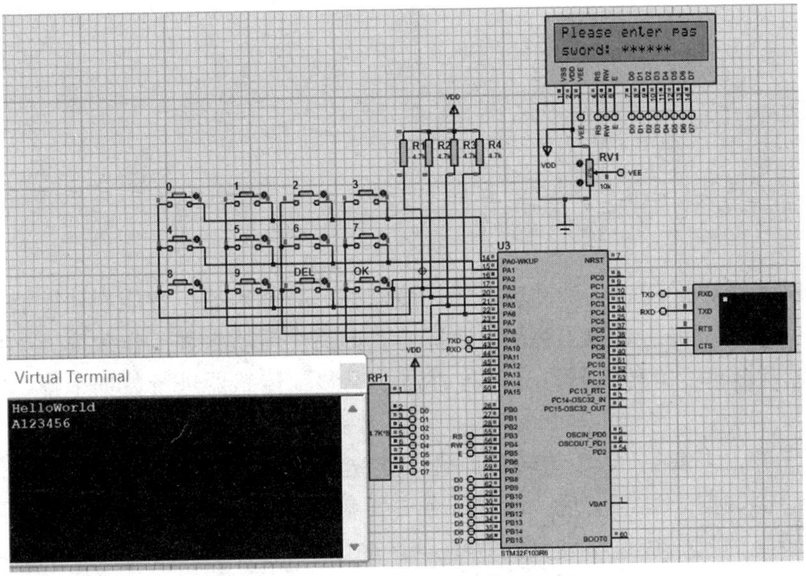

图 4 - 21　密码输入发送虚拟终端效果

二维码：银行 ATM 机密码键盘的代码实现和运行结果

项目小结

通过本项目的学习，同学们深入了解了串口通信的原理和工作方式，以及 STM32 串口的配置、数据发送与接收的方法。能够灵活运用串口通信实现设备之间的数据交互，为开发完整的嵌入式系统打下了坚实的基础。

另外，本项目还讲述了矩阵键盘和 RT1602 液晶模块的原理，有助于同学们了解人机交互设备与 STM32 微控制器的连接和控制方法，以及基本的输入/输出设备的编程技巧。

思考与练习

1. 什么叫串行通信和并行通信？各有什么特点？
2. 什么叫异步串行通信和同步串行通信？各有什么特点？
3. 异步串行通信数据帧由哪些部分组成？
4. 简述 RS-232 接口的电气特性。如何将 TTL 电平转换成 RS-232 电平？
5. 简述矩阵键盘的工作原理。

项目5
环境监控系统的设计

项目导读

环境数据采集技术可以应用于各个领域，如环境监测、智能家居、智能农业，通过采集和分析环境数据，人们可以更好地了解和控制环境，提高生活质量和工作效率。本项目将基于STM32微控制器对烟雾传感器、光敏传感器、温湿度传感器进行数据采集，完成环境的智能监控。

同学们可通过任务1了解ADC模数转换原理，建立模拟电路到数字电路的过渡仿真模型，完成烟雾传感器数据采集与实现；通过任务2了解什么是DMA，明确DMA可以直接将多通道模数转换的数据快速移动到内存中，节省CPU的资源；通过任务3学习如何用DHT11温湿度传感器构建一个温湿度采集系统。

学习目标

知识目标：

- 了解ADC的工作原理，以及采样、量化和编码等基本概念。
- 了解DMA的基本概念和工作原理，掌握STM32中DMA控制器的结构和功能特性。
- 了解DHT11温湿度传感器的工作原理和基本结构，掌握DHT11的通信协议和数据格式。

技能目标：

- 能够根据实际任务需求，合理配置ADC和DMA的工作参数。
- 能实现对DHT11温湿度传感器的数据读取和处理，将DHT11温湿度传感器集成到任务中。
- 能利用串口调试助手，对通信过程和数据进行监测和分析，排查故障。

素养目标：

- 培养严谨的工程思维，注重细节，确保系统的稳定性和可靠性。

● 增强创新意识，能进一步根据特定的应用场景，灵活运用微控制器技术，优化系统设计，提高解决问题的能力。

任务 1　烟雾传感器数据采集

知识链接

一、ADC 的原理、参数及类型

1. 模数转换过程

ADC（Analog to Digital Convert，模数转换器）是连接模拟信号和数字信号的桥梁。如图 5-1 所示，模拟信号经过采样、量化、编码 3 个步骤后转换成数字信号。

图 5-1　模拟信号转换为数字信号的过程

（1）采样：对模拟信号进行周期性的抽取，把时间上连续的信号变成时间上离散的信号。如图 5-2 所示，采样是在间隔为 T 的 T、$2T$、$3T$、…时刻抽取被测模拟信号幅值，相邻两个采样时刻之间的间隔 T 称为采样周期，其倒数为采样频率 f_s。将取样电路每次取得的模拟信号转换为数字信号都需要一定时间，为了给后续的量化编码过程提供一个稳定值，每次取得的模拟信号必须通过保持电路保持一段时间。

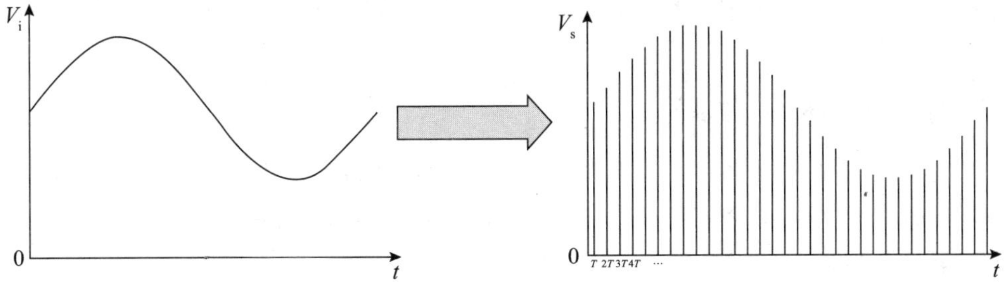

图 5-2　信号采样的过程

（2）量化：对模拟信号进行采样后，得到一个时间上离散的脉冲信号序列，但每个脉冲的幅度仍然是连续的。而 CPU 所能处理的数字信号不仅在时间上是离散的，而且数值大小的变化也是不连续的，因此必须把采样后每个脉冲的幅度进行离散化处理，得到被 CPU 处理的离散数值，这个过程称为量化。

（3）编码：把量化的结果用二进制数表示出来称为编码。一个 n 位量化的结果值恰好用一个 n 位二进制数表示，这就是 ADC 转换完成后的输出结果。

2. 模数转换的技术指标

模数转换的技术指标主要包括参考电压、采样精度、分辨率和转换时间。

（1）参考电压：是指 ADC 所能转换的模拟输入电压的范围，分为单极性（只有正向参考电压或者只有负向参考电压）和双极性（既有正向参考电压也有负向参考电压）。

（2）采样精度：是指对于 ADC 的数字输出（二进制位数）其实际需要的模拟输入值与理论上要求的模拟输入值之差。

（3）分辨率：是指 ADC 所能分辨的最小模拟输入量，反映 ADC 对输入信号微小变化的响应能力。

（4）转换时间：是指从启动 ADC 开始到获得相应数据所需要的总时间。

3. 模数转换类型

模数转换按照转换原理的不同，可以分为逐次逼近式、双积分式和 V/F 变换式。按信号传输形式可分为并行 A/D 和串行 A/D。

（1）逐次逼近式。

逐次逼近式属于直接式 ADC，其原理可理解为将输入模拟量逐次与 UREF/2、UREF/4、UREF/8、…、UREF/2N－1 作比较，模拟量大于比较值取 1（并减去比较值），否则取 0。逐次逼近式 ADC 转换精度高，速度较快，价格适中，是目前种类最多、应用最广的 ADC，典型的 8 位逐次逼近式 A/D 芯片有 ADC0809。

（2）双积分式。

双积分式是一种间接式 ADC，其原理是将输入模拟量和基准量通过积分器积分，转换为时间，再对时间进行计数，计数值即为数字量。这种转换方式的优点是转换精度高，缺点是转换时间较长，一般要 40～50ms，适用于转换速度不快的场合。典型芯片有 MC14433 和 ICL7109。

（3）V/F 变换式。

V/F 变换式也是一种间接式 ADC，其原理是将模拟量转换为频率信号，再对频率信号计数，转换为数字量。其特点是转换精度高，抗干扰性强，便于长距离传送，廉价，但转换速度偏低。

二、STM32 的 ADC 工作原理

STM32F103 系列最多有 3 个 ADC 外设，都是 12 位的逐次逼近式。其中 ADC 都有 18 个测量通道，包括 16 个外部通道和 2 个内部信号（内部温度和内部参考电压），各通道的 A/D 转换可以以单次、连续、扫描或间断模式执行。

单个 ADC 的功能结构框图如图 5－3 所示。其核心为模拟信号至数字信号转换器，它由软件或硬件触发，在 ADCLK 的驱动下对规则通道或注入通道中的模拟信号进行采样、量化和编码。接下来按照图中标号的顺序来介绍 ADC 的功能。

1. ADC 的输入电压范围（标号 1）

ADC 输入范围：VREF－≤VIN≤VREF＋，由图 5－3 中的 VREF＋、VREF－、VDDA 和 VSSA 4 个外部引脚电压决定，在设计原理图时一般把 VREF－和 VSSA 接地，把 VREF＋和 VDDA 接 3.3V 电压，得到 ADC 的输入电压范围是 0～3.3V。

2. ADC 的输入通道（标号 2）

在确定了 ADC 的输入电压之后，待测电压信号怎么输入 ADC 呢？

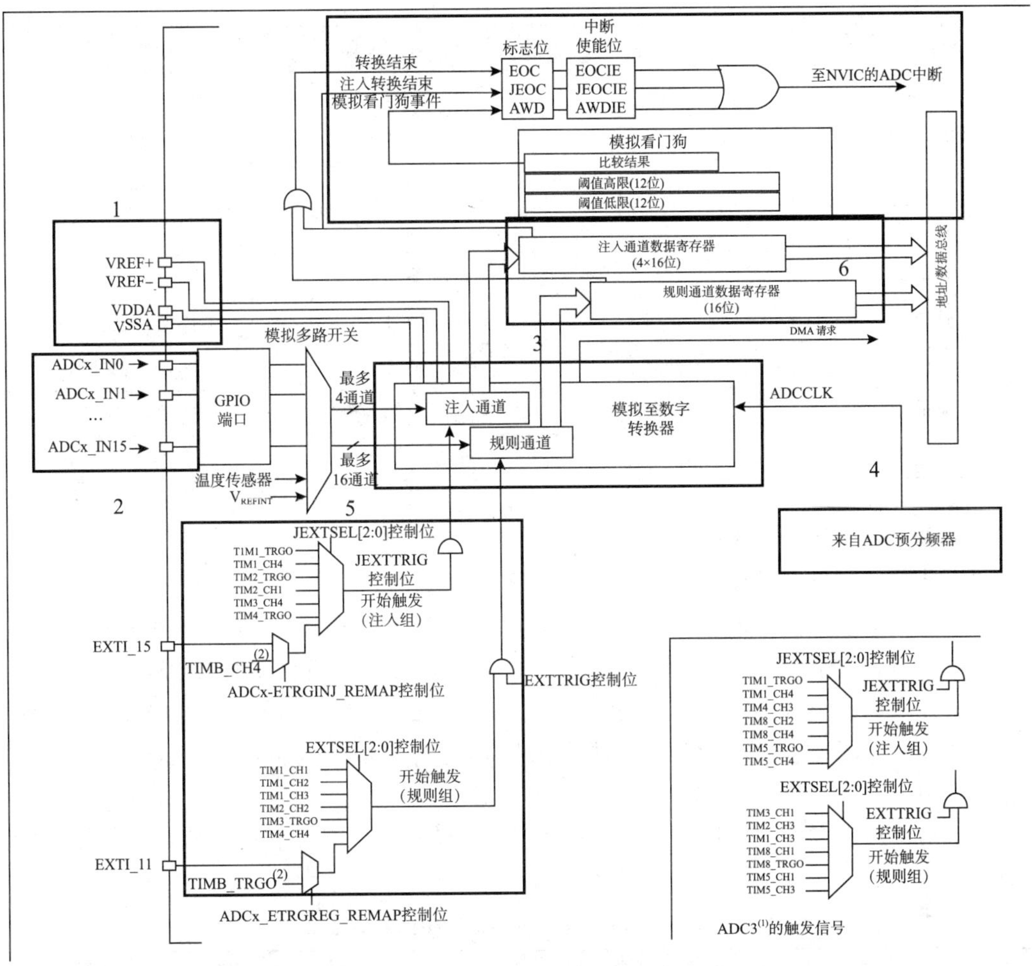

图 5－3　单个 ADC 的功能结构框图

这里引入通道的概念。ADC1 的 16 个外部通道就是图 5－3 标号 2 中的通道 0～通道 15，同时这 16 个通道与 GPIO 端口复用，具体对应关系见表 5－1。

表 5－1　STM32 的 ADC 输入通道对应的 GPIO 端口

通道	ADC1	ADC2	ADC3
通道 0	PA0	PA0	PA0
通道 1	PA1	PA1	PA1
通道 2	PA2	PA2	PA2
通道 3	PA3	PA3	PA3
通道 4	PA4	PA4	PF6
通道 5	PA5	PA5	PF7
通道 6	PA6	PA6	PF8
通道 7	PA7	PA7	PF9
通道 8	PB0	PB0	PF10

续表

通道	ADC1	ADC2	ADC3
通道 9	PB1	PB1	连接内部 VSS
通道 10	PC0	PC0	PC0
通道 11	PC1	PC1	PC1
通道 12	PC2	PC2	PC2
通道 13	PC3	PC3	PC3
通道 14	PC4	PC4	连接内部 VSS
通道 15	PC5	PC5	连接内部 VSS
通道 16	温度传感器	连接内部 VSS	连接内部 VSS
通道 17	内部参考电压	连接内部 VSS	连接内部 VSS

3. 通道的转换顺序（标号 3）

多个通道同时进行转换，就会存在先后顺序的问题。

(1) 规则通道组：平时使用的就是这类通道。规则通道和它的转换顺序可在 ADC_SQRx 寄存器中选择，规则组转换的总数应写入 ADC_SQR1 寄存器的 L [3：0] 中。

(2) 注入通道组：可以理解为插队，类似中断。最多有 4 个通道。注入组和它的转换顺序在 ADC_JSQR 寄存器中选择。注入组里转化的总数应写入 ADC_JSQR 寄存器的 L [1：0]中。

各通道都可以以单次、连续、扫描和非扫描模式进行，具体转换方式与扫描模式的关系见表 5-2。

表 5-2　ADC 转换方式与扫描模式的关系

转换方式	扫描模式	运行结果扫描
单次转换	非扫描模式	转换序列内第一个通道转换一次即停止
连续转换	非扫描模式	转换序列内第一个通道连续转换
单次转换	扫描模式	转换序列内所有通道按顺序转换一次即停止
连续转换	扫描模式	转换序列内所有通道按顺序转换一次并继续下一轮

4. ADC 的输入时钟与采样周期（标号 4）

STM32 的 ADC 输入时钟是由 APB2 时钟（一般与系统时钟相同）经 ADC 分频器得到，最大不超过 14MHz（当主频为 72MHz 时，经过 6 分频，为 12MHz），ADC 转换时间为 1.17μs。ADC 对输入的电压采集需要若干 ADC_CLK 周期，每个通道可以单独设置采样周期，其中采样周期最小是 1.5 个时钟周期。

ADC 转换时间 TCONV＝采样时间＋量化编码时间（其中量化编码时间固定为 12.5 个 ADC 时钟周期），当 ADC_CLK＝14MHz 时，采样周期最快为 1.5 个周期，那么总时间（最短）TCONV＝1.5 个周期＋12.5 个周期＝14 个周期＝1μs。采样周期数目可以通过 ADC_SMPR1 和 ADC_SMPR2 寄存器中的 SMP [2：0] 位更改。

5. ADC 的触发方式（标号 5）

规则通道组序列可以由软件触发，也可以由硬件触发。具体触发方式见表 5-3。

表 5-3 ADC 触发方式

触发源	类型	EXTSEL [2: 0]
TIM1_CC1 事件	来自片上定时器的内部信号	000
TIM1_CC2 事件		001
TIM1_CC3 事件		010
TIM2_CC2 事件		011
TIM3_TRGO 事件		100
TIM4_CC4 事件		101
EXTI 线 11/TIM8_TRGO	外部引脚/来自片上定时器的内部信号	110
SWSTART	软件控制位	111

6. ADC 的数据寄存器（标号 6）

ADC 的转换结果是 12 位的数据，但 ADC 数据寄存器是 16 位的，所以 ADC 的转换结果可以选择左对齐方式或右对齐方式。注入组数据寄存器有 4 个（每一个注入通道有一个专用的注入通道数据寄存器）。而规则组数据寄存器只有一个，16 个规则通道共用一个规则数据寄存器，如果选择多通道转换模式，则可能出现前一个时间点的通道转换数据被下一个时间点的另外一个通道转换数据覆盖。所以在通道转换完成时应及时把数据取走，或者开启 DMA 模式，把数据传输到内存中，避免数据被覆盖。多通道转换最常用的做法就是开启 DMA 传输。

ADC 有一个内置自校准模式，可大幅减小因内部电容器组的变化而造成的准精度误差。校准期间，在每个电容器上都会计算出一个误差修正码（数字值），这个码用于消除在随后的转换中每个电容器上产生的误差。通过设置 ADC _ CR2 寄存器的 CAL 位启动校准。一旦校准结束，CAL 位被硬件复位，可以开始正常转换。建议在上电时执行一次 ADC 校准。校准阶段结束后，校准码存储在 ADC_DR 中。

实施案例

一、硬件电路设计

如图 5-4 所示，本任务中烟雾传感器连接至 STM32 的 ADC1 通道 0 引脚，当调节滑动变阻器的旋钮时，电压会随之改变，修改烟雾浓度。将采集到的烟雾转换数值和浓度值送至串口显示，RT1602 液晶显示模块和项目 4 中任务 3 的连接方式一样，此处用来显示烟雾传感器的浓度和报警阈值。有源蜂鸣器的正极接晶体管的集电极 C，晶体管的发射极接到 V_{DD}电源，晶体管的基极 B 经过限流电阻后由微控制器的 BEEP 引脚控制，当 BEEP 输出高电平时，晶体管 QS 截止，没有电流流过线圈，蜂鸣器不发声；当 BEEP 输出低电平时，晶体管导通，蜂鸣器的电流形成回路，发出报警声。

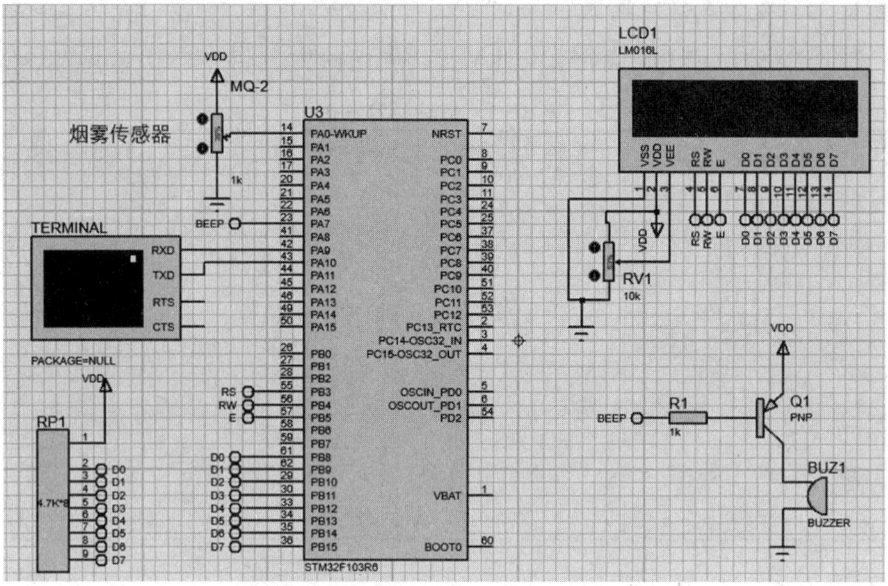

图 5-4　烟雾传感器数据采集硬件仿真图

二、软件设计

由于涉及与 PC 机的通信及 RT1602 液晶屏显示，因此可复制项目 4 任务 3 的工程文件夹并改名为烟雾传感器的数据采集。再新建 ADC 的驱动文件 adc1. c 和 adc1. h 并加到 SYS 文件夹中，对 ADC 外设所复用的通道引脚进行初始化（本项目选择 PA0），配置 ADC 模式相关函数。

1. 程序分析

RT1602 实时显示检测到的烟雾浓度，可以通过滑动变阻器改变测量值。在程序中设置报警值浓度，蜂鸣器报警电路在烟雾浓度高于报警值时启动，有“嘟嘟”报警声，低于报警值时不报警。ADC1 的初始化配置步骤如下：

（1）RCC 开启时钟及分频。

（2）设置 GPIO 口的模式。

（3）设置 ADC 工作参数并初始化。

（4）设置 ADC 工作时钟。

（5）设置 ADC 转换通道及采样时间。

（6）使能 ADC。

（7）复位 ADC 校准，然后检测复位 ADC 校准是否完成。

（8）开启 ADC 校准，然后等待 ADC 校准开启成功。

（9）使能软件触发 ADC。

在标准库头文件 stm32f10x_adc. h 中对模拟数字转换器外设定义了初始化结构体，即 ADC_InitTypeDef，具体成员定义如下：

```
typedef struct
{
    uint32_t ADC_Mode;                              // ADC 工作模式选择
  FunctionalState ADC_ScanConvMode;                 // ADC 扫描(多通道)或者单次(单通道)
    FunctionalState ADC_ContinuousConvMode; // ADC 单次转换或者连续转换选择
    uint32_t ADC_ExternalTrigConv;               // ADC 转换触发信号选择
    uint32_t ADC_DataAlign;                         // ADC 数据寄存器对齐格式
    uint8_t ADC_NbrOfChannel;                       // ADC 采集通道数
} ADC_InitTypeDef;
```

系统上电后，首先完成 USART1、RT1602、ADC1、BEEP 的初始化配置，然后在主函数的循环中每隔 500ms 读取一次 ADC 转换结果并转换成对应的烟雾浓度，在 RT1602 和串口上位机显示。本项目采用独立的单通道连续非扫描模式，以轮询的方式读取 ADC 转换结果，流程图如图 5－5 所示。

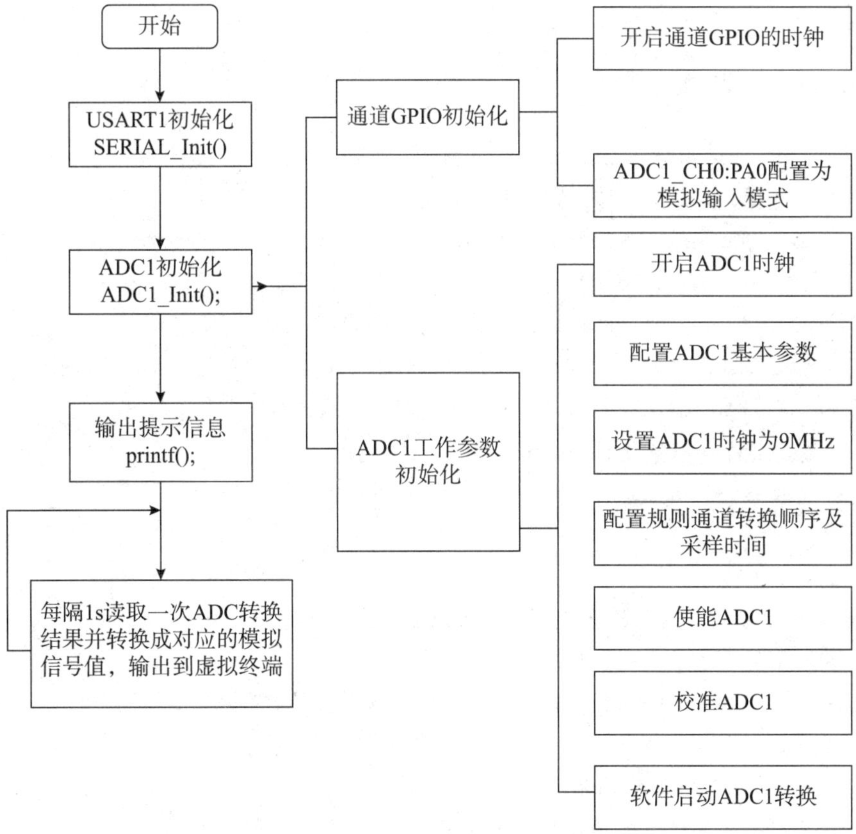

图 5－5　ADC 数据采集主程序流程图

2. 代码清单

adc1. c 源文件中的代码如下：

```
#include "adc.h"
//ADC 的 GPIO 配置 ADC1_CH0:PA0
void ADC1_CH1_GPIO_Init(void)
{
    GPIO_InitTypeDef GPIO_InitStruct;
    RCC_APB2PeriphClockCmd(RCC_APB2Periph_GPIOA,ENABLE);
    GPIO_InitStruct.GPIO_Mode = GPIO_Mode_AIN;//模拟输入
    GPIO_InitStruct.GPIO_Pin = GPIO_Pin_0;
    GPIO_Init(GPIOA, &GPIO_InitStruct);
}
//ADC1 模式配置
void ADC1_Mode_Init(void)
{
    ADC_InitTypeDef ADC_InitStruct;
    RCC_APB2PeriphClockCmd(RCC_APB2Periph_ADC1,ENABLE);
    ADC_InitStruct.ADC_Mode = ADC_Mode_Independent;//独立工作模式
    ADC_InitStruct.ADC_ScanConvMode = DISABLE;  //只有一个通道
    ADC_InitStruct.ADC_ContinuousConvMode = ENABLE;//连续转换
    //不使用外部触发,使用内部软件触发
    ADC_InitStruct.ADC_ExternalTrigConv = ADC_ExternalTrigConv_None;
    ADC_InitStruct.ADC_DataAlign = ADC_DataAlign_Right;//右对齐
    ADC_InitStruct.ADC_NbrOfChannel = 1;//需要扫描的通道数
    ADC_Init(ADC1, &ADC_InitStruct);//ADC 初始化
    RCC_ADCCLKConfig(RCC_PCLK2_Div2);//配置 ADC 时钟
    //ADC 通道配置,包括通道、采样顺序和采样周期
    ADC_ RegularChannelConfig ( ADC1, ADC _ Channel _ 0, 1, ADC _ SampleTime _
13Cycles5);
    ADC_Cmd(ADC1, ENABLE);
    //复位 ADC 校准,然后检测复位 ADC 校准是否完成
    ADC_ResetCalibration(ADC1);
    while( ADC_GetResetCalibrationStatus(ADC1) = = SET);
    //开启 ADC 校准,然后等待 ADC 校准开启成功
    ADC_StartCalibration(ADC1);
    while(ADC_GetCalibrationStatus(ADC1) = = SET);
    //使能软件触发 ADC
    ADC_SoftwareStartConvCmd(ADC1, ENABLE);
}
void ADC1_Init(void)
```

```
{
    ADC1_CH1_GPIO_Init();
    ADC1_Mode_Init();
}
uint16_t getValue(void)
{
    ADC_SoftwareStartConvCmd(ADC1, ENABLE);//软件启动
    while(ADC_GetFlagStatus(ADC1,ADC_FLAG_EOC) = = RESET);//等待转换完成
    return ADC_GetConversionValue(ADC1);
}
```

adc1.h 头文件中的代码如下:

```
#ifndef_ADC1_H
#define_ADC1_H
#include <stm32f10x.h>
void ADC1_Init(void);
u16 getValue(void);
#endif
```

main.c 文件中的代码如下:

```
#include <stm32f10x.h>
#include "delay.h"
#include "usart1.h"
#include "lcd1602.h"
#include "adc1.h"
#include "string.h"
#include "beep.h"
int main(void)
{
    char str[20];
    u16 adcValue,temp,almValue = 100;
    SERIAL_Init();
    LCD1602_Init();
    Beep_Init();
    ADC1_Init(); // ADC 初始化
    printf("HelloWorld! \r\n");
    LCD_Puts(0,0,"MV:");
    LCD_Puts(1,0,"ALM:");
    while(1)
```

```
    {
        adcValue = getValue();
        printf("adcValue: %d\r\n",adcValue);
        temp = (adcValue * 0.4/1024) * 100;
        printf("MV: %dppm\r\n",temp);
        sprintf(str," %dppm",temp);
        LCD_Puts(0,4,"          ");
        LCD_Puts(0,4,str);
        sprintf(str," %dppm",almValue);
        LCD_Puts(1,4,"          ");
        LCD_Puts(1,4,str);
        if(temp>almValue)
        {
            GPIO_ResetBits(GPIOA, GPIO_Pin_7);
        }else{
            GPIO_SetBits(GPIOA, GPIO_Pin_7);
        }
        delay(500);
    }
}
```

3. 运行结果

在 Keil MDK 环境中生成.hex 文件，加载到 Proteus 中全速运行，程序的运行结果如图 5-6 所示。

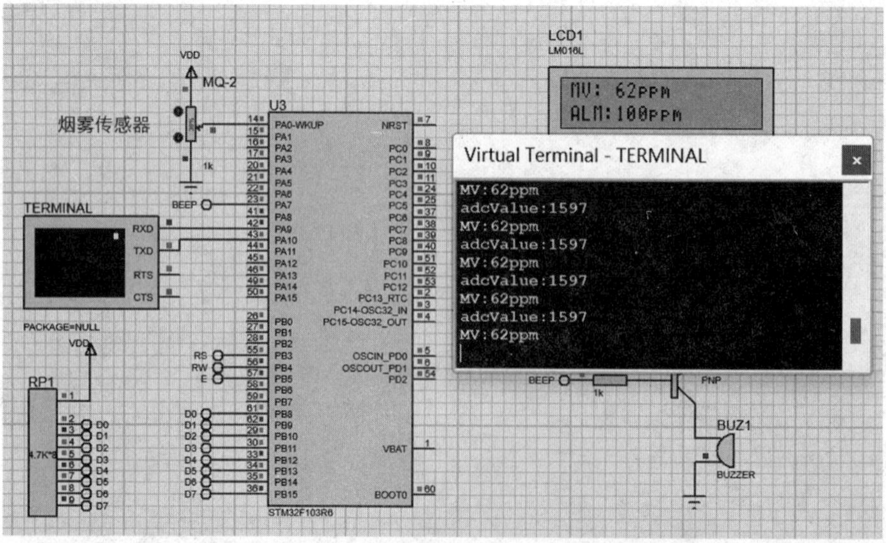

图 5-6　Proteus 烟雾传感器虚拟终端结果显示

二维码：烟雾传感器的数据采集代码实现和运行结果

任务 2　光敏传感器数据采集

知识链接

一、DMA 的基本概念

在任务 1 中，需要反复读取 ADC 烟雾传感器的值，一般采用查询的方式或者中断的方式读取并存放到内存中进行处理。但是无论采用哪种方式都需要 CPU 进行“数据搬运”，这无疑是巨大的资源浪费。于是 DMA 和 DMA 控制器应运而生。

1. DMA 的定义

DMA（Direct Memory Access，直接存储器访问）是一种完全由硬件执行数据交换的工作方式，它由 DMA 控制器控制，而不是由 CPU 控制存储器和存储器、外设和存储器之间的批量数据传输，其工作方式如图 5－7 所示。

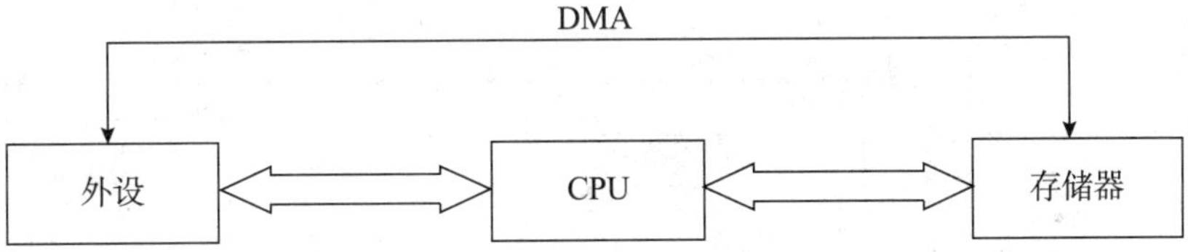

图 5－7　DMA 的工作方式

一般来说，一个 DMA 有若干条通道，每条通道可以连接多个外设。这些连接在同一条 DMA 通道上的多个外设可以分时复用这条 DMA 通道。但同一时刻，一条 DMA 通道上只能有一个外设进行 DMA 数据传送。使用 DMA 进行数据传送需配置的参数包括传送源、传送目标、传送单位数量和触发信号。

2. DMA 传送过程

一个完整的 DMA 数据传送过程如下：

（1）DMA 请求：CPU 对 DMA 控制器进行初始化，并向外设发出操作指令，外设提出 DMA 请求。

（2）DMA 响应：DMA 控制器对 DMA 请求判别优先级及屏蔽，向总线裁决逻辑提出总线请求。当 CPU 执行完当前总线周期即可释放总线控制权。此时，总线裁决逻辑输出总线应答，表示 DMA 已经响应，通过 DMA 控制器通知外设开始 DMA 传送。

（3）DMA 传送：DMA 控制器获得总线控制权后，CPU 即刻挂起或只执行内部操作，由 DMA 控制器输出读写命令，直接控制存储器与外设进行 DMA 传送。

（4）DMA 结束：当完成规定的成批数据传送后，DMA 控制器即释放总线控制权，并向外设发出结束信号。

由此可见，DMA 传送方式不需要 CPU 直接控制，也没有中断处理方式那样保留现场和恢复现场的过程，通过硬件为存储器和存储器、存储器和外设之间开辟一条直接传送数据的通路，使 CPU 的效率大为提高。

二、STM32 的 DMA 工作原理

STM32F103 系列有 2 个 DMA 控制器，共有 12 个通道（DMA1 有 7 个通道，DMA2 有 5 个通道）。每个通道专门用来管理来自一个或多个外设对存储器的访问请求，还有一个仲裁器用来协调各个 DMA 请求的优先权。

如图 5-8 所示，DMA 控制器独立于内核，是一个单独的外设，结构比较简单。通过 DMA 总线直接与总线矩阵相连，外设可以向 DMA 控制器发出 DMA 请求并通过 AHB 总线与 DMA 通道连接。从编程的角度来看，需掌握框图中的三部分标号内容。

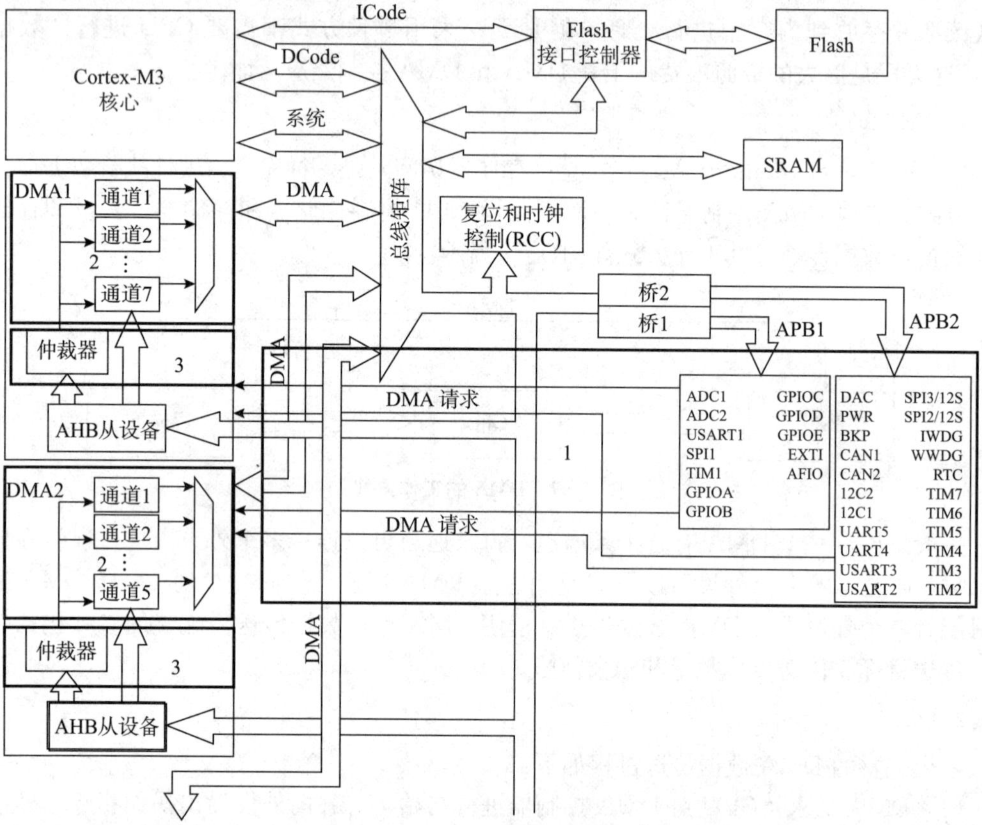

图 5-8　DMA 功能框图

1. DMA 请求（标号 1）

如果一个外设想要通过 DMA 传送数据，则必须先给 DMA 控制器发送 DMA 请求。DMA 控制器收到请求后，会给外设一个应答信号。当外设收到应答信号后，也会给 DMA 控制器一个应答信号。当 DMA 控制器收到外设的应答信号后，启动 DMA 传送。

DMA1 控制器有 7 个通道，每个通道由多个外设共用，一次只能接收其中一个外设的 DMA 请求。外设与存储器（包括 Flash 和 SRAM）通过总线矩阵连接，并且拥有对应的触发请求与控制电路。DMA1 的通道请求映像如图 5-9 所示。

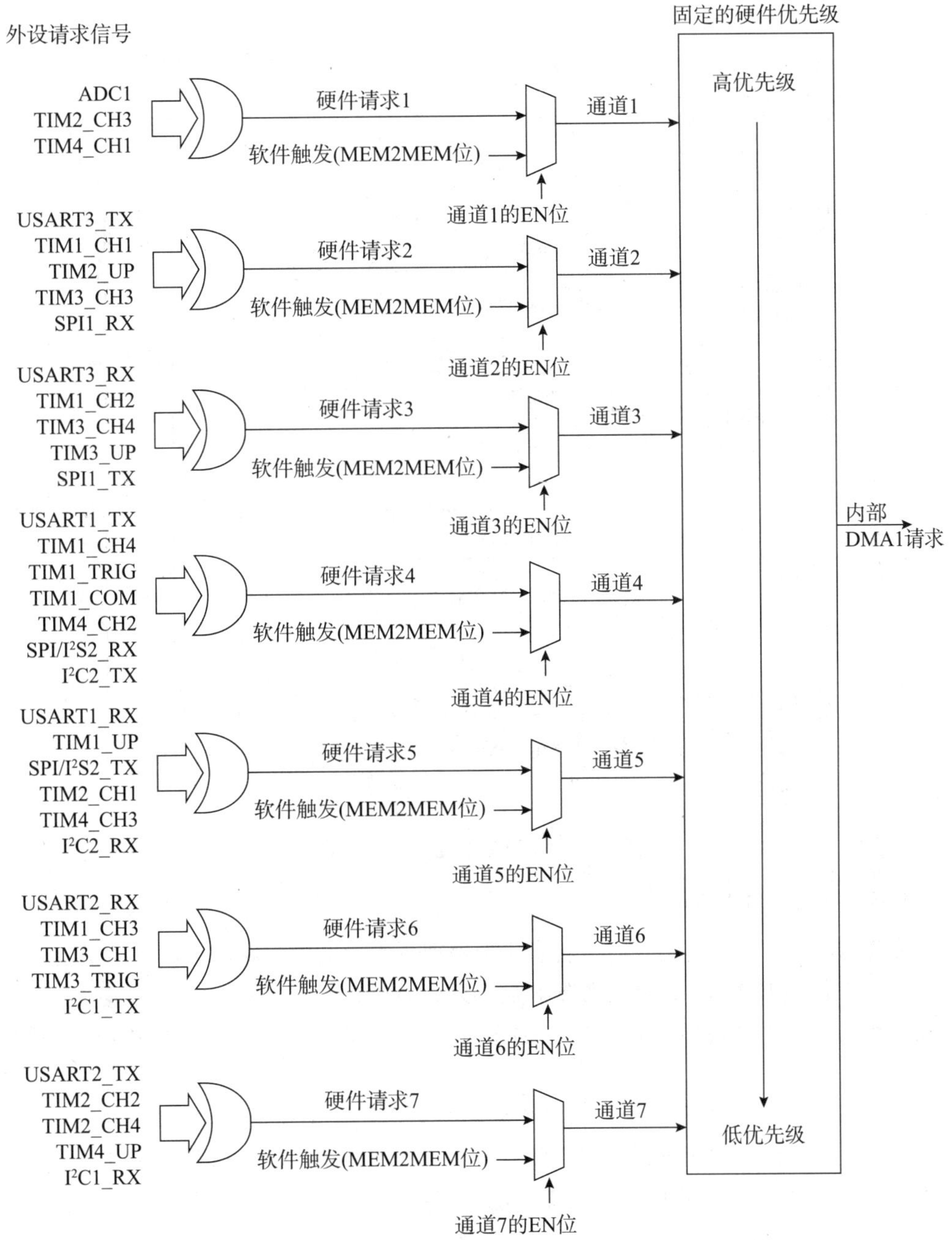

图 5-9 DMA1 的通道请求映像

DMA2 控制器有 5 个通道，其中 ADC3、SDIO 和 TIM8 的 DMA 请求只在大容量的产品中存在。DMA2 的通道请求映像如图 5-10 所示。

2. DMA 通道（标号 2）

DMA 具有 12 个独立可编程的通道，每个通道对应不同外设的 DMA 请求。虽然每个通道可以接收多个外设的 DMA 请求，但是同一时间只能接收一个。

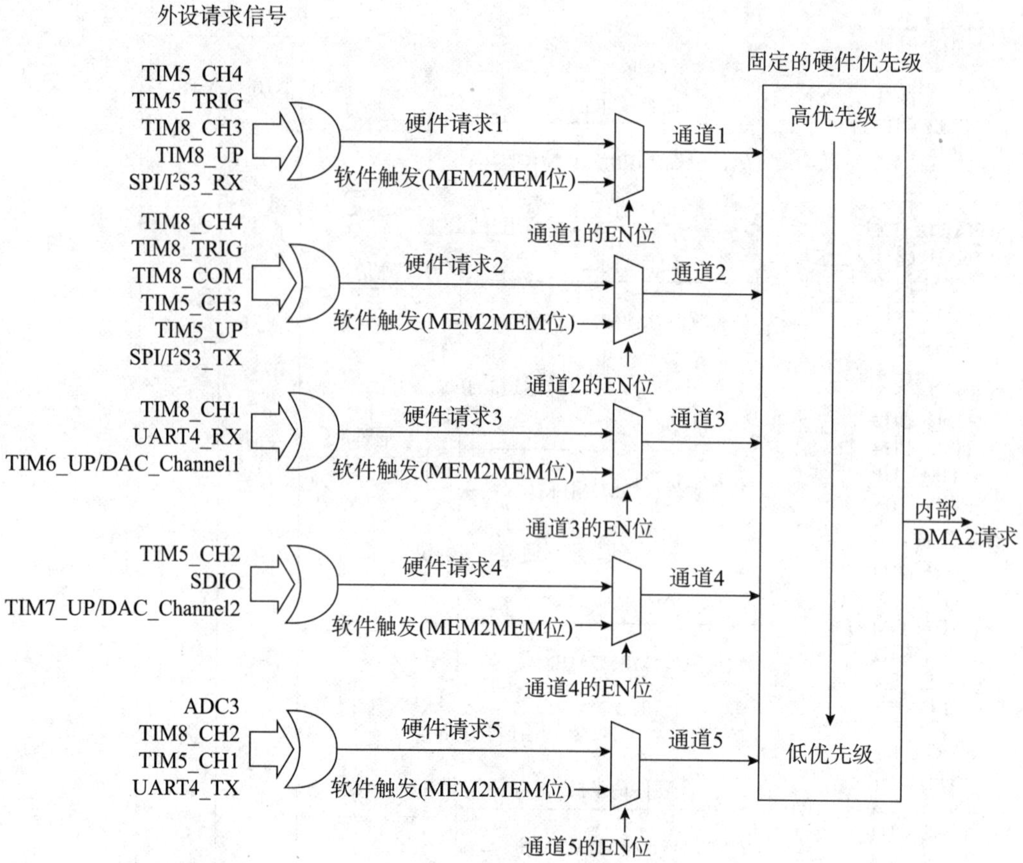

图 5-10　DMA2 的通道请求映像

3. DMA 仲裁（标号 3）

当发送多个 DMA 通道请求时，就意味着处理有先后响应的顺序问题，这个就由仲裁器管理。仲裁器根据通道请求的优先级来启动外设/存储器的访问，分为两个阶段。

第一个阶段属于软件阶段，可以在通道配置寄存器中设置，有 4 个等级：非常高、高、中和低。

第二个阶段属于硬件阶段，如果两个或两个以上的 DMA 通道请求设置的优先级一样，则它们的优先级取决于通道编号，编号越小优先级越高，比如通道 0 高于通道 1。另外，DMA1 控制器拥有高于 DMA2 控制器的优先级。

4. DMA 传送模式

DMA 传送模式分为普通模式和循环模式。

（1）普通模式。普通模式是指在 DMA 传送结束时，DMA 通道被自动关闭，进一步的 DMA 请求将不被响应。

（2）循环模式。循环模式用于处理一个环形的缓冲区，每轮传送结束时数据传送的配置会自动地更新为初始状态，DMA 传送会连续不断地进行。

实施案例

一、硬件电路设计

如图5-11所示，本任务中光敏传感器连接至STM32的ADC1通道的1引脚，当调节光照强度时，光敏传感器的触点电压发生变化，随之光敏传感器的转换数值发生变化。将采集到的光敏传感器转换数值和光照强度值送至串口显示。RT1602液晶显示模块和本项目中任务1的连接方式一样，此处用来显示窗帘当前的状态。窗帘由两个直流电机控制，驱动直流电机模块由两个L298N芯片组成，可以通过控制输入端口来实现对电机的控制。

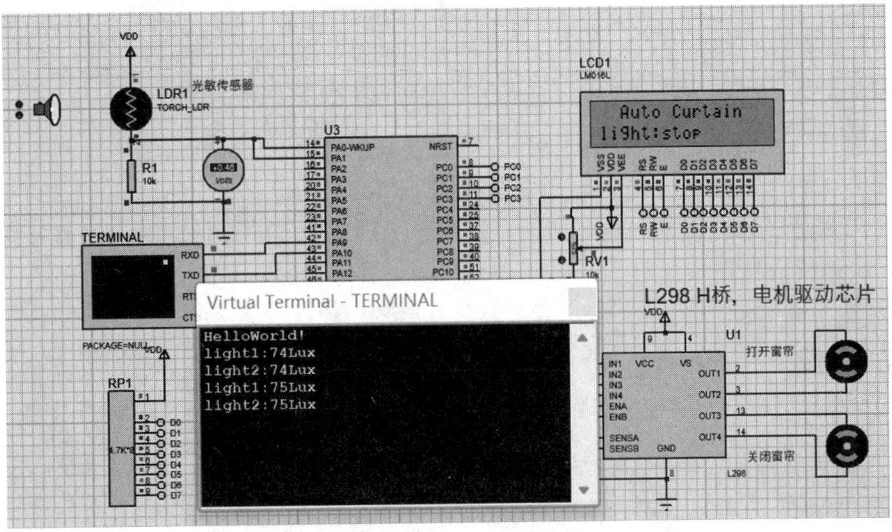

图5-11　光敏传感器的数据采集硬件仿真图

二、软件设计

本任务可直接复制任务1的工程文件夹，改名为光敏传感器的数据采集。两个ADC部件转换后，传感器的数值被保存到16位的规则通道数据寄存器中，可以通过CPU指令或DMA把它读到内存变量。

1. 程序分析

本任务是基于DMA方式读取的，模数转换之后发出DMA请求。修改adc1.c中的代码，添加DMA1初始化配置的步骤如下：

（1）RCC开启时钟，打开DMA1外设时钟。

（2）DMA1通道1的初始化。

（3）开启DMA1通道1的传送完成中断。

（4）使能DMA1通道1。

在标准库头文件stm32f10x_dma.h中对直接存储器访问外设定义了初始化结构体，即DMA_InitTypeDef，具体成员定义如下：

```
typedef struct
{
  uint32_t DMA_PeripheralBaseAddr;      //外设地址
  uint32_t DMA_MemoryBaseAddr;          //存储器地址
  uint32_t DMA_DIR;                     //传输方向
  uint32_t DMA_BufferSize;              //传输数目
  uint32_t DMA_PeripheralInc;           //外设地址增量模式
  uint32_t DMA_MemoryInc;               //存储器地址增量模式
  uint32_t DMA_PeripheralDataSize;      //外设数据宽度
  uint32_t DMA_MemoryDataSize;          //存储器数据宽度
  uint32_t DMA_Mode;                    //模式选择
  uint32_t DMA_Priority;                //通道优先级
  uint32_t DMA_M2M;                     //存储器到存储器模式
}DMA_InitTypeDef;
```

和任务 1 相似，系统上电后，首先完成 USART1、RT1602、ADC1、L298N 的初始化配置，因为是多通道数据采集，所以使用两个 ADC 并行工作 ，同时通过直接内存访问（DMA）快速读取数据。

2. 代码清单

adc1. c 源文件中的代码如下：

```
#include "adc1.h"
u16 AD_Value[2];
//ADC 的 GPIO 配置 ADC1_CH1:PA1
void ADC1_CH1_GPIO_Init(void)
{
    GPIO_InitTypeDef GPIO_InitStruct;
    RCC_APB2PeriphClockCmd(RCC_APB2Periph_GPIOA,ENABLE);
    GPIO_InitStruct.GPIO_Mode = GPIO_Mode_AIN;//模拟输入
    GPIO_InitStruct.GPIO_Pin = GPIO_Pin_0|GPIO_Pin_1;
    GPIO_Init(GPIOA, &GPIO_InitStruct);
}
void ADC1_Mode_Init(void)
{
    ADC_InitTypeDef ADC_InitStruct;
    RCC_APB2PeriphClockCmd(RCC_APB2Periph_ADC1,ENABLE);
    ADC_InitStruct.ADC_Mode = ADC_Mode_Independent;//独立工作模式
    ADC_InitStruct.ADC_ScanConvMode = ENABLE;  //扫描模式(多个通道)
    ADC_InitStruct.ADC_ContinuousConvMode = ENABLE;//连续转换
```

```
    //不使用外部触发,使用内部软件触发
     ADC_InitStruct.ADC_ExternalTrigConv = ADC_ExternalTrigConv_None;
    ADC_InitStruct.ADC_DataAlign = ADC_DataAlign_Right;//右对齐
    ADC_InitStruct.ADC_NbrOfChannel =2;//需要扫描的通道数
    ADC_Init(ADC1, &ADC_InitStruct);//ADC 初始化
    RCC_ADCCLKConfig(RCC_PCLK2_Div2);//配置 ADC 时钟
    //ADC 通道配置,包括通道、采样顺序和采样周期
     ADC_RegularChannelConfig(ADC1, ADC_Channel_0, 1, ADC_SampleTime_
13Cycles5);
     ADC_RegularChannelConfig(ADC1, ADC_Channel_1, 2, ADC_SampleTime_
13Cycles5);
    ADC_Cmd(ADC1, ENABLE);//使能 ADC
    ADC_ResetCalibration(ADC1);//开始复位校准
    while(ADC_GetResetCalibrationStatus(ADC1) == SET);//重置校准寄存器的状态
    ADC_StartCalibration(ADC1);//开始指定 ADC 的校准状态
    while(ADC_GetCalibrationStatus(ADC1) == SET);//获取指定 ADC 的校准状态
    ADC_DMACmd(ADC1,ENABLE);  //使能 ADC 触发 DMA
    ADC_SoftwareStartConvCmd(ADC1, ENABLE); //使能软件转换启动功能
}
//DMA 配置
void DMA1_ADC1_Config(void)
{
    DMA_InitTypeDef  DMA_InitStructure;
    RCC_AHBPeriphClockCmd(RCC_AHBPeriph_DMA1, ENABLE);
    DMA_DeInit(DMA1_Channel1);
    //DMA 外设地址,ADC 数据存储地址
    DMA_InitStructure.DMA_PeripheralBaseAddr = (uint32_t)&ADC1->DR;
    //外设非增量模式,只读取 ADC 存储地址里面的数据
    DMA_InitStructure.DMA_PeripheralInc = DMA_PeripheralInc_Disable;
    //外设数据长度:16 位
     DMA_InitStructure.DMA_PeripheralDataSize = DMA_PeripheralDataSize_HalfWord;
    DMA_InitStructure.DMA_MemoryBaseAddr = (uint32_t)AD_Value;//存储器地址
    DMA_InitStructure.DMA_MemoryInc = DMA_MemoryInc_Enable;//存储器增量模式
//接收到数据长度:16 位
     DMA_InitStructure.DMA_MemoryDataSize = DMA_MemoryDataSize_HalfWord;
    DMA_InitStructure.DMA_DIR = DMA_DIR_PeripheralSRC;//外设到存储器(数据传输方向)
    DMA_InitStructure.DMA_BufferSize = 2;//数据传输量
    DMA_InitStructure.DMA_Mode = DMA_Mode_Circular;// 循环扫描
```

```
    DMA_InitStructure.DMA_Priority = DMA_Priority_Medium;//中等优先级
    DMA_InitStructure.DMA_M2M = DMA_M2M_Disable;  //DMA 通道 x 没有设置为内存到内存传输
    DMA_Init(DMA1_Channel1, &DMA_InitStructure);//初始化 DMA
    DMA_Cmd(DMA1_Channel1,ENABLE);//使能 DMA
}
//ADC1 初始化
void ADC1_Init()
{
    ADC1_CH1_GPIO_Init();
    ADC1_Mode_Init();
    DMA1_ADC1_Config();
}
```

adc1.h 头文件中的代码如下：

```
#ifndef __ADC1_H
#define __ADC1_H
#include <stm32f10x.h>
extern u16 adcVal[];
void ADC1_Init(void);
#endif
```

L298.c 源文件中的代码如下：

```
#include "L298.h"
void L298_Init(void)
{
    GPIO_InitTypeDef GPIO_InitStruct;
    RCC_APB2PeriphClockCmd(RCC_APB2Periph_GPIOC, ENABLE);//开启 GPIOC 时钟
    GPIO_InitStruct.GPIO_Pin =  0x0F ;//配置 PC0~PC3 引脚
    GPIO_InitStruct.GPIO_Mode = GPIO_Mode_Out_PP;//设置推挽输出模式
    GPIO_InitStruct.GPIO_Speed = GPIO_Speed_2MHz;
    GPIO_Init(GPIOC, &GPIO_InitStruct);
}
void open(void)
{
    GPIO_SetBits(GPIOC,GPIO_Pin_3);
    GPIO_SetBits(GPIOC,GPIO_Pin_2);
    GPIO_ResetBits(GPIOC,GPIO_Pin_1);
    GPIO_SetBits(GPIOC,GPIO_Pin_0);
```

```
}
void close(void)
{
    GPIO_SetBits(GPIOC,GPIO_Pin_3);
    GPIO_ResetBits(GPIOC,GPIO_Pin_2);
    GPIO_SetBits(GPIOC,GPIO_Pin_1);
    GPIO_SetBits(GPIOC,GPIO_Pin_0);
}
void stop(void)
{
    GPIO_SetBits(GPIOC,GPIO_Pin_3);
    GPIO_SetBits(GPIOC,GPIO_Pin_2);
    GPIO_SetBits(GPIOC,GPIO_Pin_1);
    GPIO_SetBits(GPIOC,GPIO_Pin_0);
}
```

L298.h头文件中的代码如下：

```
#ifndef_ADC1_H
#define_ADC1_H
#include <stm32f10x.h>
extern u16 adcVal[];
void ADC1_Init(void);
#endif
```

main.c源文件中的代码如下：

```
#include <stm32f10x.h>
#include "delay.h"
#include "usart1.h"
#include "lcd1602.h"
#include "adc1.h"
#include "string.h"
#include "L298.h"
extern u16 AD_Value[];
int main(void)
{
  u16 lightValue1,lightValue2;
  SERIAL_Init();
  LCD1602_Init();
  ADC1_Init(); // ADC初始化
```

```
    L298_Init();
    printf("HelloWorld! \r\n");
    LCD_Puts(0,2,"Auto Curtain");
    LCD_Puts(1,0,"light:stop");
    while(1)
    {
        lightValue2 = (float)(AD_Value[1]) * 3.3/4096 * 250;
        printf("light1:%dLux\r\n",lightValue1);
        printf("light2:%dLux\r\n",lightValue2);
        if(lightValue2>500)
        {
            LCD_Puts(1,6,"open");
            open();
        }else if(lightValue2<300) {
            LCD_Puts(1,6,"stop");
            stop();
        }else{
            LCD_Puts(1,6,"close");
            close();
      }
      delay(100);
    }
}
```

3. 运行结果

在 Keil MDK 环境中生成.hex 文件，加载到 Proteus 中全速运行。当光照强度小于设置的阈值时，窗帘关闭；当光照强度大于设置的阈值时，窗帘打开。程序的运行结果如图 5 - 12所示。

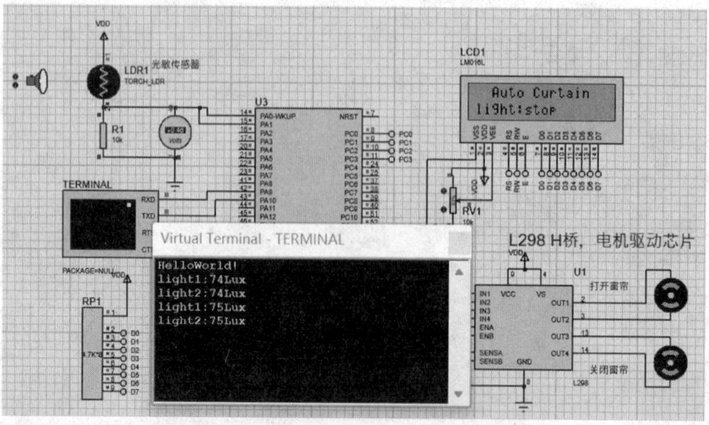

图 5 - 12　光敏传感器采集数据仿真图

二维码：光敏传感器的数据采集代码实现和运行结果

任务 3　温湿度传感器数据采集

知识链接

一、DS18B20 温度传感器

DS18B20 温度传感器将温度传感装置和数字转换电路集成到一起，外形如同一只晶体管，具有微型化、低功耗、高性能、抗干抗性强等优点。它采用独特的单线接口方式，与微控制器连接时，仅需一根口线；每片 DS18B20 均有唯一的产品序列号，允许在单总线上挂接数十至上百片数字式传感器，这样可以非常方便地构成多路温度测量系统。

1. DS18B20 的工作特性

DS18B20 的测温范围为－55～125℃，12 位温度读数，分辨率为 1/16℃，温度转换时间最多为 750ms，其引脚如图 5－13所示。

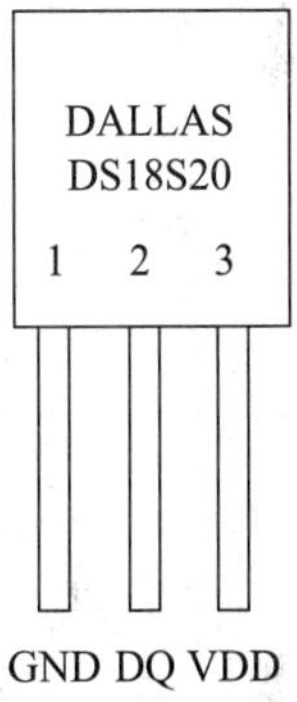

图 5－13　DS18B20 的引脚

DQ：数据输入/输出，可直接与微控制器的 I/O 口相连。

VDD：可选的电源电压。DS18B20 有两种供电方式，若采用数据总线的供电方式，VDD 应接地，这样可以省一根线，但测温的时间比较长，所以通常采用外部供电，接＋5V 电源电压。

GND：电源地。

DS18B20 与 STM32 微控制器的连接非常简单，具体接线如图 5－14 所示。

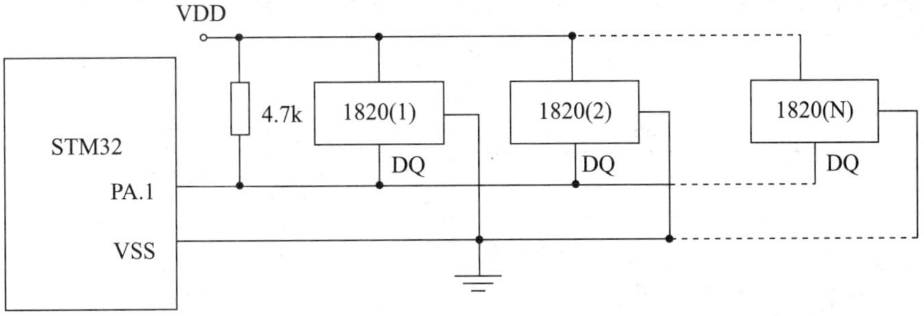

图 5－14　DS18B20 与 STM32 接线图

每片 DS18B20 均有一个唯一的产品序列号，固化在内部的 64 位激光 ROM 中，其格式如图 5－15 所示。开始 8 位是产品的类型编号（工厂代码），接着是每个器件唯一的序列号，共 48 位，最后 8 位是针对前面 56 位的 CRC 校验码，这也是多个 DS18B20 可以采用一条数据线进行通信的原因，微控制器用匹配的指令即可访问总线上指定的 DS18B20。

DS18B20 内部有 9 字节的暂存器，开始两个暂存器（TMSB、TLSB）存放当前测到

8位CRC校验码	48位序列号	8位工厂代码
MSB　　LSB	MSB　　LSB	MSB　　LSB

图 5-15　DS18B20 产品序列号

的温度值，以 16 位补码的形式表示 12 位温度读数，分辨率为 1/16℃（内部配置寄存器可以设置温度的数据位为 9、10、11、12，出厂时设置成 12 位温度读数），高位是温度值的符号扩展。STM32 微控制器发出温度转换指令后，DS18B20 将测得的温度值保存在 TMSB、TLSB 中供 CPU 读取，温度与数字量的对应关系见表 5-4。

表 5-4　温度与数字量的对应关系

温度值（℃）	输出二进制码	十六进制表示
+125	0000　0111　1101　0000	07D0H
+25. 0625	0000　0001　1001　0001	0191H
+0. 5	0000　0000　0000　1000	0008H
0	0000　0000　0000　0000	0000H
−0. 5	1111　1111　1111　1000	FFF8H
−25. 0625	1111　1110　0110　1111	FE6FH
−125	1111　1100　1001　0000	FC90H

2. DS18B20 的初始化、读和写时序

DS18B20 与 STM32 微控制器之间的数据传送是靠严格的时序来实现的。

（1）初始化时序。

如图 5-16 所示，与 DS18B20 通信前，必须对其初始化，由微控制器在 $t0$ 时刻发出最短为 480μs 的低电平有效的复位脉冲，在 $t1$ 时刻释放总线并进入接收状态，DS18B20 检测到总线电平变高后，等待 15～60μs，在 $t2$ 时刻读取总线上的电平信号，如果是低电平，则表示复位成功；如果是高电平，则表示复位失败。

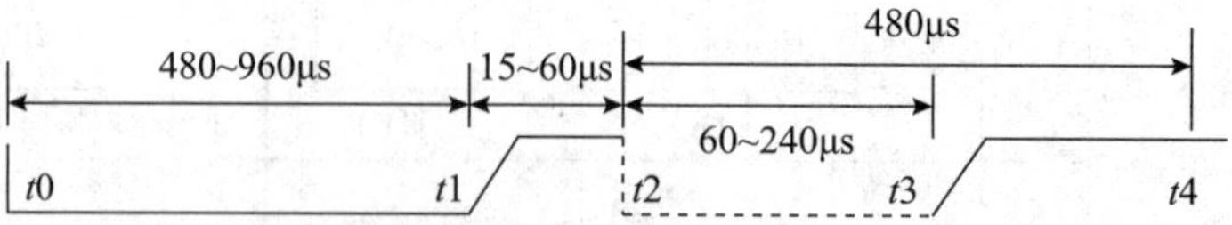

图 5-16　初始化时序

```
uint8_t DS18B20_Rst(void)
{
    u8 error;
  DS18B20_IO_OUT(); //SET PA1 OUTPUT
    DS18B20_DQ_OUT(Bit_RESET); //拉低 DQ
  delay_15μs(40);      //拉低 600μs
    DS18B20_DQ_OUT(Bit_SET);
```

```
    DS18B20_IO_IN();   //SET PA1 INPUT
    delay_15μs(4);      //等待 60μs
    error = DS18B20_DQ_IN; //读取总线上的数据 error = 0,复位成功;error = 1,复
位失败
    delay_15μs(18);        //等待 270μs
      return error;
}
```

（2）写时序。

如图 5-17 所示，微控制器在 $t0$ 时刻将总线拉至低电平，从 $t0$ 时刻开始的 15μs 之内应将要写的数据送到总线上，DS18B20 在 $t0$ 后的 15～60μs 内对总线进行采样，若为低电平，则写入 0；若为高电平，则写入 1。连续写两位之间的间隙必须大于 1μs。

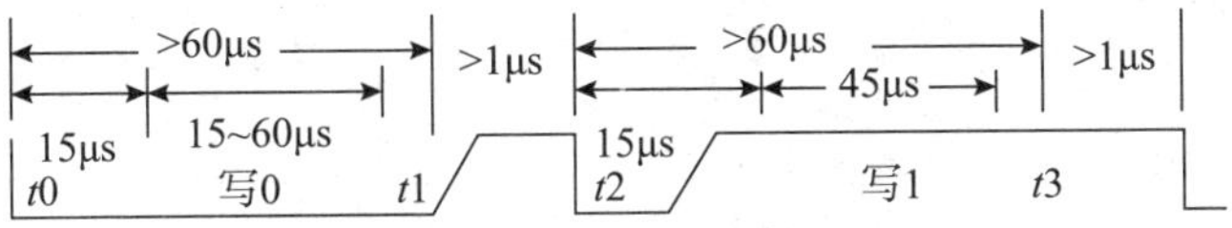

图 5-17　写时序

```
//写 1 字节数据到 DS18B20,dat:要写入的字节
    void DS18B20_Write_Byte(u8 dat)
    {
        u8 j;
        u8 testb;
    DS18B20_IO_OUT();   //SET PA1 OUTPUT;
      for (j = 1;j< = 8;j + + )        //00110011
    {
        testb = dat&0x01;  //   00000001
        DS18B20_DQ_OUT(Bit_RESET);
    delay_15μs(1);
        if (testb = = 1) DS18B20_DQ_OUT(Bit_SET);    //写 1
        else        DS18B20_DQ_OUT(Bit_RESET);       // 写 0
    dat = dat>>1;
    delay_15μs(1); //大于 1μs
    DS18B20_DQ_OUT(Bit_SET);
    }
}
```

（3）读时序。

如图 5-18 所示，微控制器在 $t0$ 时刻将总线拉至低电平，保持 15μs 后，在 $t1$ 时刻将总线电平拉高，释放总线，DS18B20 通过保持总线为高发送“1”，将总线拉低发送“0”，并在 $t2$ 时刻释放总线。微控制器必须在 $t2$ 之前读取总线状态。

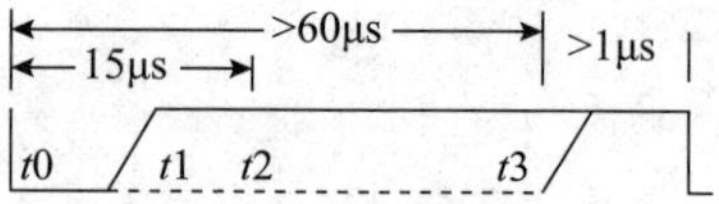

图 5-18　读时序

```
//从 DS18B20 读取一个位,返回值:1 或 0
    u8 DS18B20_Read_Bit(void)
    {
        u8 data;
    DS18B20_IO_OUT();//SET PA1 OUTPUT
      DS18B20_DQ_OUT(Bit_RESET);
    delay_15μs(1);
     DS18B20_DQ_OUT(Bit_SET);
    delay_15μs(1);
    DS18B20_IO_IN();//SET PA1 INPUT
    if(DS18B20_DQ_IN)data = 1;
      else data = 0;
      delay_15μs(4);
      return data;
}
//从 DS18B20 读取 1 字节数据,返回值:读到的数据
u8 DS18B20_Read_Byte(void)
{
        u8 i,j,dat;
        dat = 0;
        for (i = 1;i< = 8;i + + )        //0x12   00010010
        {
            j = DS18B20_Read_Bit();   // 10000000
            dat = (j<<7)|(dat>>1);    // 10100000
        }
        return dat;
}
```

3. 基本操作指令

DS18B20 提供了一系列的指令来控制传感器的工作，上电后，传感器处于空闲状态，需微控制器向其发送指令，控制它进行相应的操作。

(1) READ ROM【33H】。

在多点温度测量系统安装前，必须知道每只 DS18B20 的产品序列号。可以将 DS18B20 逐个与单总线挂接，由微控制器发送该指令，从激光 ROM 中读出 8 字节的序列号。

注意：执行该指令时，如果总线上有多个 DS18B20，则所有的 DS18B20 会试图同时传送信号，这样就会发生数据冲突，导致操作失败。

（2）SKIP ROM【CCH】。

微控制器可用这一指令同时访问总线上的所有设备而不需送出 ROM 序列码信息。例如，发出 SKIP ROM 指令后接着送出 CONVERT 指令，可使总线上的所有 DS18B20 同时进行温度转换。

（3）MATCH ROM【55H】。

执行该指令后，微控制器必须接着向 DS18B20 发送 8 字节的产品序列号，以选中单总线上指定的 DS18B20，只有完全匹配的 DS18B20 才能对随后由微控制器发出的读暂存器操作指令进行响应。

（4）CONVERT T【44H】。

执行该指令后开始一次温度转换。转换结束后，数据保存在暂存器的 2 字节的温度寄存器 TMSB、TLSB 中。

（5）READ SCRTCHPAD【BEH】。

用该指令可读暂存器的内容。数据传送开始于字节 0 的最低位，直到暂存器的第 9 字节被读取。温度寄存器 TLSB、TMSB 处于暂存器的开始两字节，如只需读取温度值，在读取开始的两字节后，可用初始化指令结束读操作。

二、DHT11 数字温湿度传感器

DHT11 数字温湿度传感器是一款含有已校准数字信号输出的温湿度复合传感器。它应用专用的数字模块采集技术和温湿度传感技术，确保产品具有极高的可靠性与卓越的长期稳定性。传感器包括一个电阻式感湿元件和一个 NTC 测温元件，并与一个高性能微控制器相连。因此该产品具有品质卓越、超快响应、抗干扰能力强、性价比极高和传送距离远（可达 20m）等优点。每个 DHT11 传感器都在极为精确的湿度校验室中进行校准。校准系数以程序的形式存储在 OTP 内存中，传感器内部在对检测信号处理的过程中要调用这些校准系数。单线制串行接口使系统集成变得简易快捷。

1. DHT11 的工作特性

（1）DHT11 的引脚功能。

DHT11 是一种具有单总线接口的数字化温湿度传感器，工作电压范围为 3～5.5V，平均工作电流为 0.5mA，其引脚分布如图 5-19 所示。

VCC：接 3.3～5V 电源电压。

DATA：数据输入/输出可直接与微控制器的 I/O 口相连。

NC：空引脚。

GND：电源地。

（2）DHT11 与 STM32 电路连接。

DHT11 是单总线的数字化传感器，它与 STM32 的接口电路如图 5-20 所示。选用 PA1 作单总线，DHT11 的 VCC 引脚接 3.3～5V 外部电源，GND 引脚接地，DATA 引脚接单总线。在接口电路中，单总线上需要接一个 4.7～10kΩ 的上拉电阻，以保证总线空闲时，总线呈高电平，如果微控制器内部有上拉电阻，则可以省略此上拉电阻。

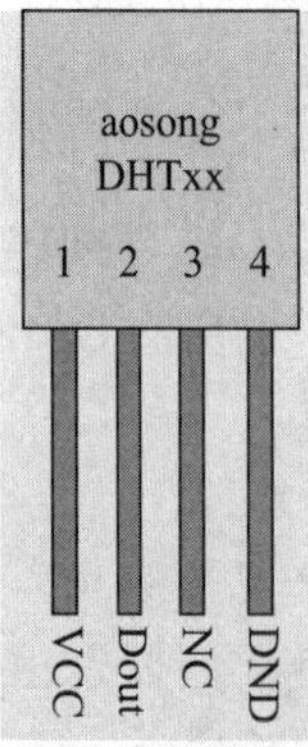

图 5－19　DHT11 的引脚

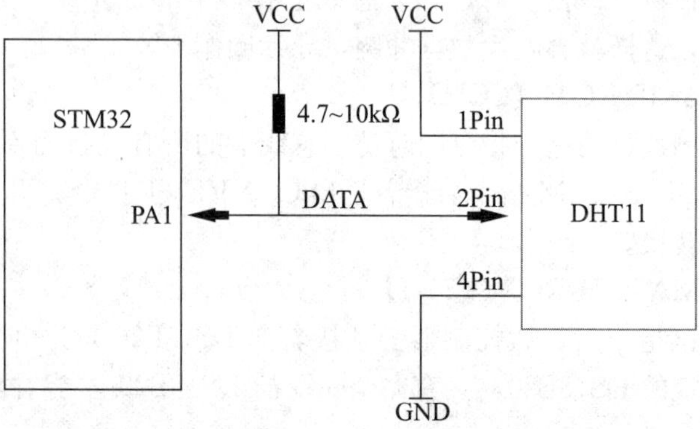

图 5－20　DHT11 与 STM32 的接口电路

2. DHT11 的访问操作

微控制器每次对 DHT11 的访问操作都包括初始化 DHT11、从 DHT11 读取温湿度数据两种操作。DHT11 与 STM32 通信时序图如图 5－21 所示。

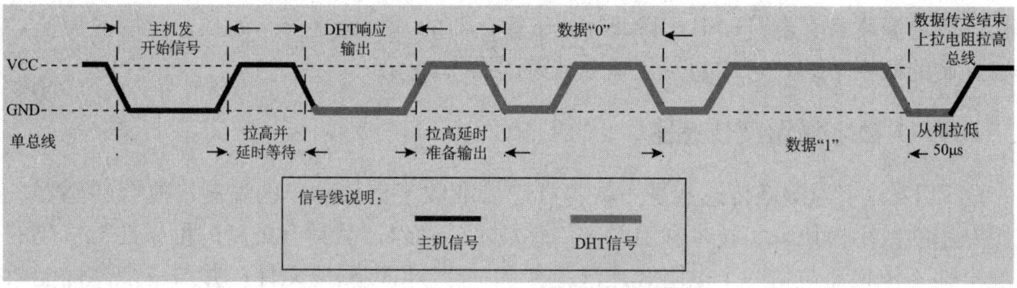

图 5－21　DHT11 与 STM32 通信时序图

（1）初始化 DHT11。

初始化操作是对 DHT11 访问操作的开始，初始化时序图如图 5－22 所示。

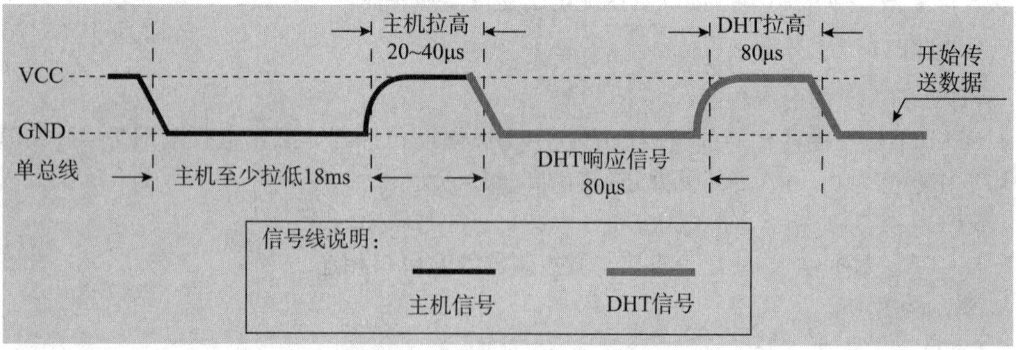

图 5－22　初始化 DHT11 时序图

从图 5－22 中可以看出，微控制器先在单总线上输出宽度为 $t1$（$t1$＝18ms）的低电平，用来启动设备联络，然后产生由低到高的上升沿，微控制器释放总线，并进入等待接收状态。

微控制器产生由低到高的上升沿后，经过 20～40μs，DHT11 就会向单总线上发送宽度为 80μs 的低电平应答信号。如果总线上有低电平的应答脉冲，则表示 DHT11 在线，否则初始化失败，不可进行后续操作。

应答信号发送结束后，再过 80μs，DHT11 就开始发送温湿度数据，进入发送数据状态。

(2) 从 DHT11 读取温湿度数据。

初始化成功后，DHT11 将进入数据发送阶段，并将温湿度数据以字节为单位发送至总线，微控制器应按照 DHT11 发送数据的时序要求读取总线上的数据。DHT11 发送数据的时序关系如下：

①发送数据由 5 部分组成，这 5 部分的数据如图 5-23 所示。

字节0	字节1	字节2	字节3	字节4
湿度整数部分	湿度小数部分	温度整数部分	温度小数部分	校验和

图 5-23　DHT11 数据格式

其中，湿度的单位为%RH，温度的单位为℃，温度和湿度的小数部分均为 0x00，校验和为前 4 部分和的低 8 字节内容。若从 DHT11 读取的前 4 部分的内容为 0x2d001c00，则最后一部分的内容就为 0x2d+0x00+0x1c+0x00=0x49。

②字节数据发送的先后顺序，首先发送湿度的整数部分，最后发送校验和。

③在一部分数据的发送过程中，各位数据的发送顺序是，低位在先，高位在后。因此，微控制器每接收到一位数据后应将所接收的数位左移一位。

④每位数据用宽度为 50μs 的低电平表示数据的开始，用高电平持续时间的长短表示该数据是为 0 还是 1，其中，0 的高电平持续时间为 26～28μs，1 的高电平持续的时间为 70μs。数位的表示如图 5-24 和图 5-25 所示。

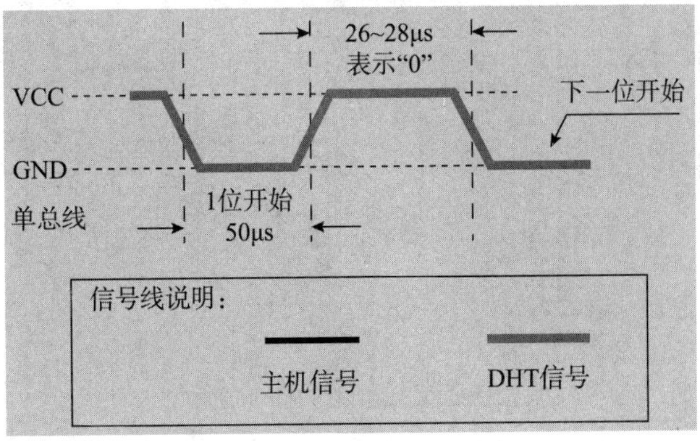

图 5-24　数位为 0 的时序图

微控制器在接收数据时，可在数位开始信号（低电平）结束后，再过 30μs 通过检测总线上的信号是否为高电平来判断 DHT11 当前发送的是 0 还是 1，若此时总线信号为高电平，则表明 DHT11 当前发送的是 1，否则为 0。

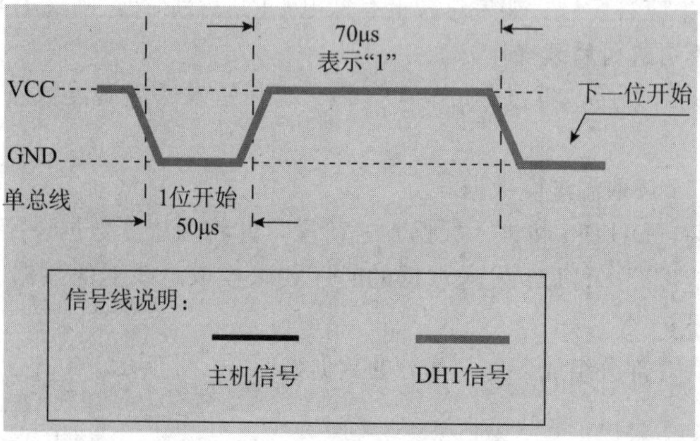

图 5-25　数位为 1 的时序图

实施案例

一、硬件电路设计

如图 5-26 所示，本任务中温湿度传感器 DHT11 连接至 STM32 微控制器的 PA1 引脚，串口通信。RT1602 液晶显示模块和本项目任务 1 的硬件连接方式一样。

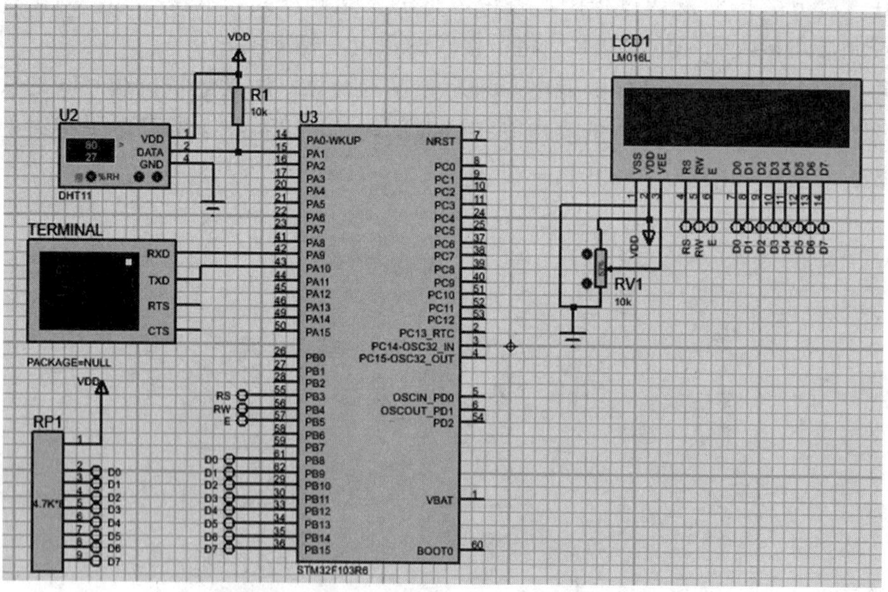

图 5-26　温湿度传感器数据采集硬件仿真图

二、软件设计

本任务的工程可直接复制任务 1 的工程文件夹并改名为温湿度传感器的采集与实现。新建 DHT11 温湿度传感器的驱动文件 DHT11. c 和 DHT11. h 并将它们加入 HARD 文件。

1. 程序分析

开始仿真后既可以在 RT1602 液晶显示模块上实时显示检测到的温度和湿度，也可以通过串口显示。因此本任务的重点就是编写 DHT11 的驱动，操作步骤如下：

（1）将总线设置为上拉输入状态，判断从机的响应信号，当信号为低电平时表示开始发出响应信号。通过 while 循环等待 80μs 响应信号结束，再通过 while 循环等待 80μs 后 DHT11 高电平信号结束。

（2）高电平结束后开始传送数据，这时候就可以采集数据了。数据分为湿度整数、湿度小数、温度整数、温度小数、校验和。

（3）读取结束后将总线重新设置为推挽输出状态，并将总线拉高，表示空闲状态，等待下一次数据采集。

（4）每次结束后可以判断一下数据的正确性，通过数据检验和＝8bit 湿度整数数据＋8bit 湿度小数数据＋8bit 温度整数数据＋8bit 温度小数数据即可判断。

2. 代码清单

DHT11.c 源文件中的代码如下：

```
#include "DHT11.h"
void DHT11_Mode_IPU(void);
void DHT11_Mode_Out_PP(void);
uint8_t DHT11_ReadByte(void);
void delay_15μs(u16 μs)//15μs
{
    u16 i,j;
    for(j = μs;j>0;j--)
      for(i = 0;i<15;i++)
        ;
}
//使 DHT11-DATA 引脚变为上拉输入模式
void DHT11_Mode_IPU(void)
{
    GPIO_InitTypeDef GPIO_InitStruct;
    GPIO_InitStruct.GPIO_Pin = GPIO_Pin_1;//PORTA.1 上拉输入
    GPIO_InitStruct.GPIO_Mode = GPIO_Mode_IPU;
    GPIO_Init(GPIOA, &GPIO_InitStruct);
}
//使 DHT11-DATA 引脚变为推挽输出模式
void DHT11_Mode_Out_PP(void)
{
    RCC_APB2PeriphClockCmd(RCC_APB2Periph_GPIOA, ENABLE);
    GPIO_InitTypeDef GPIO_InitStruct;
```

```
    GPIO_InitStruct.GPIO_Pin = GPIO_Pin_1;//PORTA.1 推挽输出
    GPIO_InitStruct.GPIO_Mode = GPIO_Mode_Out_PP;
    GPIO_InitStruct.GPIO_Speed = GPIO_Speed_50MHz;
    GPIO_Init(GPIOA, &GPIO_InitStruct);
}
//从 DHT11 读取 1 字节,MSB 先行
uint8_t DHT11_ReadByte ( void )
{
        u8_t i, temp = 0;
        for(i = 0;i<8;i + + )
        {
              while(DHT11_Data_IN() = = Bit_RESET);
              delay_15μs(3);
              if(DHT11_Data_IN() = = Bit_SET)
              {
                  while(DHT11_Data_IN() = = Bit_SET);
                  temp| = (uint8_t)(0x01<<(7 - i));
              }
              else
              {
                  temp& = (uint8_t)~(0x01<<(7 - i));
              }
        }
        return temp;
}
//一次完整的数据传输为 40bit,高位先出
uint8_t DHT11_Read_TempAndHumidity(DHT11_Data_TypeDef * DHT11_Data)
{
      u8_t temp;
      u16_t humi_temp;
    DHT11_Mode_Out_PP();
    DHT11_Dout_LOW();
    delay(180);//18ms
    DHT11_Dout_HIGH();
    delay_15μs(2);   //30μs
    DHT11_Mode_IPU();
    if(DHT11_Data_IN() = = Bit_RESET)
    {
        while(DHT11_Data_IN() = = Bit_RESET);
```

```
        while(DHT11_Data_IN() = = Bit_SET);
        DHT11_Data - >humi_high8Bit = DHT11_ReadByte();
        DHT11_Data - >humi_low8bit  = DHT11_ReadByte();
        DHT11_Data - >temp_high8bit = DHT11_ReadByte();
        DHT11_Data - >temp_low8bit  = DHT11_ReadByte();
        DHT11_Data - >check_sum     = DHT11_ReadByte();
        DHT11_Mode_Out_PP();
        DHT11_Dout_HIGH();
        humi_temp = DHT11_Data - >humi_high8Bit * 100 + DHT11_Data - >humi_low8bit;
        DHT11_Data - >humidity = (float)humi_temp/100;
        humi_temp = DHT11_Data - >temp_high8bit * 100 + DHT11_Data - >temp_low8bit;
        DHT11_Data - >temperature = (float)humi_temp/100;
        temp = DHT11_Data - >humi_high8Bit + DHT11_Data - >humi_low8bit + DHT11_
Data - >temp_high8bit + DHT11_Data - >temp_low8bit;
        if(DHT11_Data - >check_sum = = temp)
            return SUCCESS;
        else
            return ERROR;
        }
    else return ERROR;
}
```

DHT11.h头文件中的代码如下：

```
#ifndef __DHT11_H__
#define __DHT11_H__
#include <stm32f10x.h>
#include "delay.h"
typedef struct
{
    uint8_t humi_high8Bit; //湿度的整数部分
    uint8_t humi_low8bit;  //湿度的小数部分
    uint8_t temp_high8bit; //温度的整数部分
    uint8_t temp_low8bit;  //温度的小数部分
    uint8_t check_sum;     //校验和
     float   humidity;     //浮点型湿度
    float   temperature;   //浮点型温度
}DHT11_Data_TypeDef;
#define DHT11_Dout_LOW()   GPIO_WriteBit(GPIOA, GPIO_Pin_1,Bit_RESET)
#define DHT11_Dout_HIGH()  GPIO_WriteBit(GPIOA, GPIO_Pin_1,Bit_SET)
```

```
#define DHT11_Data_IN()    GPIO_ReadInputDataBit(GPIOA, GPIO_Pin_1)
void DHT11_Mode_IPU(void);
void DHT11_Mode_Out_PP(void);
uint8_t DHT11_ReadByte(void);
uint8_t DHT11_Read_TempAndHumidity(DHT11_Data_TypeDef * DHT11_Data);
#endif
```

main.c 源文件中的代码如下：

```
#include <stm32f10x.h>
#include "delay.h"
#include "usart1.h"
#include "dht11.h"
#include "lcd1602.h"
int main(void)
{
    char t[10],h[10];
    DHT11_Data_TypeDef DHT11_Data;
    SERIAL_Init();
    LCD1602_Init();
    printf("HelloWorld! \r\n");
    LCD_Puts(0,0,"Temper:");
    LCD_Puts(1,0,"Humi:");
    while(1)
    {
        if(DHT11_Read_TempAndHumidity(&DHT11_Data) = = SUCCESS)
        {
            printf("Temper: %d℃ \r\n",DHT11_Data.temp_high8bit);
            sprintf(t,"%d",DHT11_Data.temp_high8bit);
            t[2] = 0xDF;
            t[3] = 0x43;
            t[4] = 0;
            LCD_Puts(0,8,t);
            delay(500);
            printf("Humi: %d%%RH\r\n",DHT11_Data.humi_high8Bit);
            sprintf(h,"%d%%RH",DHT11_Data.humi_high8Bit);
            LCD_Puts(1,8,h);
            delay(500);
        }
    }
}
```

3. 运行结果

在 Keil MDK 环境中生成.hex 文件，加载到 Proteus 中全速运行，程序的运行结果如图 5-27 所示。

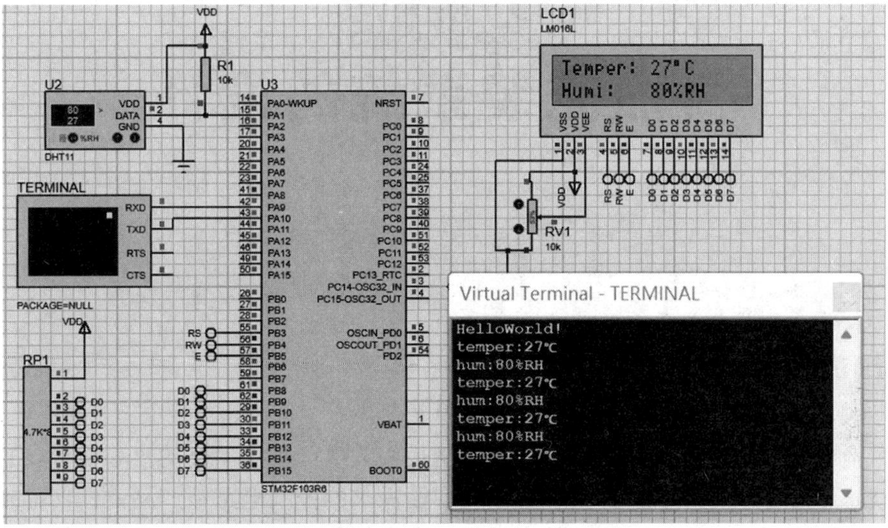

图 5-27　DHT11 温湿度采集运行结果

项目小结

通过本项目的学习，同学们可以深入理解 ADC 和 DMA 的工作原理和配置方法，通过实际代码的编写和调试，提升对 STM32 开发的实践能力，同时对嵌入式系统中数据采集和传送有了更全面的认识。

另外，本项目还讲述了 DS18B20 和 DHT11 两种传感器的工作原理和通信协议，旨在提高同学们对 STM32 底层硬件操作和时序控制的能力，为构建更加复杂和功能强大的嵌入式系统奠定基础。

二维码：温湿度传感器的数据采集代码实现和运行结果

思考与练习

1. 什么是 ADC？ADC 进行模数转换分为哪几步？
2. 什么是规则通道组？什么是注入通道组？对于模拟输入信号应如何进行分组？
3. STM32 的 ADC 转换时间由哪几部分组成？其最短时间是多少？
4. 什么是 DMA？DMA 应用于哪些场合？
5. STM32 的 DMA 传送模式有哪几种？

项目 6

气瓶充装系统的设计

项目导读

在工业气瓶行业中，气瓶的自动充装控制是相关生产线自动化的核心需求，这里利用嵌入式技术结合称重传感器设计出一套能实现该需求的控制电路板产品。该产品通过对气瓶重量变化的实时监测实现气瓶充装过程中的自动切断功能，控制电路板除相应的硬件电路外，其软件功能需要包括称重传感器的接入驱动、控制电磁阀的输入/输出驱动、用于人机界面的 OLED 驱动、校准和参数的存储等。

本项目将气瓶充装控制系统中的各项软硬件功能实现分解为 3 个任务，其中任务 1 完成人机界面的驱动，为后续任务的调试显示做好准备；任务 2 完成称重传感器的接入和驱动，为气瓶充装的实时重量监测提供服务；任务 3 完成电子称的校准和系统参数存储，为现实中的行业应用做好准备。学习时，请结合前面所学的通用输入/输出端口的相关知识。

学习目标

知识目标：

- 掌握 IIC 通信标准。
- 掌握称重传感器接入嵌入式系统的软硬件设计。
- 掌握片内非易失性存储的方法。

技能目标：

- 能利用 IIC 协议驱动 OLED 液晶显示屏。
- 能利用称重传感器实现重量的实时监测。
- 能借助官方用户手册实现片内数据存储的驱动。

素养目标：

- 培养爱国主义、集体主义精神。
- 培养创新意识，不断探索新的技术和方法。
- 强化自我学习和持续学习的能力，不断提高专业素养。

任务 1　OLED 液晶显示屏的设计

知识链接

一、IIC 总线

IIC（Inter Integrated Circuit）通信协议是由 Philips 公司开发的，具有引脚少，硬件实现简单，可扩展性强，不需要采用 USART、CAN 等通信协议的外部收发设备等特点，广泛应用于系统内多个集成电路间的通信。

对于 IIC 通信协议，可以把它分为物理层和协议层。物理层规定通信系统中具有机械、电子功能部分的特性，确保原始数据在物理媒体中的传输。协议层主要规定通信逻辑，统一收发双方的数据打包、解包标准。

1. IIC 总线物理层

IIC 总线是通过两条信号线（串行数据线，SDA；串行时钟线，SCL）连接到总线上的器件之间传送数据，IIC 总线扩展示意图如图 6－1 所示。

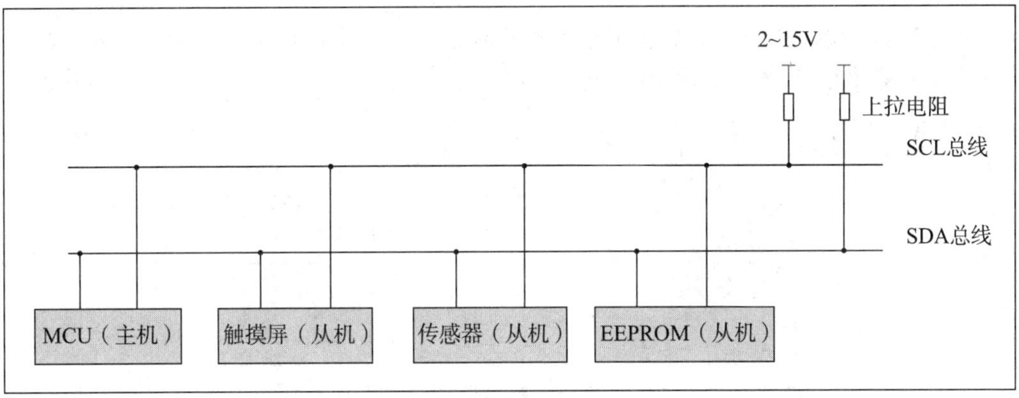

图 6－1　IIC 总线扩展示意图

IIC 总线的物理层有以下特点：

（1）在一个 IIC 总线中，可连接多个 IIC 通信设备，支持多个通信主机及多个通信从机。每个设备都有唯一的地址，主机可以利用这个地址进行不同设备之间的访问。

（2）总线通过上拉电阻接到电源。当 IIC 设备空闲时，会输出高阻态，而当所有设备都空闲，都输出高阻态时，由上拉电阻把总线拉成高电平。

（3）多个主机同时使用总线时，为了防止数据冲突，会通过仲裁方式决定由哪个设备占用总线。

（4）具有 3 种传输模式：标准模式传输速率为 100kbit/s，快速模式为 400kbit/s，高速模式下可达 3.4Mbit/s。

2. IIC 总线协议层

IIC 通信协议定义了起始和停止信号、应答信号、仲裁、时钟同步和地址广播等。

（1）数据的有效性。

如图 6－2 所示，SDA 数据线在 SCL 的每个时钟周期传送一位数据。传送时，SCL 为高电平时 SDA 表示的数据有效，即此时的 SDA 为高电平时表示数据“1”，为低电平时表示数据“0”。当 SCL 为低电平时，SDA 表示的数据无效，一般在这个时候 SDA 进行电平切换，为下一次表示数据做好准备。

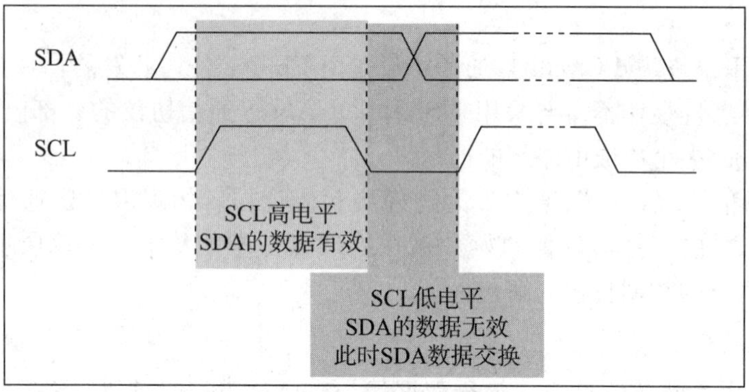

图 6－2　数据的有效性

（2）起始信号和停止信号。

如图 6－3 所示，当 SCL 线是高电平时 SDA 线由高电平向低电平切换，表示通信的起始；当 SCL 是高电平时 SDA 线由低电平向高电平切换，表示通信的停止。起始和停止信号一般由主机产生。

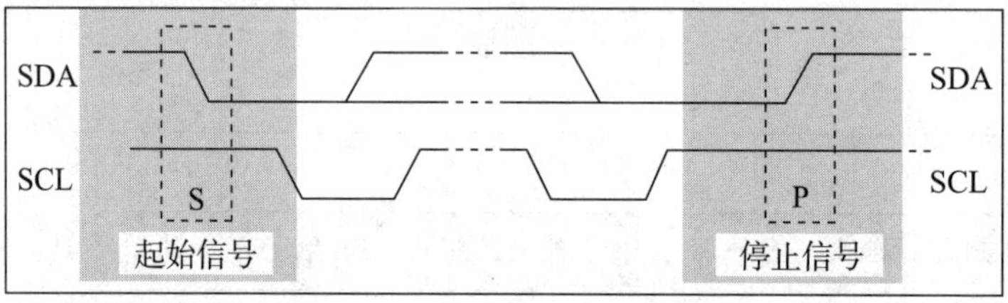

图 6－3　起始信号和停止信号

（3）应答信号。

IIC 总线数据传输的单位是字节，也就是 8 位，但是要用到 9 个时钟，前面 8 个时钟用来传送 8 位数据，第 9 个时钟用来传送回应信号。如图 6－4 所示，当设备（无论主从机）接收到 IIC 传送的 1 字节数据或地址后，若希望对方继续发送数据，则需要向对方发送低电平表示“应答（ACK）”信号；若接收端希望结束数据传送，则向对方发送高电平表示“非应答（NACK）”信号，发送方接收到该信号后会产生一个停止信号，以结束信号传输。

（4）从机地址及传送方向。

如图 6－5 所示，IIC 总线上的每个设备都有自己的独立地址，主机发起通信时，通过 SDA 信号线发送设备地址来查找从机。IIC 协议规定设备地址可以是 7 位或 10 位，7 位的

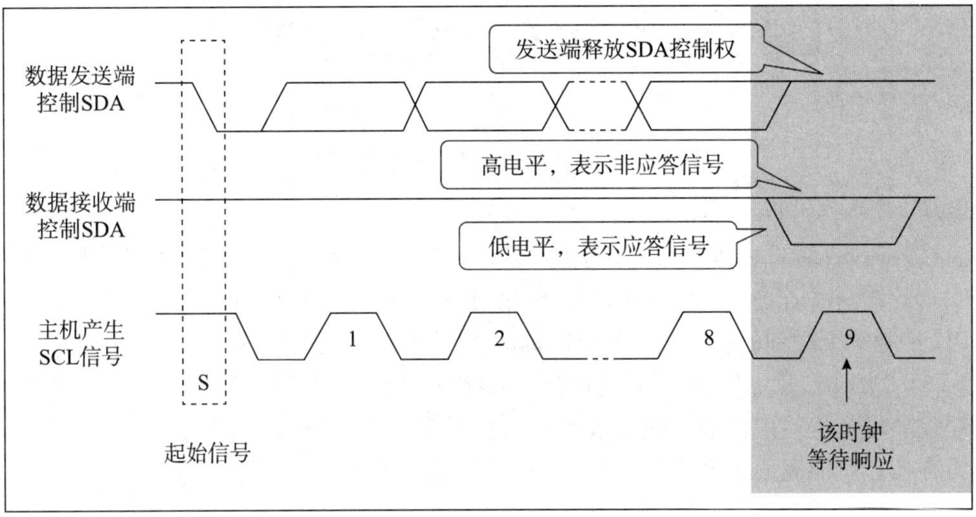

图 6－4　应答信号与非应答信号

地址应用比较广泛。紧跟设备地址的一个数据位用来表示数据传送方向，它是数据方向位，即第 8 位或第 11 位。数据方向位为“1”时表示主机由从机读数据，该位为“0”时表示主机向从机写数据。

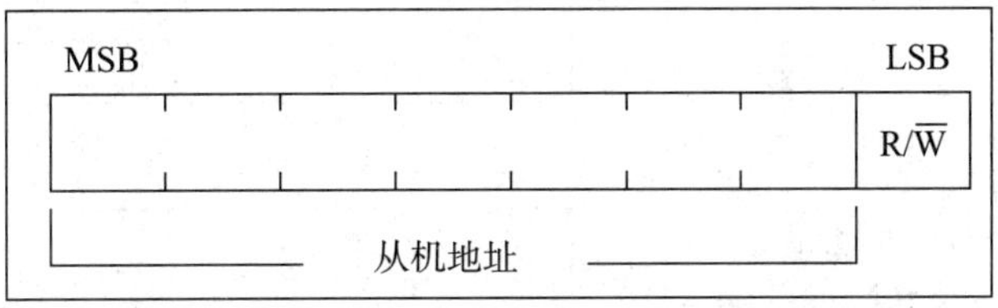

图 6－5　从机地址及传输方向

（5）主机向从机写数据。

如图 6－6 所示，主机先产生传送起始信号 S，接着发送从机地址和传送方向，“0”表示主机发送数据，即写数据。主机在发送完毕后，等待接收应答信号 ACK。向从机传送数据 DATA，等待从机的应答信号 ACK，重复该过程，直到发送停止传输信号 P。

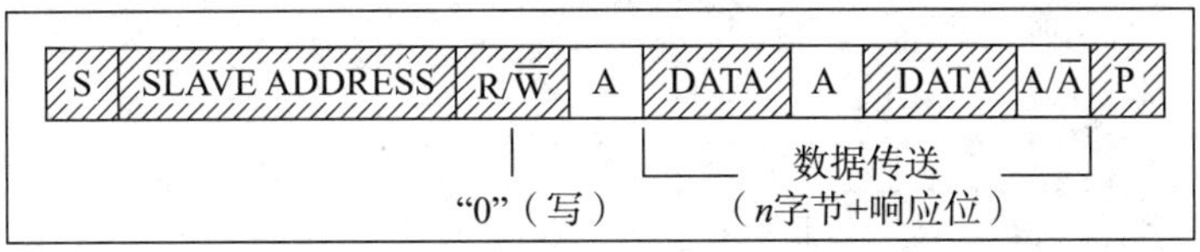

图 6－6　主机向从机写数据的过程

（6）主机读取从机数据。

如图 6－7 所示，主机先产生传送起始信号 S，接着发送从机地址和传送方向，“1”表示主机接收从机数据，即读数据。主机在发送完毕后，等待接收应答信号 ACK。从机向主机返回数据 DATA，等待主机的应答信号 ACK，重复该过程，直到发送停止传送信号 P。

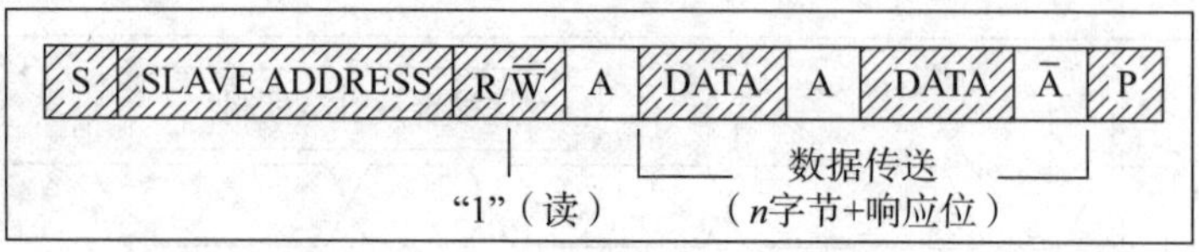

图 6-7　主机由从机读数据的过程

3. IIC 特性及架构

直接控制 STM32 的两个 GPIO 引脚，分别用作 SCL 及 SDA，按照上述信号的时序要求，引脚的输出（若是接收数据则读取 SDA 电平）就可以实现 IIC 通信。这类方法需要由 CPU 控制每个时刻的引脚状态，所以称之为“软件模拟协议”方式。

STM32 的 IIC 片上外设专门负责实现 IIC 通信协议，只要配置好该外设，它就会自动根据协议要求产生通信信号，收发数据并缓存起来，CPU 只要检测该外设的状态和访问数据寄存器，就能完成数据收发，称为“硬件协议”方式。

二、STM32 的 IIC 接口

STM32F103 系列有两个 IIC 外设，都可用作通信的主机及从机，支持 100kbit/s 和 400kbits/s 的速率，支持 7 位、10 位设备地址，支持 DMA 数据传输，并具有数据校验功能。具体功能框图如图 6-8 所示。

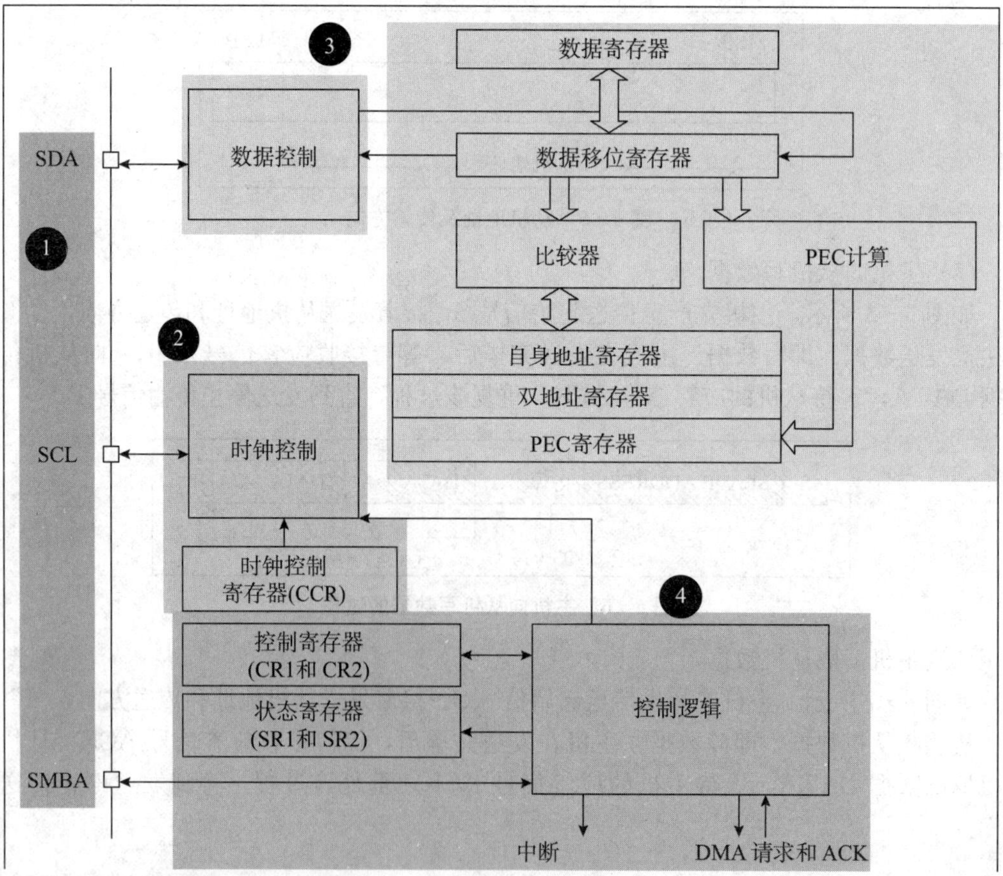

图 6-8　STM32 的 IIC 功能框图

1. 通信引脚（标号1）

标号1的IIC外设的通信信号SCL线和SDA线映射到不同的GPIO引脚上，使用时必须配置到这些指定的引脚，见表6-1。另外，SMBA线用于SMBUS的警告信号，IIC通信中没有使用该信号。

表6-1 IIC引脚映射

引脚	IIC1	IIC2
SCL	PB6	PB10
SDA	PB7	PB11

2. 时钟控制逻辑（标号2）

SCL线的时钟信号，由IIC接口根据时钟控制寄存器（CCR）控制，控制的参数主要为时钟频率。IIC通信的“标准/快速”模式分别对应100kbit/s、400kbit/s的通信速率。在快速模式下可选择SCL时钟的占空比，可选Tlow/Thigh=2或Tlow/Thigh=16/9模式，我们知道IIC协议在SCL高电平时对SDA信号采样，SCL低电平时SDA准备下一个数据，修改SCL的高低电平比会影响数据采样，但其实这两个模式的比例差别并不大，若不是要求非常严格，这里随便选就可以了。

3. 数据控制逻辑（标号3）

IIC的SDA信号主要连接到数据移位寄存器上，数据移位寄存器的数据来源及目标是数据寄存器（DR）、地址寄存器（OAR）、PEC寄存器以及SDA数据线。

当向外发送数据时，数据移位寄存器以“数据寄存器”为数据源，把数据一位一位地通过SDA信号线发送出去；当从外部接收数据时，数据移位寄存器把SDA信号线采样到的数据一位一位地存储到“数据寄存器”中。若使能数据校验，接收到的数据会经过PCE计算器运算，运算结果存储在“PEC寄存器”中。

4. 整体控制逻辑（标号4）

整体控制逻辑负责协调整个IIC外设，控制逻辑的工作模式根据配置的“控制寄存器（CR1/CR2）”的参数而改变。在外设工作时，控制逻辑会根据外设的工作状态修改“状态寄存器（SR1和SR2）”，只要读取这些寄存器相关的寄存器位，就可以了解IIC的工作状态。除此之外，控制逻辑还根据要求，负责控制产生IIC中断信号、DMA请求及各种IIC的通信信号（起始、停止、响应信号等）。

5. 硬件IIC通信过程

STM32硬件IIC通信主要包括主机向从机发送数据和主机由从机读入数据。主机向从机发送数据的流程如图6-9所示。

（1）控制产生起始信号（S）。产生起始信号后，会产生事件“EV5”，并会对SR1寄存器的“SB”位置1，表示起始信号已经发送。

（2）紧接着发送设备地址并等待应答信号，若有从机应答，则产生事件“EV6”及“EV8”，这时SR1寄存器的“ADDR”位及“TXE”位被置1，ADDR为1表示地址已经发送，TXE为1表示数据寄存器为空。

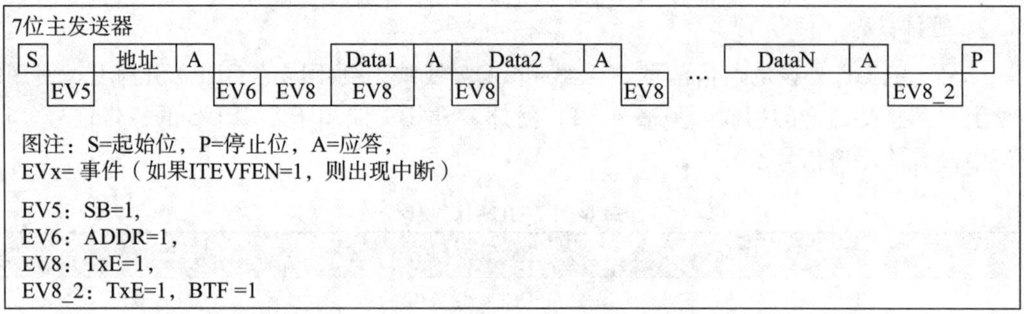

图 6-9　主机向从机发送数据的流程

（3）以上步骤正常执行并对 ADDR 位清零后，向 IIC 的“数据寄存器 DR”写入要发送的数据，这时 TXE 位会被重置为 0，表示数据寄存器非空，IIC 外设通过 SDA 信号线一位一位地把数据发送出去后，又会产生“EV8”事件，即 TXE 位被置 1，重复这个过程，就可以发送多字节数据了。

（4）当数据发送完成后，控制 IIC 设备产生一个停止信号（P），这个时候会产生 EV8_2 事件，SR1 的 TXE 位及 BTF 位都被置 1，表示通信结束。

三、OLED 液晶显示屏

有机发光二极管（Organic Light-Emitting Diode，OLED）又称有机电激发光显示、有机发光半导体。

如图 6-10 所示，OLED 模块（0.96in 4 针 IIC 接口 OLED 液晶显示屏）的电源电压为 3.3～5.5V，总共四个接口：GND、VCC、SCL（IIC 总线时钟信号）、SDA（IIC 总线数据信号）。OLED 本身是没有显存的，它的显示依赖于驱动芯片 SSD1306。

图 6-10　4 针 OLED 液晶显示屏

1. SSD1306 的 IIC 总线数据格式

IIC 总线引脚用于把想要显示的数据发送给 SSD1306。当驱动芯片收到数据后，把数据存至 SRAM 显示存储器，然后通过时钟和扫描电路，将显示存储器的数据自动对应刷新到屏幕上，具体数据格式如图 6-11 所示。

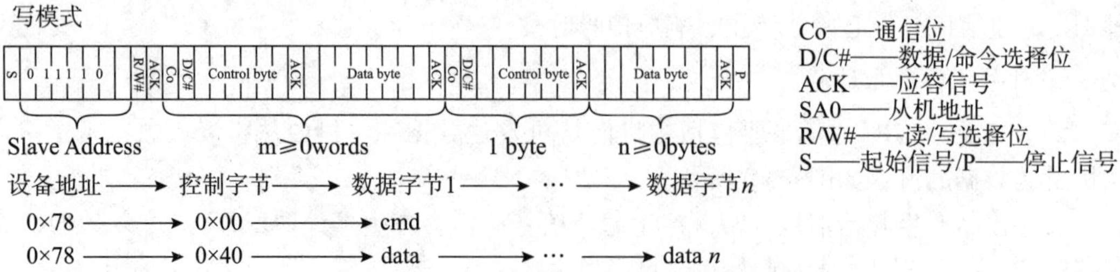

图 6-11　SSD1306 的 IIC 总线数据格式

根据图 6-11 所示的 OLED 的显示流程如下：

（1）S：IIC 的 start（）。

（2）Slave Address：011110＋SA0＋R/W＃。SA0 用来扩展从机地址，一般硬件设置为 0。R/W＃指明读写操作，如果是写操作则这一位是 0，所以地址位设置为 01111000（0x78）；如果是读操作则这一位是 1，所以地址设置为 01111001（0x79）。

（3）ACK：IIC 的 ack（）。

（4）Control byte：Co＋D/C＋000000。Co 一般设置为 0，表示以字节为单位传送数据。D/C 位决定了下个字节数据是作为命令还是数据，如果传送命令这位是 0，Control byte 设置为 00000000（0x00）（写命令）；如果传送数据则设置 1，Control byte 设置为 01000000（0x40）（写数据）。

（5）P：IIC 的 stop（）。

2. OLED 显示原理

下面介绍如何确定 OLED 的显示位置。该显存有 128 列（Column），64 行（Row），共 128×64 像素点，被分为 8 页，从 PAFE0 到 PAGE7，用于单色 128×64 点阵显示，显存与屏幕的对应关系如图 6－12 所示。

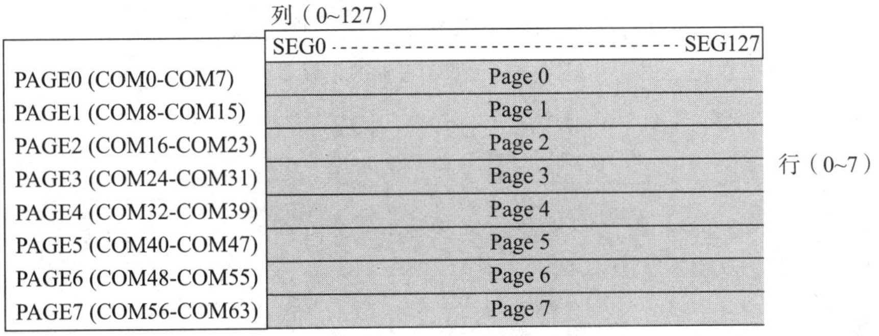

图 6－12　显存与屏幕的对应关系

OLED 的显示指令集可以参考 SSD1306 芯片手册，包含基础指令、地址指令、滚动指令和硬件指令。若将文字内容显示在 OLED 上，需要对文字取字模。字模提取软件界面如图 6－13 所示。

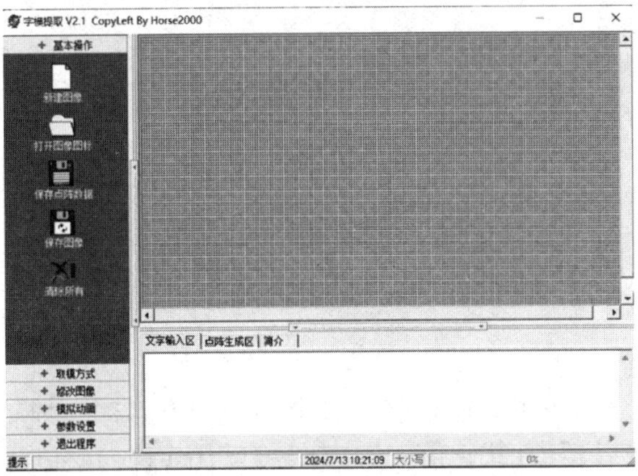

图 6－13　字模提取软件界面

在“参数设置”的“选项”对话框中，取模方式选择“纵向取模”，勾选“字节倒序”，取模格式选择 C51 格式，如图 6－14 所示。

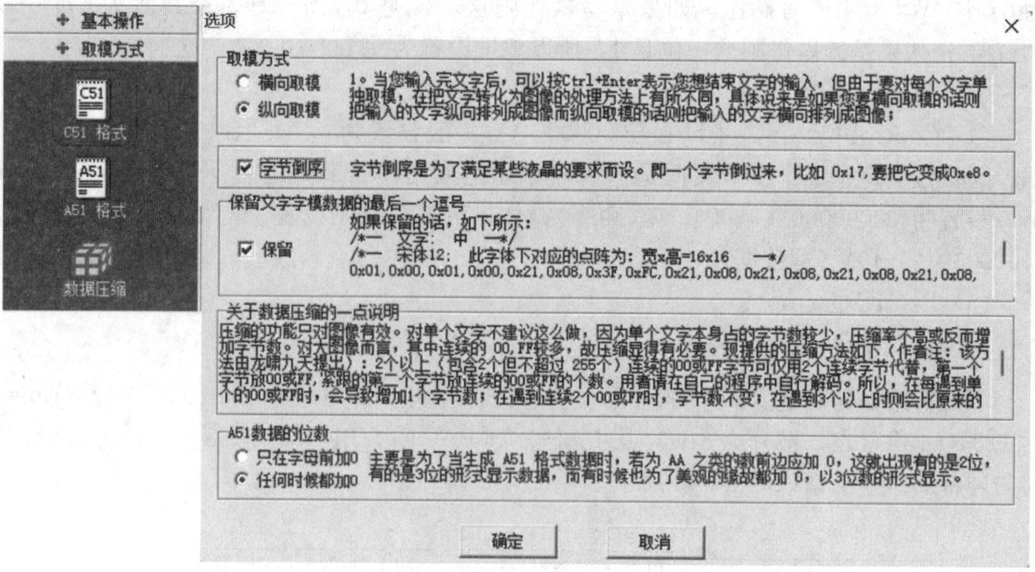

图 6－14　取字模参数设置

以宋体、大小 16×16 的“中国”二字为例，生成点阵码如下：

```
/*--  文字：  中  --*/
/*--  宋体 12；  此字体下对应的点阵为宽 x 高 = 16x16  --*/
0x00,0x00,0xF0,0x10,0x10,0x10,0x10,0xFF,0x10,0x10,0x10,0x10,0xF0,0x00,
0x00,0x00,
0x00,0x00,0x0F,0x04,0x04,0x04,0x04,0xFF,0x04,0x04,0x04,0x04,0x0F,0x00,
0x00,0x00,
/*--  文字：  国  --*/
/*--  宋体 12；  此字体下对应的点阵为宽 x 高 = 16x16  --*/
0x00,0xFE,0x02,0x12,0x92,0x92,0x92,0xF2,0x92,0x92,0x92,0x12,0x02,0xFE,
0x00,0x00,
0x00,0xFF,0x40,0x48,0x48,0x48,0x48,0x4F,0x48,0x4A,0x4C,0x48,0x40,0xFF,0x00,
0x00,
```

实施案例

一、硬件电路设计

本任务中 OLED 液晶显示屏设计编程可采用两种方式：一种是“软件模拟协议”方式；另一种是“硬件协议”方式。前一种方式可以用 Proteus 仿真，IIC 总线的 SCL 和 SDA 引脚随机指定；后一种方式必须要用 STM32 开发板，其中 OLED 的 SCL 接 PB6 引脚，SDA 接 PB7 引脚。这里采用“硬件协议”方式。

二、软件设计

复制标准库工程模板文件夹STM32Prj，改名为OLED液晶显示屏。新建IIC1的驱动文件IIC1.c和IIC1.h，并添加到SYS组中。将OLED液晶驱动的4个文件oled_128x64.c、oled_128x64.h、codeTab_128x64.c和codeTab_128x64.h复制到HARD组中。

1. 程序分析

IIC1的初始化配置步骤如下：

(1) RCC开启时钟。

(2) GPIO的引脚配置。

(3) 设置IIC1工作参数并初始化。

标准库头文件stm32f10x_i2c.h对IIC接口外设定义了初始化结构体，即I2C_InitTypeDef，具体成员定义如下：

```
typedef struct
{
    u16 I2C_Mode;                    //设置IIC的模式
    u16 I2C_DutyCycle;               //设置IIC的占空比
    u16 I2C_OwnAddress1;             //设置第一个设备自身地址
    u16 I2C_Ack;                     //使能或者失能应答
    u16 I2C_AcknowledgedAddress;     //定义了应答7位地址还是10位地址
    u32 I2C_ClockSpeed;              //设置时钟频率,这个值不能高于400kHz
} I2C_InitTypeDef;
```

“硬件协议”方式就是直接用stm32f10x_i2c.c中配好的函数按照IIC的格式来组装IIC传送字节模块。将oled_128x64.c源文件中的I2C_WriteByte()函数修改如下：

```
void I2C_WriteByte(uint8_t addr,uint8_t data)
{
    while (I2C_GetFlagStatus(I2C1,  I2C_FLAG_BUSY));  //检查IIC总线是否繁忙,忙为1,继续等待
    I2C_GenerateSTART(I2C1,  ENABLE);                 //开启IIC1,相当于起始信号
    while( ! I2C_CheckEvent(I2C1,  I2C_EVENT_MASTER_MODE_SELECT)); //检查是否为EV5事件,若是,就跳出循环
    I2C_Send7bitAddress(I2C1,OLED_ADDRESS, I2C_Direction_Transmitter); //写从机地址+写位
    while(! I2C_CheckEvent(I2C1, I2C_EVENT_MASTER_TRANSMITTER_MODE_SELECTED)); //检测主机发送事件
    I2C_SendData(I2C1,  addr);            //写从机寄存器的地址
      while(! I2C_CheckEvent(I2C1,  I2C_EVENT_MASTER_BYTE_TRANSMITTING));
    I2C_SendData(I2C1,  data);            //写入数据
```

```
    while(! I2C_CheckEvent(I2C1,  I2C_EVENT_MASTER_BYTE_TRANSMITTING));
        I2C_GenerateSTOP( I2C1,  ENABLE);  //关闭 IIC 总线(相当于结束信号)
}
```

2. 代码清单

iic1.h 头文件中的代码如下：

```
#ifndef __IIC1_H
#define __IIC1_H
#include <stm32f10x.h>
void IIC1_Init(void);
#endif
```

iic1.c 源文件中的代码如下：

```
#include <iic1.h>
void IIC1_GPIO_Config(void)
{
    GPIO_InitTypeDef GPIO_InitStruct;
    RCC_APB2PeriphClockCmd(RCC_APB2Periph_AFIO|RCC_APB2Periph_GPIOB, ENABLE);
    GPIO_InitStruct.GPIO_Pin = GPIO_Pin_6|GPIO_Pin_7;
    GPIO_InitStruct.GPIO_Mode = GPIO_Mode_AF_OD;
    GPIO_InitStruct.GPIO_Speed = GPIO_Speed_50MHz;
    GPIO_Init( GPIOB, &GPIO_InitStruct);
}
void IIC1_Init(void)
{
    I2C_InitTypeDef I2C_InitStruct;
    //(1)引脚默认映射配置
    IIC1_GPIO_Config();
    //(2)初始化 IIC 参数
    RCC_APB1PeriphClockCmd(RCC_APB1Periph_I2C1, ENABLE);
    I2C_InitStruct.I2C_ClockSpeed = 400000;
    I2C_InitStruct.I2C_Mode = I2C_Mode_I2C;
    I2C_InitStruct.I2C_DutyCycle = I2C_DutyCycle_2;
    I2C_InitStruct.I2C_OwnAddress1 = 0;
    I2C_InitStruct.I2C_Ack = I2C_Ack_Enable ;
    I2C_InitStruct.I2C_AcknowledgedAddress = I2C_AcknowledgedAddress_7bit;
    I2C_Init(I2C1, &I2C_InitStruct);
}
```

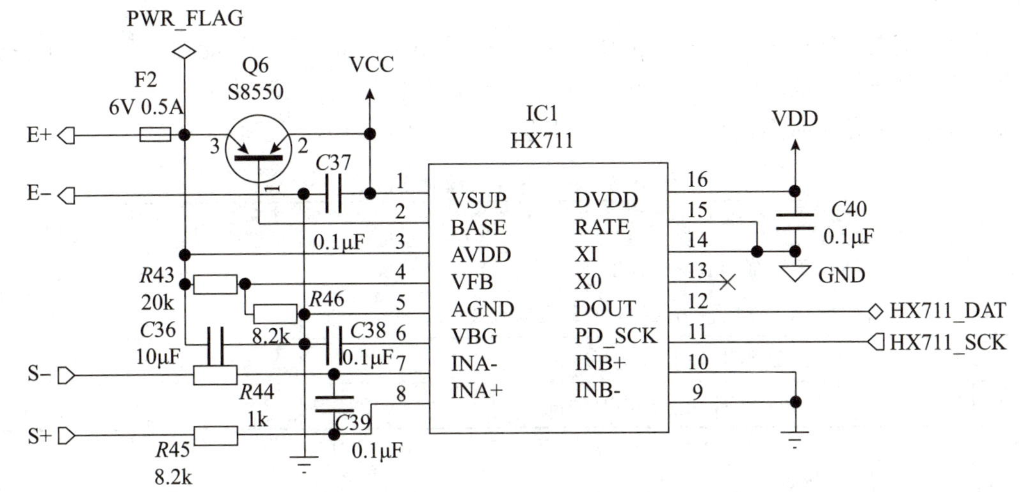

图 6－17　HX711 称重传感器的应用电路

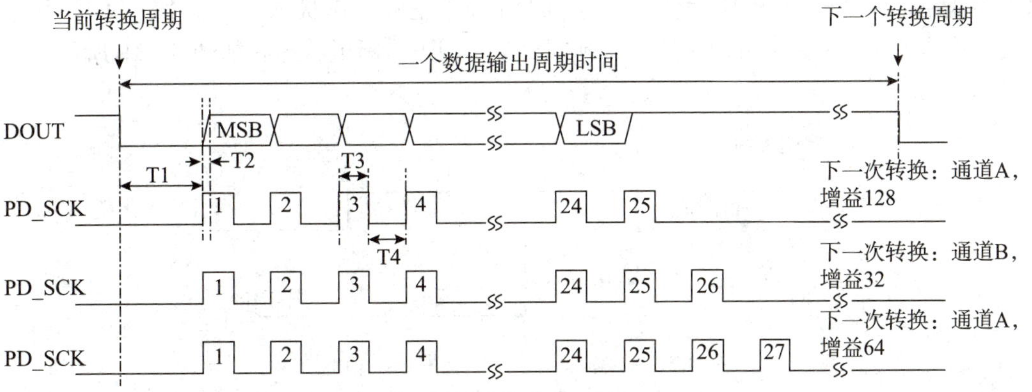

图 6－18　HX711 的工作时序图

（1）HX711 的工作时序图中，当 DOUT 为高电平时，表明芯片未准备传送数据，此时 PD_SCK 为低电平。

（2）当 DOUT 从高电平变为低电平后，PD_SCK 应输入 25～27 个不等的时钟脉冲（其中前 24 个时钟脉冲输出的是传感器测得的 ADC 数据，第 25～27 个时钟脉冲与数据无关，仅用于选择下一次传感器的输出增益和输出通道），见表 6－2。

表 6－2　输入通道与增益选择

脉冲数	输入通道	增益
25	A	128
26	B	32
27	A	64

（3）系统会在第一个时钟脉冲的上升沿读取输出的 24 位数据的最高位（即最高有效位，MSB），然后在接下来的时钟脉冲中逐位输出这 24 位数据，从最高位到最低位。这个过程会一直持续，直到 24 位数据全部输出完成。因此，传感器的数据输出是从高位到低

位的。

另外，需要给定的是 PD_SCK 正脉冲的电平（高电平）最大时间不能超过 50μs，而负脉冲的电平（低电平）的时间不能小于 0.2μs，一般将脉冲的占空比设置为 50%，因此可以设置高、低电平的延时时间相等，后续的驱动程序中给定的是 1μs，见表 6-3。

表 6-3　时序脉冲持续时间说明

符号	说明	最小值	最大值	单位
T1	DOUT 下降沿到 PD_SCK 脉冲上升沿	0.1		μs
T2	PD_SCK 脉冲上升沿到 DOUT 数据有效		0.1	μs
T3	PD_SCK 正脉冲电平时间	0.2	50	μs
T4	PD_SCK 负脉冲电平时间	0.2		μs

3. 上电复位与断电

HX711 上电时，内部的自动复位电路会使芯片自动复位。而芯片的断电则由 PD_SCK 管脚控制。当 PD_SCK 为低电平时，芯片处于正常工作状态。如果 PD_SCK 从低电平变为高电平并保持在高电平超过 60μs，HX711 即进入断电状态，如图 6-19 所示。

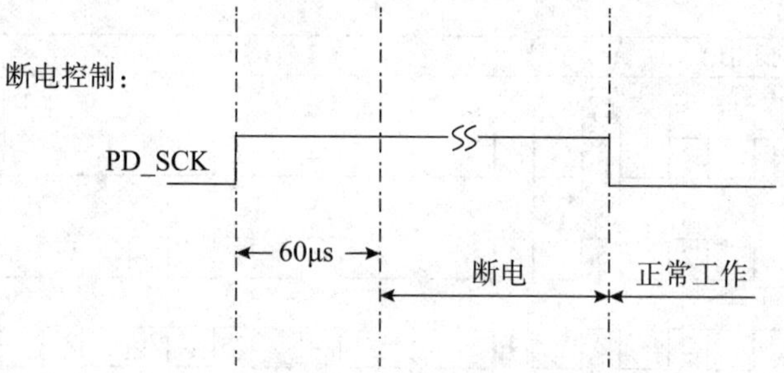

图 6-19　断电控制脉冲时序图

若使用了片内稳压电源电路，断电时外部传感器和片内 A/D 转换器将会同时断电。当 PD_SCK 重新回到低电平时，芯片复位后将会进入正常工作状态。需要注意的是，芯片若从复位或断电状态进入正常工作状态，将会自动选择通道 A 和增益 128，A/D 转换器将在 4 个数据输出周期才能稳定，随后的通道选择与增益选择则由 PD_SCL 决定。

实施案例

一、硬件电路设计

本任务通过 HX711 芯片获取重量数据并在 OLED 液晶显示屏上显示。OLED 与 STM32 开发板的引脚连接与任务 1 相同，HX711 芯片的 PD_SCK 接 PB14 引脚，DOUT 接 PB15 引脚。小于 10kg 的压力传感器有 4 个引脚，红色引脚接 E+，黑色引脚接 E−，白色引脚接 S−，绿色引脚接 S+。

二、软件设计

复制本项目任务 1 的工程文件夹，改名为称重传感器数据采集。新建 HX711 的驱动文件 hx711. c 和 hx711. h，并添加到工程 HARD 组中。

1. 程序分析

本任务新增 HX711 的驱动程序，并初始化配置，操作步骤如下：

(1) 配置对 HX711 的串口控制的管脚，PB15 为 DOUT，PB14 为 SCK。

(2) 根据 HX711 的工作时序图，读出 HX711 芯片转换值。

(3) 根据校准系数将 HX711 芯片转换值转换为实际重量并进行处理。

2. 代码清单

hx711. h 头文件中的代码如下：

```
#ifndef __HX711_H
#define __HX711_H
#include "stm32f10x.h"
#define HX711_DELAY() __asm__("nop")
#define HX711_DEFAULT_ZERO          0x007FEC20   // 通过实验测得零重量读数
#define HX711_DEFAULT_GRADIENT     -0.001225861 // 传感器形变方式决定其正负
#define HX711_DOUT      GPIO_Pin_15
#define HX711_SCK       GPIO_Pin_14
#define HX711_PORT      GPIOB
#define SET_HX711_SCK()   GPIO_SetBits(HX711_PORT, HX711_SCK)
#define RESET_HX711_SCK() GPIO_ResetBits(HX711_PORT, HX711_SCK)
#define SET_HX711_DOUT()   GPIO_SetBits(HX711_PORT, HX711_DOUT)
#define RESET_HX711_DOUT() GPIO_ResetBits(HX711_PORT, HX711_DOUT)
#define READ_HX711_DOUT()   GPIO_ReadInputDataBit(HX711_PORT, HX711_DOUT)
void    hx711_init(void);
extern uint32_t ReadCount(void);
extern int32_t getWeight(void);
extern void updateZero(void);
```

hx711. c 源文件中的代码如下：

```
#include <hx711.h>
int32_t zero_cnt = HX711_DEFAULT_ZERO;
float   gradient = HX711_DEFAULT_GRADIENT;
void hx711_init(void)
{
  GPIO_InitTypeDef GPIO_InitStructure;
  //配置对 HX711 的串口控制的管脚,PB15 为 DOUT,PB14 为 SCK
  RCC_APB2PeriphClockCmd(RCC_APB2Periph_GPIOB,ENABLE);
  GPIO_InitStructure.GPIO_Pin = HX711_DOUT;
  GPIO_InitStructure.GPIO_Mode = GPIO_Mode_IPU;
```

```
  GPIO_InitStructure.GPIO_Speed = GPIO_Speed_50MHz;
  GPIO_Init(HX711_PORT, &GPIO_InitStructure);
  GPIO_InitStructure.GPIO_Pin = HX711_SCK;
  GPIO_InitStructure.GPIO_Mode = GPIO_Mode_Out_PP; //GPIO_Mode_Out_PP; //
  GPIO_InitStructure.GPIO_Speed = GPIO_Speed_50MHz;
  GPIO_Init(HX711_PORT, &GPIO_InitStructure);
}
u32 ReadCount(void)  //读 HX711 芯片输出的数据
{
  static u32 val = 0;
  static u32 retry = 0;
  u16 i = 0;
  if (! retry)
  {
    retry = 10;
    SET_HX711_DOUT();
    HX711_DELAY();
    RESET_HX711_SCK();
    HX711_DELAY();
  }
  if (READ_HX711_DOUT()) {
    retry --;
    return val;
  }
  retry = 0;
  val = 0;
  HX711_DELAY();
  for(i=0;i<24;i++)
  {
    SET_HX711_SCK();      //SCK=1
    val=val<<1;
    HX711_DELAY();
    RESET_HX711_SCK();      //SCK=0
    if (READ_HX711_DOUT())    //DOUT=1
      val++;
    HX711_DELAY();
  }
  SET_HX711_SCK();
```

```
  val = val^0x800000;
  HX711_DELAY();
  RESET_HX711_SCK();
  HX711_DELAY();
  return val;
}
void updateZero(void)
{
  zero_cnt =  ReadCount();
}
int32_t getWeight(void)
{
  int32_t count = 0;
  for (int i = 0; i < 10; i ++ ) count += ReadCount();
  count = count / 10;
  return (int32_t)((count - zero_cnt) * gradient);
}
```

主程序 main. c 源文件中的代码如下：

```
#include <stm32f10x.h>
#include <delay.h>
#include <iic1.h>
#include "oled_128x64.h"
#include "codeTab_128x64.h"
#include "hx711.h"
#include "string.h"
int main()
{
    int32_t weight;
    char temStr[50] = "";
    IIC1_Init();
    OLED_Init();
    OLED_P8x16Str(0, 0,(u8 *)"Welcome China");
    OLED_P16x16Ch(16,  2,  0);
    OLED_P16x16Ch(32,  2,  1);
    OLED_P16x16Ch(48,  2,  2);
    OLED_P16x16Ch(64,  2,  3);
    OLED_P16x16Ch(80,  2,  4);
```

```
    OLED_P16x16Ch(96, 2, 5);
    OLED_P8x16Str(0,4,(u8 *)"Weight:");
    SysTick_Delay_ms(500);
    hx711_init();
    updateZero();
    while(1)
    {
      weight = getWeight();
      sprintf(temStr,"Weight: % -8d", weight);
      OLED_P8x16Str(0,4,(u8 *)temStr);
      SysTick_Delay_ms(1000);
    }
}
```

3. 运行结果

在 Keil MDK 环境中生成.hex 文件，通过编程器烧录到 STM32 开发板，最终运行结果可扫描二维码查看。

二维码：称重传感器的数据采集的代码实现和运行结果

任务 3　气瓶重量参数配置

知识链接

一、秤的校准

称重传感器输出模拟量信号，通过变送电路和 A/D 转换后才可以得到数字量数据。但该数据往往只能表示信号幅度，还需要进行转换才能表示实际重量。

1. A/D 数据到重量的转换

HX711 模块的 A 通道带有 128 倍信号增益，可以将 5mV 的电压放大 128 倍，然后采样输出 24 位 A/D 转换的值，微控制器通过时序将 24 位转换数据读出。HX711 电路接口如图 6-20 所示。

HX711 内部的稳压电路可同时向 A/D 转换器和外部接入的称重传感器提供模拟电源，分别是 AVDD 和 AGND 电压，直接接入传感器的 E+和 E-电压。激励电压 VAVDD 的值通过式（6-1）给出。

$$VAVDD = VBG(R1 + R2)/R2 \qquad (6-1)$$

其中，VBG 为模块基准电压 1.25V，R1＝20kΩ、R2＝8.2kΩ 时，得出 VAVDD＝4.3V。对于传感器的输出信号，其满量程输出电压符合式（6-2）的表达。

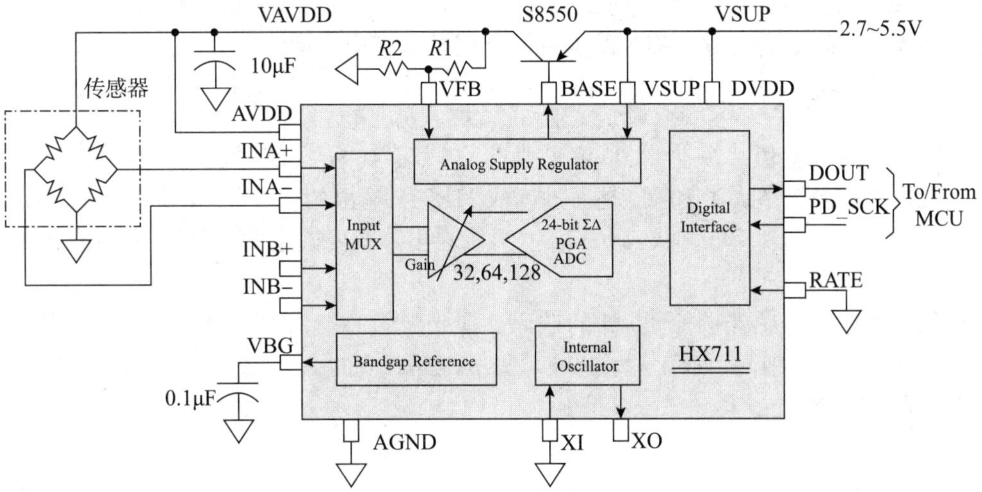

图 6－20　HX711 电路接口

满量程输出电压＝激励电压×灵敏度　　(6－2)

如果激励电压是 5V，灵敏度为 1.0mV/V，则满量程输出电压为 5mV。理想情况下，在 5kg 量程的称重传感器上施加 5kg 对应重力时，传感器将产生 5mV 的输出信号。

在 4.3mV 激励电压下，假设重量为 xkg(x＜5)，测量出来的 A/D 值为 y，传感器输出，发送给 A/D 模块的电压为 xkg×4.3mV/5kg＝0.86xmV，经过 128 倍增益后为 128×0.86x＝110.08xmV，转换为 24bit 数字信号为 110.08xmV×2^{24}/4.3V＝429 496.729 6x。这个值就是 HX711 输出到微控制器的测量数值，因此得出重量 x 的值：x＝y/429 496.729 6。需要注意的是，作为 HX711 的输出值，y 也有可能是补码形式的负数。从称重传感器的工作方式来看，可以施加两个方向的力，实现方向相反的形变，并输出正负相反的结果是可能的。

理论上可以从 HX711 输出的数值计算得到实际的重量数据，但由于称重传感器本身有生产和使用上的差异，不同的传感器斜率特性曲线不完全一样，而且受到环境温度等影响，并不能直接得到真实的重量，因此需要在计算过程中加入校正参数，还需要在使用过程中经常调整该参数才能确保称量数据准确。

2. 秤的校准原理

校准分为零点校准和系数校准。

(1) 零点校准：在称重传感器不受任何外力时，以 HX711 所输出的 A/D 值作为零点值进行校准。

(2) 系数校准：A/D 值和实际重量的对应系数受环境、传感器本身等因素影响，单纯的理论计算无法准确获得 A/D 值对应的真实重量，需要调整计算系数。

零点校准比较简单，只要简单记录零重量时的 A/D 值就可以了。但实际上不是将绝对的零重量输出作为零点，而是将一定的重量预置作为零点，如秤的托盘重量等。而且经常使用归零操作，将零点重量做适度调整，以便实现称重业务中常见的“去皮”操作。

系数校准一般要考虑的因素比较多，但如果对重量数据的精度要求并不是特别严格，则可以简化系数校准的方法。只要确定两个重量分别对应的 A/D 输出值，计算出重量变化和 A/D 数值变化的对应系数，简化重量的计算模型，即可认为重量和 A/D 数值之间的对应关系为一定斜率的直线，称为两点直线方程校准算法，具体如下：

$$Y=a(X-X_0) \tag{6-3}$$

式中，Y 为实际重量值；X 为 A/D 测量值；X_0 为零点 A/D 测量值；a 为用于计算的系数，也就是直线的斜率。X 和 X_0 是通过读取 HX711 输出的 A/D 测量值得到的，所以校准的关键就是要确定斜率 a。从式（6-3）可以看出，只要确定两组 Y 和 X 的值就能通过计算获得 a。

比如先给称重传感器一个 200g 的砝码，取 Y_1 为 200g，测量得到对应的 A/D 值为 X_1；再换成 800g 的砝码，取 Y_2 为 800g，测量得到对应的 A/D 值为 X_2。通过式（6-4）计算就能得到斜率 a。

$$a=\frac{Y_2-Y_1}{X_2-X_1} \tag{6-4}$$

得到斜率 a 后，只要测量确定零重量对应的 A/D 测量值 X_0 就能完成秤的校准。更简便的做法是直接将 Y_1 取为零重量，而测量得到的 X_1 直接就是 X_0，这样系数校准和零点校准能同时完成。对于使用过程中的修正零点漂移或去皮操作，可以通过修改零重量的 A/D 值来完成新的零点校准。

3. 保存校准数据的作用

若每次开机都需要完成秤的校准，则较为烦琐，因此有必要将校准得到的斜率和零点 A/D 值保存起来，开机直接使用。

二、STM32 的非易失性存储

在嵌入式系统中，数据的存储可分为易失性存储和非易失性存储。

1. 易失性存储器

易失性存储器一般默认为 RAM（Random Access Memory），是随机存储器，指当读取或写入存储器中的消息时，所需要的时间与这段信息所在的位置无关。常见的有静态随机存储器 SRAM、动态随机存储器 DRAM、同步动态随机存储器 SDRAM。

（1）静态随机存储器 SRAM。

SRAM 在上电时不需要刷新也能保存数据，速度快，但价格昂贵。SRAM 依靠锁存器来存储数据，所以集成度低，占用面积大，如一些处理器中的缓存 cache 就是 SRAM。

（2）动态随机存储器 DRAM。

DRAM 在上电时需要不断刷新才能保存数据，但其容量大，价格低廉。DRAM 依靠电容的电荷来存储数据，所以集成度低，占用面积大，而且存储时间一长，电容会自行充放电，其电荷只能保存 2ms 左右，所以一般每隔 2ms 需要刷新一次。计算机中的内存就是 DRAM。SDRAM 的特点是数据的读取需要时钟来同步。

2. 非易失性存储器

对于非易失性存储器，掉电不会丢失其中存储的数据，但其读写速度较慢。硬盘就是非易失性存储器。非易失性存储器种类很多，半导体类有 ROM（Read Only Memory）和

FLASH，还有光盘、软盘和机械硬盘等。

ROM有很多种，常见的有掩码式只读存储器MASK ROM、一次可编程只读存储器OTPROM、可擦除可编程只读存储器EPROM、电可擦除可编程只读存储器EEPROM等。

FLASH主要有NOR FLASH和NAND FLASH。FLASH可实现重复擦写，容量一般比EEPROM大，U盘就是典型的FLASH设备。

NOR FLASH是一种低容量、快速读写的存储器，读取速度比NAND FLASH快，并且支持随机读取。它的主要应用场景包括嵌入式系统的启动程序、操作系统内核等。NAND FLASH是一种高容量存储器，具有较快的写入速度，但读取速度比NOR FLASH慢。它的主要应用场景为移动存储设备。

3. 校准数据的保存

为使称重系统的校准数据掉电不丢失，避免系统上电重复校准操作，需要实现校准数据的非易失性存储。可以考虑三种方案：EEPROM、BKP、片内FLASH。

（1）利用EEPROM实现片外存储。

在嵌入式系统中利用片外EEPROM芯片实现少量数据的存储是较为常见的方案，常用的存储芯片有AT24C0x系列的EEPROM芯片，AT24C0x系列包含了AT24C01、AT24C02、AT24C04、AT24C08、AT24C16等。它们的容量分别是1KB（128×8）、2KB（256×8）、4KB(512×8)、8KB(1024×8)、16KB(2048×8)。使用AT24C0x芯片作为EEPROM存储电子秤校准数据需要修改硬件电路，并且由于需要存储的数据并不多，因此会有一定的容量浪费。

（2）利用BKP（Backup Registers）实现少量数据存储。

备份寄存器BKP最多有42个16位的寄存器，可用来存储84字节的用户应用程序数据。STM32微控制器中，小容量有20字节，大容量有84字节。当系统掉电时，它们仍然由VBAT引脚外接的电池维持供电以保证数据的存储，当外接电池也丧失供电能力时，数据仍然会丢失。系统在待机模式下被唤醒、系统复位或电源复位时，BKP保存的用户数据可以不被复位。

虽然能用来存储数据的空间不是很大，但存储电子秤校准数据还是足够的，毕竟只存储斜率和零点A/D值两个数据。由于需要后备电池供电以保障掉电不丢失，因此必须要在系统中加入电池组件。很多嵌入式系统中为了实现RTC实时时钟数据的掉电不丢失或定时唤醒功能，都会为系统添加RTC模块所用的纽扣电池，但如果系统本身没有设计相关功能，则电子秤校准数据就不能利用BKP来实现数据的非易失性存储。

（3）利用片内FLASH实现存储。

STM32微控制器内部FLASH存储区分为三个区域：主存储块区、信息块区和闪存存储器接口寄存器区。

主存储块区是读写FLASH的主要的存储区，微控制器程序以及一些需要掉电保存的数据都是存储在这个区域的。主存储器用来存储代码和定义的一些常量数据。当Boot0和Boot1都接GND时，CPU从主存储器的起始地址0x08000000开始运行代码。

信息块区包含系统存储器和选择字节，系统存储器中存储的是启动程序。启动程序就是串口下载的代码。当Boot0接VCC，Boot1接GND时，运行的就是系统存储器中的代码。系统存储器中存储的启动程序是 ST 公司在芯片出厂时就已经下载好的，用户无法修改。

闪存存储器接口寄存器区是整个闪存的控制机构，里面包含了很多闪存的控制寄存器和状态寄存器。在执行闪存写操作时，任何对闪存的读操作都会被锁住。只有对闪存的写操作结束后，读操作才能够正常执行。

对于 STM32 微控制器内部的片内 FLASH 的主存储块区，如果用户程序没有占太多的空间，则有足够的容量来存储电子秤校准数据，并且不需要对电路进行修改，本任务采用该方案。

实施案例

一、电子秤校准功能的设计

考虑电子秤校准功能的实际操作，可以设计两个按钮：A 按钮用于零点校准；B 按钮用于系数校准，具体操作步骤如下：

步骤 1：电子秤上电，系统读入上次校准的数据或使用默认数据（初次使用）。

步骤 2：清空系统托盘。

步骤 3：按下 A 按钮，记录零重量 A/D 值。

步骤 4：在托盘上放上标准砝码，如 500g 砝码（程序中预设）。

步骤 5：按下 B 按钮，计算并记录新的斜率数值，程序将零重量 A/D 值和斜率数值存入非易失性单元。

在秤的校准完成后，取下标准砝码就可以开始称重操作了。在使用过程中可以通过按下 A 按钮实现秤的清零操作。

二、软件设计

本任务主要是电子秤校准数据的配置存储，直接复制本项目任务 2 的工程文件夹，改名为气瓶重量参数的配置。新建 FLASH 的驱动文件 flash. c 和 flash. h，并添加到工程 SYS 组中。同时在 hx711. c 中添加零点校准和斜率校准。

1. 程序分析

秤在启动时必然会尝试去 FLASH 中读取校准数据，但刚完成芯片擦除和软件写入的系统是没有经过校准操作的，并且在 FLASH 中也是没有有效数据的，因此强行从 FLASH 中读取的数据必然是无效的。可以考虑在 FLASH 中存储的数据集合中，除必要的零点 A/D 值和斜率数值外，再加上一个标记，如可以设定为 0x55AA，每次成功将零点 A/D 值和斜率数值写入指定的位置后，在特定地址的存储单元中写入 0x55AA。操作步骤如下：

（1）尝试读取标记量。

（2）若标记量为 0x55AA，则读取校准数据；若标记量不是 0x55AA，则用默认数据作为校准数据，并将其写入 FLASH，修改标记为 0x55AA。

（3）循环执行称重显示。

(4) 按钮执行校准操作，校准结果写入FLASH，并将标记设为0x55AA。

注意：显示的重量单位应当和校准的砝码重量单位一致。

2. 代码清单

flash.h头文件中的代码如下：

```
#ifndef _FLASH_
#define _FLASH_
#include "stm32f10x_flash.h"
#define FLASH_DATA_ADDRESS 0x0800F000
extern void readFlash(u8 * pBuf, u32 address, u32 len);
extern FLASH_Status writeFlash(u8 * pBuf, u32 address, u32 len);
#endif
```

flash.c文件中的代码如下：

```
#include "flash.h"
#include <string.h>
void readFlash(u8 * pBuf, u32 address, u32 len)
{
    u32 i;
    u8 j;
    u32 *pSrc = (u32 *)address;
    u32 *pDst = (u32 *)pBuf;
    for (i = 0; i < (len >> 2); i++)
    {
        pDst[i] = pSrc[i];
    }
    j = len % 4;
    if (j > 0) memcpy(&pDst[i], &pSrc[i], j);
}
FLASH_Status writeFlash(u8 * pBuf, u32 address, u32 len)
{
    u32 i;
    u32 tmp;
    FLASH_Status status = FLASH_COMPLETE;
    FLASH_Unlock();
    FLASH_ClearFlag(FLASH_FLAG_EOP | FLASH_FLAG_PGERR | FLASH_FLAG_WRPRTERR);
    status = FLASH_ErasePage(address);
    for (i = 0; i < len; i += 4)
    {
```

```
        if(status != FLASH_COMPLETE) break;
        tmp = 0xffffffff;
        if ((i + 4) > len)  memcpy(&tmp, &pBuf[i], (len % 4));
        else  tmp =  *((u32 *)&pBuf[i]);
        status = FLASH_ProgramWord(address + i, tmp);
    }
    FLASH_Lock();
    return status;
}
```

hx711.h 文件中增加的代码如下：

```
// 通过实验测得零重量读数
#define HX711_DEFAULT_ZERO      0x007FEC20
// 传感器形变方式决定其正负
#define HX711_DEFAULT_GRADIENT -0.001225861
#define HX711_GRADIENT GPIO_Pin_5
#define HX711_ZERO             GPIO_Pin_4
extern void loadPara(void);
externint32_t getWeight();
extern void btnInit(void);
extern void updateZero(void);
extern void updateGradient(float weight);
```

hx711.c 文件中增加的代码如下：

```
#include <string.h>
int32_t zero_cnt = HX711_DEFAULT_ZERO;
float   gradient = HX711_DEFAULT_GRADIENT;
void savePara(void)
{
    uint8_t tmpBuf[10];
    uint16_t flag = 0x55AA;
    memcpy(tmpBuf, (uint8_t *)&flag, 2);
    memcpy(&tmpBuf[2], (uint8_t *)&zero_cnt, 4);
    memcpy(&tmpBuf[6], (uint8_t *)&gradient, 4);
    writeFlash(tmpBuf, FLASH_DATA_ADDRESS, 10);
}
void loadPara(void)
{
    uint8_t tmpBuf[10];
```

```
    uint16_t flag = 0x00;
    readFlash(tmpBuf, FLASH_DATA_ADDRESS, 10);
    memcpy((uint8_t *)&flag, tmpBuf, 2);
    if (flag != 0x55AA) {
        zero_cnt = HX711_DEFAULT_ZERO;
        gradient = HX711_DEFAULT_GRADIENT;
        savePara();
        return;
    }
    memcpy((uint8_t *)&zero_cnt, &tmpBuf[2], 4);
    memcpy((uint8_t *)&gradient, &tmpBuf[6], 4);
}
int32_t getWeight(void)
{
    int32_t count = 0;
    for (int i = 0; i < 10; i++) count += ReadCount();
    count = count / 10;
    return (int32_t)((count - zero_cnt) * gradient);
}
void btnInit(void)
{
    GPIO_InitTypeDef GPIO_InitStructure;//结构定义
    //配置对 HX711 的串口控制的管脚,b5 为斜率校准,b4 为零点校准
    RCC_APB2PeriphClockCmd(RCC_APB2Periph_GPIOB,ENABLE);
    GPIO_InitStructure.GPIO_Pin = HX711_ZERO;
    GPIO_InitStructure.GPIO_Mode = GPIO_Mode_IN_FLOATING;
    GPIO_InitStructure.GPIO_Speed = GPIO_Speed_50MHz;
    GPIO_Init(HX711_PORT, &GPIO_InitStructure);
    GPIO_InitStructure.GPIO_Pin = HX711_GRADIENT;
    GPIO_InitStructure.GPIO_Mode = GPIO_Mode_IN_FLOATING;
    GPIO_InitStructure.GPIO_Speed = GPIO_Speed_50MHz;
    GPIO_Init(HX711_PORT, &GPIO_InitStructure);
}
void updateZero(void)
{
    zero_cnt =  ReadCount();
}
void updateGradient(float weight)
```

```
{
    int32_t count = 0;
    for (int i = 0; i < 10; i ++) count += ReadCount();
    count = count / 10;
    count = count - zero_cnt;
    if (count == 0) return;
    gradient = (float)(weight / count);
    savePara();
}
```

main. c 文件中的代码如下：

```
#include "stm32f10x.h"
#include "delay.h"
#include "OLED.h"
#include "iic.h"
#include "hx711.h"
#include <stdio.h>
#include <string.h>
int main()
{
    char temStr[50] = "";
    uint32_t timeCnt = 0;
    uint32_t zeroBtn = 0;
    uint32_t gradientBtn = 0;
    SystemInit(); //系统时钟设置
    Delay_Init();
    I2C_Configuration();
    OLED_Init();
    OLED_Fill(0xFF);//全屏填充
    Delay_Ms(500);
    OLED_Fill(0x00);//清屏
    Delay_Ms(500);
    hx711_init();
    btnInit();
    loadPara();
    while (1) {
            timeCnt ++;
        if (timeCnt >= 20) {
            timeCnt = 0;
```

```
            int32_t weight = getWeight();
            sprintf(temStr,"output: % -8ld", weight);
            OLED_ShowStr(0,2,(unsigned char *)temStr);
        }
        // 零点校准
        if (GPIO_ReadInputDataBit(HX711_PORT, HX711_ZERO)) {
            if (zeroBtn >= 2) updateZero();
            zeroBtn = 0;
        }
        else zeroBtn ++;
        // 斜率校准
        if (GPIO_ReadInputDataBit(HX711_PORT, HX711_GRADIENT)) {
            if (gradientBtn >= 2) updateGRADIENT();
            gradientBtn = 0;
        }
        else gradientBtn ++;
        Delay_Ms(10);
    }
}
```

3. 运行测试

在 Keil MDK 环境中生成.hex 文件，通过编程器烧录到 STM32 开发板，最终运行结果可扫描二维码查看。

项目小结

通过本项目的学习，同学们可以深入了解 IIC 通信协议的原理和工作方式，掌握 STM32 与 IIC 总线 OLED 显示屏以及 HX711 传感器的通信和使用方法，完成数据的显示与测量。另外，本项目还讲述了 STM32 中数据的存储方法以及称量数据的校准，同学们可以参考完成整个气瓶充装系统的设计与实现。

思考与练习

1. IIC 接口由哪几根线组成？它们的作用分别是什么？
2. IIC 总线的时序由哪些信号组成？在 IIC 协议中，数据有效性规定是什么？
3. OLED 主控芯片 SSD1306 的 IIC 总线数据格式是什么？
4. 简述 HX711 的工作原理。
5. 简述在嵌入式系统中，数据存储的分类。

参考文献

[1] 黄克亚. ARM Cortex-M3 嵌入式原理及应用——基于 STM32F103 微控制器 [M]. 北京：清华大学出版社，2022.

[2] 陈祥生. 嵌入式技术及其应用 [M]. 北京：中国铁道出版社，2020.

[3] 郭志勇. 嵌入式技术与应用开发项目教程（STM32 版）[M]. 北京：人民邮电出版社，2021.

[4] 尹静. 嵌入式技术入门与实践（基于 STM32）[M]. 西安：西安电子科技大学出版社，2023.

[5] 王宜怀. 嵌入式技术基础与实践——基于 ARM Cortex-M4F 内核的 MSP432 系列微控制器 [M]. 北京：清华大学出版社，2021.

图书在版编目（CIP）数据

嵌入式应用技术/申晓平主编. --北京：中国人民大学出版社，2025.1. --(新编21世纪高等职业教育精品教材). -- ISBN 978-7-300-33569-8

Ⅰ. TP332.021

中国国家版本馆CIP数据核字第2025AX5821号

新编21世纪高等职业教育精品教材·电子与信息类

嵌入式应用技术

主　审　高佳琴

主　编　申晓平

副主编　盛　凯　袁凯烽

Qianrushi Yingyong Jishu

出版发行	中国人民大学出版社		
社　　址	北京中关村大街31号	**邮政编码**	100080
电　　话	010－62511242（总编室）		010－62511770（质管部）
	010－82501766（邮购部）		010－62514148（门市部）
	010－62515195（发行公司）		010－62515275（盗版举报）
网　　址	http://www.crup.com.cn		
经　　销	新华书店		
印　　刷	北京七色印务有限公司		
开　　本	787 mm×1092 mm　1/16	**版　　次**	2025年1月第1版
印　　张	12.75 插页1	**印　　次**	2025年1月第1次印刷
字　　数	306 000	**定　　价**	42.00元